土木建筑类"*1+X证书*"课证融通教材

# BIM建模与应用（初级）

BIM JIANMO YU YINGYONG CHUJI

| 主　编 | 朱溢镕 | 广联达科技股份有限公司 |
|---|---|---|
| | 王广斌 | 同济大学 |
| | 何永强 | 广联达科技股份有限公司 |
| 副主编 | 申中原 | 上海城建职业学院 |
| | 陈传玺 | 北京经济管理职业学院 |
| 主　审 | 王君峰 | 重庆筑信云智建筑科技有限公司 |
| 参　编 | 张阿玲 | 陕西职业技术学院 |
| | 袁辰雨 | 陕西职业技术学院 |
| | 李宪荣 | 香港城市大学 |
| | 赵　楠 | 四川水利职业技术学院 |
| | 彭笑川 | 四川建筑职业技术学院 |
| | 梁奉鲁 | 北京小筑未来教育科技有限公司 |
| | 张玉梅 | 兴安职业技术学院 |
| | 郭文娟 | 内蒙古建筑职业技术学院 |

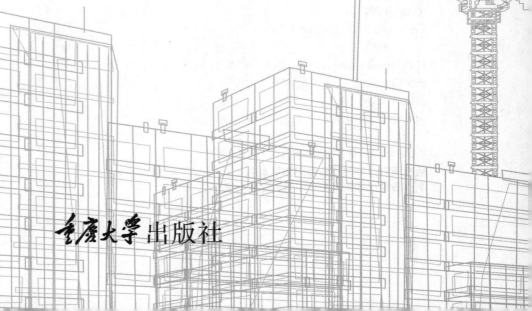

重庆大学出版社

## 内容提要

本书是校企合作开发的"双元"教材，满足专业教学目标要求以及建筑信息模型（BIM）职业技能等级证书（初级）的技能认证要求。

全书分为三大篇章：第一篇为BIM基础理论概述；第二篇以真实的项目为案例，借助BIM建模工具，详细介绍了BIMMAKE软件各项功能的使用方法，依托项目案例完成技能实操讲解，该案例基本涵盖了BIMMAKE软件的基本功能及历年全国BIM技能等级考试（初级）的所有知识点；第三篇：讲解了BIM技能等级考试知识点，围绕标准解读，结合案例解析，既有详细案例任务操作步骤，又有例题解析上的归纳、总结和对比。本书提供配套的PPT、案例图纸及参考答案等数字资料包，以便教学。

本书适合作为高等职业院校建筑类相关专业BIM建模等课程的教材使用，也可以作为BIM等级考试机构的培训授课教材，以及建筑行业相关从业人员自学用书。

**图书在版编目（CIP）数据**

BIM建模与应用：初级 / 朱溢镕, 王广斌, 何永强
主编. -- 重庆：重庆大学出版社, 2021.10
土木建筑类 "1+X证书" 课证融通教材
ISBN 978-7-5689-2990-5

Ⅰ.①B… Ⅱ.①朱… ②王… ③何… Ⅲ.①建筑设
计—计算机辅助设计—应用软件—教材 Ⅳ.①TU201.4

中国版本图书馆CIP数据核字（2021）第198360号

---

土木建筑类 "1+X证书" 课证融通教材

**BIM建模与应用（初级）**

主　编　朱溢镕　王广斌　何永强
主　审　王君峰

责任编辑：林青山　　版式设计：林青山
责任校对：邹　忌　　责任印制：赵　晟

---

重庆大学出版社出版发行
出版人：饶帮华
社址：重庆市沙坪坝区大学城西路21号
邮编：401331
电话：（023）88617190　88617185（中小学）
传真：（023）88617186　88617166
网址：http://www.cqup.com.cn
邮箱：fxk@cqup.com.cn（营销中心）
全国新华书店经销
印刷：重庆市正前方彩色印刷有限公司

---

开本：889mm×1194mm　1/16　印张：19　字数：550千
2021年10月第1版　　2021年10月第1次印刷
印数：1—2 000
ISBN 978-7-5689-2990-5　定价：49.00元

---

本书如有印刷、装订等质量问题，本社负责调换

# 前言
## FOREWORD

2019年1月,国务院印发《国家职业教育改革实施方案》,部署启动"1+X证书"制度试点工作。试点启动以来,职业院校就如何找准书证融通这一改革突破点,通过建机制、挖内涵、育师资、强硬件、重融通等系列措施,建立院校推动"1+X证书"制度试点工作的有效模式,在促进书证融通、推动标准落地、引领教学改革等方面不断探索前行。

随着"1+X证书"制度试点工作不断在院校推进落地,各维度的改革措施也在不断更新迭代,围绕《职业技能等级标准开发指南(试行)》进行匹配的教材开发,一直是广大职业院校的共同呼声。特别是随着BIM、数字造价等职业技能证书的出台,如何在现行的职业教育中充分考虑国家职业标准、国家教学标准、证书标准在基层底座的融通关系,持续推动龙头企业、优质企业认可与使用是关键。其中,围绕教材的融通更是当务之急。应广大院校需求,广联达公司组织由职业技能评价组织、院校及企业一起,联合开发针对BIM及数字造价证书的"1+X"BIM课证融通系列教材,推动职业教育改革及满足教学需求。

"1+X"BIM课证融通系列课程体系是结合BIM及数字造价证书职业技能标准,围绕建筑类专业开设的BIM系列课程,满足初级、中级技能认证要求及专业教学目标要求。课程体现了建筑类专业人才培养的基本目标、基本内容、基本手段、基本形态等。其中,课程的基本功能是实现知识性、工具性、技能性、实践性等教学目标,而体系的功能则是提供了一套有知识逻辑性、业务逻辑性、案例逻辑性的螺旋式层级架构,保障新型人才培养能力结构的可支撑度及知识的递进。

《BIM建模与应用(初级)》为"1+X"BIM课证融通系列课程体系建模基础篇。全书共分为三大篇章,分别为BIM概述、BIM建模、BIM职业技能初级考试。其中,第一篇为BIM基础理论概述;第二篇以一个真实项目——专用宿舍楼为案例,借助BIM建模工具,详细介绍了BIMMAKE软件各项功能的使用方法,依托项目案例完成技能实操讲解,该案例基本涵盖了BIMMAKE软件的基本功能及历年全国BIM技能等级考试(初级)的所有知识点,在项目的创建过程中穿插功能介绍及建模技巧;在第三篇中单独讲解了BIM技能等级考试知识点,围绕标准解读,结合案例解析,既有详细案例任务操作步骤,又有例题解析上的归纳、总结和对比,便于读者的学习。本书第1—3章由朱溢镕编写,第4—10章由何永强、申中原、陈传玺、李宪荣编写,第11—15章由申中原、袁辰雨、张阿玲、赵楠编写。本书由王君峰先生担任主审,他从事BIM事业多年,有着丰富的项目经验,提出了很多宝贵意见,对本书质量的提高起到了非常重要的作用,在此表示衷心的感谢。

　　《BIM 建模与应用（初级）》本书定位为 BIM 基础建模应用：第一，作为高等职业院校建筑类相关专业（如 BIM 建模等课程）的教材使用；第二，作为 BIM 等级考试机构的培训专业授课教材；第三，作为广大 BIM 工程师 BIM 入门学习的教材；第四，作为建设、施工、设计、监理、咨询等单位培养企业自己的 BIM 人才的专业教材。教材提供有配套的授课 PPT、案例图纸及参考答案等电子资料包，授课教师可以加入教学交流 QQ 群（群号：238703847）下载，辅助教学。

　　由于编者水平有限，书中难免有不足之处，恳请广大读者批评指正，以便及时修订与完善。

编　者

2021 年 8 月

# 目录
## CONTENTS

## 第3篇　"1+X"BIM 职业技能初级考试篇

# 1

## 第 1 篇
### BIM 概述

# 第 1 章 BIM 技术概述

## 1.1 技术驱动建筑业发展

在当今社会,随着科技和社会的进步,传统的居住建筑已无法满足人们日益递增的需求,人们对建筑环境的要求也在逐步提升,不仅要求建筑能够满足基本使用需求,而且更加要求生活居住和使用的品质,从房子标准化到追求定制化和个性化。伴随着人们追求自由的个性发展和高科技手段的日益成熟，未来建筑将结合"绿色""环保""智能化""数字化"等元素，推崇"以人为本"的理念，呈现多元化及数字化的发展态势。

（1）建筑智能化

智能建筑指通过将建筑物的结构、系统、服务和管理根据用户的需求进行最优化组合，从而为用户提供一个高效、舒适、便利的人性化建筑环境。智能建筑是集现代科学技术之大成的产物。其技术基础主要由现代建筑技术、现代电脑技术、现代通信技术和现代控制技术所组成。

智能建筑的发展过程中，必然伴随着智能控制技术和智能建筑材料的发展。智能控制技术如家居智能控制，与传统控制技术相比，智能控制技术能以知识表示的非数学广义模型和以数学表示的混合控制过程，采用开闭环控制和定性及定量控制结合的多模态控制方式，同时具有变结构特点，能总体自寻优点，具有自适应、自组织、自学习和自协调能力，可以进行补偿及自我修复，并判断决策。同时智能建筑的发展离不开智能建筑材料，智能建筑材料是除作为建筑结构外，还具有其他一种或数种功能的建筑材料，如一些智能建筑材料具有呼吸功能，可自动吸收和释放热量、水汽，能够调节智能建筑的温度和湿度。

基于物联网技术、人工智能及大数据等高科技手段的发展，今后建筑智能化将围绕保护环境，节省资源，降低能耗而展开。建筑智能化的发展要为生态、节能、太阳能等在各种类型现代建筑中应用提供技术支持，实现生态建筑与智能建筑相结合。建筑智能化是以建筑为平台，兼备建筑设备、办公自动化及通信网络系统，集结构、系统、服务、管理及它们之间的最优组合，向人们提供一个安全、高效、舒适、便利的建筑环境。

（2）走绿色建筑的道路

绿色建筑指在建筑的全生命周期内，最大限度地节约资源，包括节能、节地、节水、节材等，保护环境和减少污染，为人们提供健康、舒适和高效的使用空间，与自然和谐共生的建筑物。绿色建筑技术注重低耗、高效、经济、环保、集成与优化，是人与自然、现在与未来之间的利益共享，是可持续发展的建设手段。

绿色建筑创造的居住环境，既包括人工环境，也包括自然环境。在进行绿色环境规划时，不仅要重视创造景观，而且要重视环境融和生态做到整体绿化。即以整体的观点考虑持续化、自然化、可持续化的应用，除了建筑本身外还包括所需的周围自然环境、生活用水的有效生态利用、废水处理及还原、所在地的气候条件等。

绿色建筑的室内布局要求十分合理，尽量减少使用合成材料，充分利用阳光，节约能源，为居住者创造一种接近自然的感觉。以人、建筑和自然环境的协调发展为目标，在利用天然条件和人工手段创造良好、健康的居住环境的同时，尽可能地控制和减少对自然环境的使用和破坏，充分体现向大自然的索取和回报之间的平衡。绿色建筑之所以经常强调室内环境，因为空调界的主流思想是想在内外部环境之间争取一个平衡关系，而对内部环境，即对健康、舒适及建筑用户的生产效率，表现出不同的需求。在面对温度问题、日光照明及噪声污染问题、空气质量问题等方面，需要采取一系列的严格措施实施控制，以使它们保持在绿色建筑评价体系的指标范围内。

走绿色建筑路线，要利用绿色建材，使用环保型建筑材料，如新保温隔热材料、新型防水密封材料、新型装饰装修材料、无机非金属新材料等，最大限度地节约资源，减少垃圾制造。同时要采用绿色设计理念，除了满足一定要求的绿化，还要进行节能设计和使用清洁能源，如实现建筑室内的自然通风以减少空调等降温设备的开机时间，降低能耗等。坚持可持续发展的理念，才符合绿色建筑的发展道路。

（3）建筑数字化

数字建筑指基于 BIM 技术和云计算、大数据、物联网、移动互联网、人工智能等信息技术引领产业转型升级的业务战略，它结合先进的精益建造理论方法，集成人员、流程、数据、技术和业务系统，实现建筑的全过程、全要素、全参与方的数字化、在线化、智能化，从而构件项目、企业和产业的平台生态新体系。

在一定程度上推动产业升级转型,成功实现建筑项目的生产目标。

在"十九大"领航及"数字中国""数字经济""数字雄安"的背景下,数字化已经成为各产业未来创新的重要特征。2019 年 5 月 6 日,第二届数字中国建设峰会在福建省福州市开幕。峰会主论坛上,国家网信办发布了《数字中国建设发展报告(2018 年)》。报告指出,当今世界,信息化是鲜明的时代特征。新一代网络信息技术不断创新突破,数字化、网络化、智能化深入发展。信息革命正从技术产业革命向经济社会变革加速演进,世界经济数字化转型成为大势所趋。

数字建筑,是虚实映射的"数字孪生",是驱动建筑产业的全过程、全要素、全参与方的升级的行业战略,是为产业链上下游各方赋能的建筑产业互联网平台,也是实现建筑产业多方共赢、协同发展的生态系统。数字建筑不仅是信息技术和系统,而且是与生产过程深度融合的新的生产力,它必将驱动建筑产业的全过程、全要素、全参与方的升级,建立全新的生产关系。同时数字建筑可以更好地为产业赋能,并且相互协同进化,形成群体智能。

数字化、在线化、智能化是"数字建筑"的三大典型特征。其中数字化是基础,围绕建筑本体实现全过程、全要素、全参与方的数字化解构的过程。在线化是关键,通过泛在连接、实时在线、数据驱动,实现虚实有效融合的数字孪生的链接与交互。智能化是核心,通过全面感知、深度认知、智能交互,基于数据和算法逻辑无限扩展,实现以虚控实,虚实结合进行决策与执行的智能化革命。

通过数字建筑打造的全新数字化生产线,让项目全生命周期的每个阶段发生新的改变,未来,将在实体建筑建造之前,衍生纯数字化虚拟建造的过程,在实体建造阶段和运维阶段将会是虚实融合的过程。以"新设计""新建造"及"新运维"为代表推动产业升级,实现项目生产目标。

新设计即全数字化样品阶段。也就是在实体项目建设开工之前,集成各参与方与生产要素,通过全数字化打样,消除各种工程风险,实现设计方案、施工组织方案和运维方案的优化,以及全生命周期的成本优化,保障大规模定制生产和施工建造的可实施性。新建造即工业化建造。通过数字建筑实现现场工业化和工厂工业化,工序工法标准化。新运维即智慧化运维。通过数字建筑把建筑升级为可感知、可分析、自动控制,乃至自适应的智慧化系统和生命体。

建筑业将伴随着各种高科技手段及思想理念,引领着建筑走智能化、绿色化和数字化的道路,可以想象的是,未来建筑将为人们提供一种更好的居住环境,满足更高的生活品质。

## 1.2　BIM 技术的概念发展

当人类跨入新的世纪,网络技术与信息技术正在改变这个世界的形态与面貌。淘宝、京东、eBay 等正在把世人变成经销商,借助腾讯、百度、谷歌等网络平台,各类真人秀在世界各个角落此起彼伏。

网络、信息技术的发展也同样促进了工程建设信息化的发展。进入 21 世纪后,一个被称为"BIM"的技术正在逐渐改变工程建设行业。目前 BIM 技术已经成为当前工程建设行业信息化的主流。"BIM"是 Building Information Modeling 的缩写,中文译为"建筑信息模型"。BIM 技术是一种应用于工程设计、建造、管理的数据化工具,通过对建筑的数据化、信息化模型整合,在项目策划、运行和维护的全生命周期过程中进行共享和传递,使工程技术人员及管理人员通过 BIM 模型对建筑信息做出正确理解和高效决策。大量的实践证明,应用了 BIM 技术的工程项目,都不同程度地提高了建设质量和劳动生产率,减少了工程变更、返工和浪费,节省了建设成本,改善了建设企业的经济效益,取得了良好的经济效果。

BIM 技术被称为"革命性"的技术,源于美国乔治亚技术学院(Georgia Tech College)建筑与计算机专业的查克·伊斯曼(Chuck Eastman)博士提出的一个概念:建筑信息模型包含了不同专业的所有信息、功能要求和性能,把一个工程项目的所有信息(包括设计过程、施工过程、运营管理过程中的信息)全部整合到一个建筑模型中（图 1.1）。

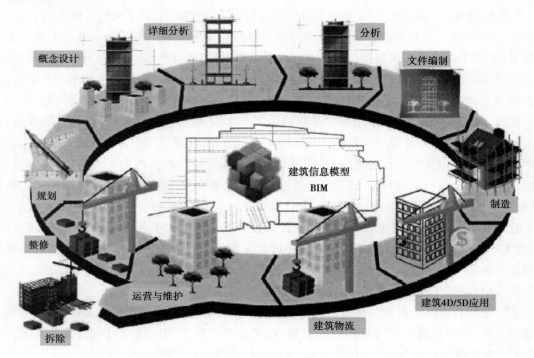

图 1.1　各专业集成 BIM 模型图

在《建筑信息模型应用统一标准》中，将 BIM 定义如下：建筑信息模型（BIM），是指在建设工程及设施全生命周期内，对其物理和功能特性进行数字化表达，并依此设计、施工、运营的过程和结果的总称。

BIM 技术是一种多维（三维空间、四维时间、五维成本、N 维更多应用）模型信息集成技术，可以使建设项目的所有参与方（包括政府主管部门、业主、设计、施工、监理、造价、运营管理、项目用户等）在项目从概念产生到完全拆除的整个生命周期内都能够在模型中操作信息和在信息中操作模型，从而从根本上改变从业人员依靠符号文字、形式图纸进行项目建设和运营管理的工作方式，实现在建设项目全生命周期内提高工作效率和质量以及减少错误和风险的目标。BIM 的含义总结为以下 3 点：

①BIM 是以三维数字技术为基础，集成了建筑工程项目各种相关信息的工程数据模型，是对工程项目设施实体与功能特性的数字化表达。

②BIM 是一个完善的信息模型，能够连接建筑项目生命期不同阶段的数据、过程和资源，是对工程对象的完整描述，提供可自动计算、查询、组合拆分的实时工程数据，可被建设项目各参与方普遍使用。

③BIM 具有单一工程数据源，可解决分布式、异构工程数据之间的一致性和全局共享问题，支持建设项目生命期中动态的工程信息创建、管理和共享，是项目实时的共享数据平台。

随着建筑行业的高速发展以及信息科学技术的快速进步，建筑工业化要求也在不断提升，因此 BIM 迎来了空前的发展机遇，以 BIM 技术为基石，使得我国乃至全世界的建筑行业得到了质的提升，BIM 已经并将继续引领建设领域的信息革命，伴随着 BIM 应用点的逐步推广，建筑业的传统架构将被打破，一种以信息技术为主导的新架构将取而代之。在 BIM 技术进步和其行业发展都以"光速"进行的 21 世纪，我们要追本溯源，了解其发展历史，把握当下，看清当代发展现状，才能在 BIM 未来发展的道路上砥砺前行，开辟出一片新的天地。

# 第2章 BIM 技术价值

## 2.1 BIM 的特点

BIM 是利用三维数字模型将建筑工程中的信息不断集成。这决定了 BIM 具有其可视化、参数化等优势。BIM 信息模型可以应用于建筑的全生命周期中,成为建筑信息管理的手段和模式。所谓建筑全生命周期管理,是指建筑对象从规划开始,到设计、施工、运营翻新乃至拆除全过程中各个阶段的管理和应用。

（1）可视化

可视化即在 BIM 中我们常说的"所见即所得",即建筑及构件,环境条件,包括相关设施、设备和材料的施工方案和建造过程都以三维方式直观呈现出来,而不是二维条件下的抽象表达,需要相关参与者的自行想象,特别是当建筑、施工及管理工作越来越复杂的情况下。BIM 的可视化,能够反映构件之间的互动性和反馈性,其结果不仅可以展示效果,还能够生成报表,同时,整个项目的全生命周期有关建筑的活动,都可以在可视化的状态下进行。实践证明,可视化是工程建设中的一项非常重要的内容。

（2）参数化

参数化建模指的是通过参数而不是数字建立和分析模型,改变模型中的参数值就能建立和分析新的模型。BIM 中参数化图元是以构件的形式出现,这些构件之间的不同,是通过参数的调整反映出来的,参数保存了图元作为数字化建筑构件的所有信息。同时,参数的修改都可以在自动关联部分反映出来,但系统能够自动维护所有的不变参数,使设计符合确定的工程关系和几何关系,真正体现设计意图。参数化设计的特性可大大提高模型的生成和修改速度。

（3）模拟性

BIM 的模拟性包括设计阶段将虚拟建筑模型、环境等信息导入相关建筑性能分析软件,借助这些信息和规则等设置,计算机可以按照用户要求自动完成性能分析过程,给予所需的分析结果,与人工相比较,可以缩短分析时间,保证质量。建筑性能模拟分析主要包括能耗分析、日照分析、紧急疏散分析等。

在招投标及施工阶段,可进行重、难点部位和施工方案的模拟,审视施工工艺过程,优化施工方案,验证可施工性,从而提高施工的效果质量和效率,保障施工方案的安全性。施工模拟包括 ND（进度、造价等）模拟、施工现场布置方案的模拟等,可以提升施工组织管理水平,降低成本。

在运维（营）阶段,可以对日常紧急情况的处理方式进行模拟,确定当突遇地震及火灾等情况时,人员逃生及疏散的线路规划指导等。

（4）协调性

协调是工程建设工作的重要内容,也是难点问题,它不仅包括各参与方内部的协调,各参建单位之间的协调,还包括数据标准的协调和专业之间的协调。借助即时建筑信息模型 BIM（修改具有可记录性）,在一个数据源基础上,可以大大降低矛盾和冲突的产生,这是 BIM 最重要的特点和实践中广泛发挥作用的价值。

**（5）优化性**

工程建设过程就是一个需要不断优化的过程，没有全面、完整、准确、及时的信息，就不能在一定时间的限制条件下，做出判断并提出合理优化方案。BIM 不仅可以解决信息本身的问题，同时，还具有自动关联功能、计算功能，最大限度地缩短过程时间，支持有利于相关方自身需求方案的制订。

**（6）完备性**

BIM 信息的完备性体现在 BIM 技术可对工程对象进行 3D 几何信息和拓扑关系的描述以及完整的工程信息描述。信息的完备性可使 BIM 模型能够具有良好的条件，支持可视化、优化分析、模拟仿真等功能。

**（7）可出图性**

运用 BIM 技术，除了能够进行建筑平、立、剖及大样详图的输出外，还可以在碰撞报告的基础上，出经优化后的综合管线图，出综合结构留洞图（预埋套管图），出构件加工图等。

**（8）一体化**

一体化不仅包括几何信息、材料、结构、性能信息等设计阶段信息，还包括建造过程信息和运维管理信息，同时，包括对象与对象之间，对象与环境之间的关系信息，这些信息由不同参与方建立、提取、修改与完善，将支撑对项目全生命周期的管理，也是 BIM 技术未来发展的主要方向。

## 2.2 BIM 的优势

CAD 技术将手工绘图推向了计算机辅助制图，但这种方法孤立应用于一个领域，相关的环节并没有关联起来，不能形成整体的综合应用价值。而 BIM 作为一种信息技术，一种工作手段和方法，一种管理行为，可以集合建筑物及全生命周期的建设数据，推动管理的集成化和集约化。与 CAD 相比较，BIM 作为一种完全的信息技术，其优势体现在：

**（1）数据库技术**

过去，设计人员一直在使用绘图或实物模型的方法，同时，辅之以设计说明、相关产品和建造技术、管理标准等，向项目决策和最终使用者传递他们的构思和意图。但这些技术文件数量可以非常庞大，因此，把握项目的总体情况以及某种显著性特征，就成为项目所有参与方都面临的挑战，包括设计人员和业主。同时，建设过程的动态性，又进一步加大了难度和可变性。

其他行业的发展，如航空、汽车领域的经验为建筑业指明了借鉴方向，将设计的所有内容变革为具有产品所有实体和功能特征的数字化数据库而不是单独的文件，会极大促进行业的发展。该数据库可作为中央储存库，内容是完全真实与实时的，是可靠、周全的决策基础，同时反映对项目共享的理解。当然设计文件依然存在，但是过程性结果，按需求和特定的目的从数据库中产生。

就 BIM 而言，那些体现着项目全部要素内容的线条、弧形以及文字等，虽然也是"画"和"写"出来的，但和传统意义上"画"与"写"出来完全不同，通过 BIM 软件形成的数据库，体现了项目全部要素的"智能构件（intelligent objects）"，以数字方式"建造"而成。因此，它们可以被作为一个整体来看待，用以鉴别"冲突"（建筑、结构和水暖电系统间的几何学冲突），这些冲突可以通过虚拟方式加以解决，从而避免在实际操作中遇到这种问题。同时，一旦置于 BIM 环境下，它会自动将自身信息加载至所有的平面图、立面图、剖面图、详图、明细表、立体渲染、工程量估计、预算、维护计划等。此外，随着设计的变化，构件能够将自身参数进行调整，以适应新的构思与意图，这为项目团队成员与其技术工具间进行顺畅的信息交换开启了大门，产生了令人振奋的效率也出现了更加协调的设计和施工。此外，业主得到一份该项目的"数字化备份"，可用于今后的运营和维护。

（2）分布式模型

用户对 BIM 目前采用的是一种将创作工具的价值与分析工具的能力相结合的"分布式"方法。在分布式 BIM 环境下，单独的模型通常由相关单位负责制作。这些可能包括：

①设计模型——建筑、结构、水暖电和土木/基础设施。

②施工深化模型——将设计模型细化为施工步骤或节点模型。

③建造（生产/制造/加工）模型——达到加工的深度，或其数据直接传递到计算机辅助制造系统。

④施工管理（ND）模型——将工程细分结构与模型中的项目要素联系起来用于进度、成本等的管理。

⑤运维模型——为业主映射或模拟运营维护状态而建立的模型。

BIM 数据库保存有各个 BIM 智能对象的信息，它可根据需要将该数据特定的子集"公布"给分析工具。例如，能耗分析工具可获取有关项目场地的方向、玻璃制品、门以及暖通系统性能、设备电器载荷及发热量、外部材料的表面反射性，以及房屋外壳绝缘属性等方面的信息。而能耗分析工具自身已具备了对太阳年度运行轨迹、温度以及场地附近风力条件的信息，它就能够对模拟的能耗性能设计解决方案和潜在 LEED 分值进行计算，据此，可修改 BIM，并反复测试，进行调整。这是个无缝、快速、高效的过程。

（3）工具与程序的结合创造 BIM 的价值

人们常说认识 BIM 可以从项目阶段、项目参与方和 BIM 应用层次三维维度来建立。其中不同阶段包括项目全生命周期的规划与计划、设计、施工、交付和试运行、运营和维护、清理 6 个阶段都可以围绕BIM 来进行工作；同时，不同的项目参与方，包括业主（用户）、开发商或中介、工程顾问咨询单位（个人）、承包商（供应商）、物业管理等，甚至包括银行及房屋修缮、改造、拆除单位都可以在与 BIM 沟通中按照相关约定修改并获取所需要的数据和信息，创造服务功能需求的价值；虽然建模工具为个人用户提供了巨大的优势，但如果利用 BIM 仅为了实现"卓越个体"，则低估了 BIM 大规模提升行业整体水平的巨大潜力，因此，就项目成员之间应有 BIM 的关系，可以按照美国总承包商协会的 BIM 论坛将由低向高程度划分为"孤独的 BIM（个人单独使用 BIM 工具）"与"社会性 BIM（与部分人分享数据）"，有专家还增加了"亲密 BIM"这一最高层次，即所有成员共享信息，协同并集体决策完成项目。由此可见，无论是冲突检查，或是"一体化项目交付"（Integrated ProjectDelivery，IPD），BIM 将会推动项目建设呈现出新的场景和效果。

图 2.1 是美国 buildingSMART 联盟 BIM 国家标准委员会对 BIM 作用的一个介绍。

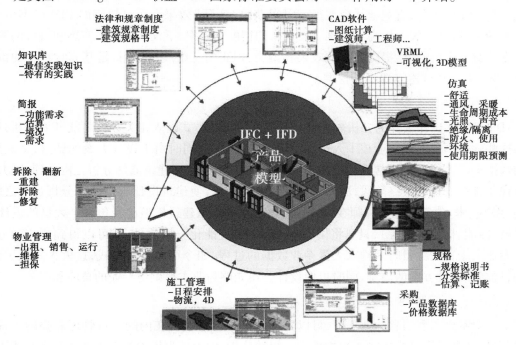

图 2.1　BIM 支持项目生命周期的全过程

　　BIM 是一个功能强大的，综合了模型和分析功能的工具，并拥有一体化、合作性的程序。通过这一技术，实现了彻底的变革。随着这些工具和程序的推广使用，团队可不断开发新方法提高生产效率，以充分利用 BIM 的强大功能，更好地实施项目。

## 2.3　BIM 的价值

　　工程建设中 BIM 技术的综合应用是分阶段进行的，同时，因为参与方的不同，其应用点与价值也有不同的侧重，其中，有对建筑技术提升的价值，也有对管理提升的价值以及对建筑生产过程与产品提升的作用，综合起来，目前有以下几方面可供参考：

　　（1）信息完整，快捷查阅

　　在过去纯手工绘图或借助 CAD 的辅助设计条件下，人们所面临的是海量独立、分散的设计文件，而 BIM 模型是一个有关产品规格和性能特征等的集合数据库，人们现在可以利用计算机的优势，按照相关的维护规则，随时查阅最新的、完整的实时数据。

　　（2）协同工作，保障品质

　　通常人们所说的协同，常指设计阶段各专业之间的协同，建造阶段各参与方的工作协同，甚至于今后运维阶段物业管理部门与厂商及相关方的协同，同时，还包括全生命周期的协同。传统方式在这个全生命周期的过程中，由于建造的特点，各阶段割裂，各参与方独立，形成了过程性和结果性的信息孤岛，每个阶段的完成，均会产生信息衰减，影响建造过程以及最终结果。而 BIM 可以作为连接中心枢纽，使各方随时传递和交流项目信息，同时，能够把传递和交流的情况保留下来，支撑各参与方在完整即时的信息条件和沟通条件下工作，建立起保障生产及工作品质的基础。

　　（3）三维展示，所见所得

　　与二维展示不同，三维立体展示，不仅是视觉上的革命，更重要的是认知上的解放，它不需要抽象地理解建筑产品或建筑过程，直观地从模型上就可以获得"实际"效果。而且建好的 BIM 模型可以作为二次渲染开发的模型基础，大大提高了三维渲染效果的精度与效率，不仅给人以真实感和直接的视觉冲击，而且可以支持对方案的论证，提高方案的效果感染力，BIM 的三维展示作用，是其非常重要的价值，其自身及结合 GIS、VR、AR 技术需要不断挖掘。

　　（4）分析验证，优化方案

　　在 CAD 时代，无论什么样的分析软件都必须通过手工的方式输入相关数据才能开展分析计算，而操作和使用这些软件不仅需要专业技术人员经过培训才能完成，同时由于设计方案的调整，造成原本就耗时耗力的数据录入工作需要经常性地重复录入或者校核，导致包括建筑能量分析在内的建筑物理性能化分析通常被安排在设计的最终阶段，成为一种象征性的工作，使建筑设计与性能化分析计算之间严重脱节。利用 BIM 技术，建筑师和工程师在设计过程中创建的虚拟建筑模型已经包含了大量的设计信息（几何信息、材料性能、构件属性等），只要将模型导入相关的性能化分析软件，就可以得到相应的分析结果，原本需要专业人士花费大量时间输入大量专业数据的过程，如今可以自动完成，这大大降低了性能化分析的周期，提高了设计方案的质量，同时也使设计公司能够为业主提供更专业的技能和服务。

　　（5）自动计算，资源集约

　　BIM 是一个富含工程信息的数据库，可以真实地提供包括造价在内的项目管理需要的工程量信息，借助这些信息，计算机可以快速对各种构件进行统计分析，大大减少烦琐的人工操作和潜在错误，实现工程量信息与设计方案的完全一致。通过 BIM 获得的准确工程量统计可以用于前期设计过程中的成本估算、在业主预算范围内不同设计方案的探索或者不同设计方案建造成本的比较,以及施工开始前的工程量预算和过程中的变更以及施工完成后的工程量结(决)算,大大减少了资源、物流和仓储环节的浪费,为实现限额领料、消耗控制提供技术支撑。

(6)虚拟施工,有效管控

三维可视化功能再加上时间维度就可以进行虚拟施工。随时随地直观快速地将施工计划与实际进展进行对比,同时进行有效协同,施工方、监理方,甚至非工程行业出身的业主等都可对工程项目的各种问题和情况了如指掌。这样通过 BIM 技术结合施工方案、施工模拟和现场视频监测,可大大减少建筑质量问题、安全问题,减少返工和整改。如图 2.2 所示为采用 BIM 技术进行的虚拟施工进度模拟与分析。

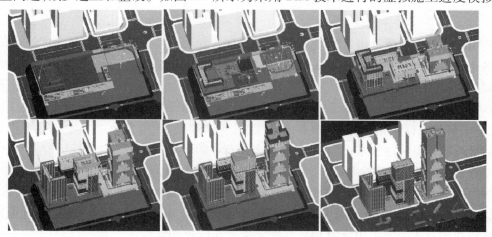

图 2.2　虚拟施工模拟

(7)数字建造,提升质效

通过 BIM 模型与数字化建造系统的结合,建筑行业也可以采用类似的方法来实现建筑施工流程的自动化。建筑中的许多构件可以异地加工,然后运到建筑施工现场,装配到建筑中(例如门窗、预制混凝土结构和钢结构等构件)。通过数字化建造,可以自动完成建筑物构件的预制,这些通过工厂精密机械技术制造出来的构件不仅降低了建造误差,而且大幅度提高了构件制造的生产率,使得整个建筑建造的工期缩短并且容易掌控。

(8)数据集成,支持运维

BIM 不仅是设计建筑物的模型,还是包含了规则属性的管控模型。对运营人员来说,BIM 模型是一种实时模型,它可以利用最先进的信息设备来随时获取建筑物内外信息,不仅能获得建筑物的构件、设备设施等的信息,还能不断追踪与检测流动人群、流动设施、温度等动态信息。

# 第3章　BIM 政策标准

近年来,BIM 技术在全球迅速发展,各个国家和地区正在大力推广和使用 BIM 技术。在 BIM 技术发展过程中,各个国家和地区都制定了相关的政策,用来推动 BIM 技术的发展。从 BIM 的发展情况来看,这些政策都起到了巨大的推动作用。但是,政策比较宏观,操作性不强,只有建立一套完善、可行的 BIM 标准才能使政策落地。一直以来,缺乏统一的 BIM 标准是制约 BIM 在我国建筑行业落地应用与发展的主要障碍之一。与其他行业相比,建筑物的规模庞大,生产周期长,通常由多个参与方协作完成。从设计、施工、运维阶段,信息传递非常难,必须建立一个全行业的标准语义和信息交换标准,实现信息在不同阶段、不同专业之间的传递,否则将无法整体实现 BIM 的优势和价值。

目前,世界各国都制定了相应的 BIM 标准,发展情况有所异同。我国虽然发展 BIM 技术时间不长,但近年来已相继出台了部分国家 BIM 标准,基本形成了我国的 BIM 标准体系。由于各行业发展并不均衡,一些发展较快的行业制定了相应的 BIM 标准来推动其行业 BIM 应用与发展,是对国家标准的补充和完善。BIM 技术在我国各地的发展也不同步,一些发达地区发展较快,也率先制定了地方 BIM 标准,用来指导当地的 BIM 技术应用。许多企业和项目,结合自身特点,也建立了自己企业和项目的 BIM 标准。各级标准的建立,为 BIM 技术发展提供了保障,发挥了巨大作用。

因此,通过学习世界各地及我国的 BIM 政策与标准,能够拓展我们的视野,了解 BIM 技术的应用现状和发展趋势。

## 3.1　国外 BIM 政策与标准

### (1) 国外 BIM 政策

美国总务署(General Service Administration,GSA)负责美国所有的联邦设施的建造和运营。2003 年美国就开始制定具体的政策。为了提高建筑领域的生产效率,支持建筑行业信息化水平的提升,GSA 推出了国家 3D-4D-BIM 计划,鼓励所有 GSA 的项目采用 3D-4D-BIM 技术,并给予不同程度的资金资助。2009 年 7 月,美国威斯康星州成为第一个要求州内新建大型公共建筑项目使用 BIM 的州政府,威斯康星州国家设施部门发布实施规则要求从 2009 年 7 月开始,州内预算在 500 万美元以上的公共建筑项目都必须从设计开始就应用 BIM 技术。

美国陆军工程兵团(the U.S. Army Corps of Engineers ,USACE)隶属于美国联邦政府和美国军队,为美国军队提供项目管理和施工管理服务,是世界最大的公共工程、设计和建筑管理机构。2006 年 10 月初期,USACE 发布了为期 15 年的 BIM 发展路线规划,为 USACE 采用和实施 BIM 技术制定战略规划,以提升规划、设计和施工质量和效率,规划中,USACE 承诺未来所有军事建筑项目都将使用 BIM 技术。

building SMART 联盟（building SMART alliance, bSa）是美国建筑科学研究院（National Institute of Building Science, NIBS）在信息资源和技术领域的一个专业委员会,成立于 2007 年,同时也是 buildingSMART 国际（buildingSMART International, bSI）的北美分会。bSa 致力于 BIM 的推广与研究,使项目所有参与者在项目生命周期阶段能共享准确的项目信息。BIM 通过收集和共享项目信息与数据,可以有效地节约成本、减少浪费。因此,美国 bSa 的目标是在 2020 年之前,帮助建设部门节约 31% 的浪费或者节省 4 亿美元。

韩国公共采购服务中心下属的建设事业局于 2010 年制定了 BIM 实施指南和路线图,规定先在小范围内试点应用,然后逐步扩大应用规模,力求在 2012—2015 年,预算为 500 亿韩元以上的建筑项目全部采用 3D+Cost 的设计管理系统,到 2016 年计划实现全部公共设施项目使用 BIM 技术。

澳大利亚制定了国家 BIM 行动方案,2012 年 6 月,澳大利亚 buildingSMART 组织受澳大利亚工业、教育等部门委托发布了一份《国家 BIM 行动方案》。制订了按优先级排序的"国家 BIM 蓝图",首先规定了需要通过支持协同、基于模型采购的新采购合同形式。第二规定了 BIM 应用指南。第三将 BIM 技术列为教育之一。第四规定了产品数据和 BIM 库。第五规范了流程和数据交换。第六执行法律法规审查。第七推行示范工程,鼓励示范工程用于论证和检验上述六项计划的成果用于全行业推广普及的准备就绪程度。

（2）国外 BIM 标准

BIM 技术最早源自美国,美国在 BIM 相关标准的制定方面具有一定的先进性和成熟性。早在 2004 年美国就开始以 IFC 标准为基础编制国家 BIM 标准,2007 年发布了美国国家 BIM 标准第一版的第 1 部分——NBIMS（National Building Information Model Standard）Version1 Part1。这是美国第一个完整的具有指导性和规范性的标准。2012 年 5 月,美国国家 BIM 标准第二版（National Building Information Modeling Standard-United States）Version 2 正式公布,对第一版中的 BIM 参考标准、信息交换标准与指南和应用进行了大量补充和修订。此后又发布了 NBIMS 标准第三版,在第二版基础上增加了模块内容并引入了二维 CAD 美国国家标准,并在内容上进行了扩展,包括信息交换、参考标准、标准实践部分的案例和词汇表/术语表。第三版有一个创新之处,即美国国家 BIM 标准项目委员会增加了一个介绍性的陈述和导视部分,提高了标准的可达性和可读性。

英国政府在较早时候就对 BIM 技术的使用进行了强制推行,这也使得英国 BIM 标准发展较为迅速。英国在 2009 年正式发布了 *AEC（UK）BIM Standard* 系列标准,系列标准主要由 5 部分组成,包括项目执行标准、协同工作标准、模型标准、二维出图标准、参考。但是此系列的 BIM 标准存在一定不足,它们的面向对象仅是设计企业,而不包括业主方和施工方。但是它是一部 BIM 通用标准,并且与 *AEC（UK）CAD Standard* 有良好的联系性,为建筑行业从 CAD 模式向 BIM 模式转变提供了方便与依据。后又分别于 2011 年 6 月和 9 月发布了基于 Revit 和 Bentley 平台的 BIM 标准。目前,英国建筑业 BIM 标准委员会 AEC 也在致力于适用于其他软件 BIM 标准的编制,如 Archi ACD、Vectorworks 等。

2012 年 7 月,日本国建筑学会（Japanese Institute of Architects, JIA）正式发布了 *JIA BIM Guideline*,涵盖了技术标准、业务标准、管理标准 3 个模块。该标准对企业的组织机构、人员配置、BIM 技术应用、模型规则、交付标准、质量控制等做了详细指导。

韩国对 BIM 技术标准的制订工作十分重视,有多家政府机构致力于 BIM 应用标准的制订,如韩国国土海洋部、韩国公共采购服务中心、韩国教育科学技术部等。韩国对于 BIM 标准的制定以建筑领域和土木领域为主。韩国于 2010 年发布 *Architectural BIM Guideline of Korea*,用来指导业主、施工方、设计师对于 BIM 技术的具体实施。该标准主要分为 4 个部分,即业务指南、技术指南、管理指南和应用指南。

部分国家的 BIM 政策见表 3.1。

表 3.1　部分国家 BIM 政策

| 国家 | 政策内容摘要 |
|---|---|
| 美国 | 2006 年,美国陆军工程兵团(USACE)发布了为期 15 年的 BIM 发展路线规划,承诺未来所有军事建筑项目都将使用 BIM 技术、美国建筑科学研究院(bSa)下属的美国国家 BIM 标准项目委员会专门负责美国国家 BIM 标准的研究与制定,目前 BIM 标准已发布第三版,正准备出版第四版。美国总务署 3D-4D-BIM 计划推行至今,超过 80%建筑项目已经开始应用 BIM。 |
| 俄罗斯 | 2017 年 5 月,俄罗斯政府建筑合同开始增加包含应用 BIM 技术的条款要求,到 2019 年,俄罗斯要求政府工程中的参建方均要采用 BIM 技术。 |
| 韩国 | 政府 2016 年前实现了全部公共工程的 BIM 应用。 |
| 英国 | 政府一直强制要求使用 BIM 技术,2016 年前企业实现 3D-BIM 的全面协同。 |
| 新加坡 | 建筑管理署要求所有政府施工项目都必须使用 BIM 模型。在 BIM 技术的传承和教育方面,建筑管理署鼓励大学开设 BIM 相关课程。 |
| 日本 | 建筑信息技术软件产业成立国家级国产解决方案软件联盟。日本建筑学会积极发布日本 BIM 从业指南,对 BIM 从业者进行全方位的指导和交流。 |

## 3.2　国内 BIM 政策与标准

（1）国内 BIM 政策

2011 年住房和城乡建设部发布《2011—2015 年建筑业信息化发展纲要》,第一次将 BIM 纳入信息化标准建设内容,2013 年推出《关于推进建筑信息模型应用的指导意见》,2016 年发布《2016—2020 年建筑业信息化发展纲要》,BIM 成为"十三五"建筑业重点推广的五大信息技术之首;进入 2017 年,国家和地方都加大了 BIM 政策与标准落地,《建筑业十项新技术 2017》将 BIM 列为信息技术之首。在住房和城乡建设部政策引导下,我国各省区市也在加快推进 BIM 技术在本地区的发展与应用。北京、上海、广东、福建、湖南、山东、广西等省区市陆续出台了相关 BIM 技术标准和应用指导意见,从中央到地方全力推广 BIM 在我国的发展（见表 3.2）。

表 3.2　国内 BIM 政策一览表

| 序号 | 部门 | 发布时间 | 文件名称 | 政策要点 |
|---|---|---|---|---|
| 1 | 国务院 | 2017 年 2 月 | 《关于促进建筑业持续健康发展的意见》 | 加快推进建筑信息模型(BIM)技术在规划、勘察、设计、施工和运营维护全过程的集成应用。 |
| 2 | 交通运输部 | 2017 年 2 月 | 《推进智慧交通发展行动计划（2017—2020 年）》 | 到 2020 年在基础设施智能化方面,推进建筑信息模型(BIM)技术在重大交通基础设施项目规划、设计、建设、施工、运营、检测维护管理全生命周期的应用。 |
|  |  | 2018 年 3 月 | 《关于推进公路水运工程 BIM 技术应用的指导意见》 | 提出:围绕 BIM 技术发展和行业发展需要,有序推进公路水运工程 BIM 技术应用,在条件成熟的领域和专业优先应用 BIM 技术,逐步实现 BIM 技术在公路水运工程广泛应用。 |

| 序号 | 部门 | 发布时间 | 文件名称 | 政策要点 |
|---|---|---|---|---|
| 3 | 住房和城乡建设部 | 2011 年 5 月 20 日 | 《2011—2015 年建筑业信息化发展纲要》 | "十二五期间,基本实现建筑企业信息系统的普及应用,加快建筑信息模型(BIM)、基于网络的协同工作等新技术在工程中的应用,推动信息化标准建设,促进具有自主知识产权软件的产业化,形成一批信息技术应用达到国际先进水平的建筑企业。 |
| | | 2014 年 7 月 1 日 | 《关于推进建筑业发展和改革的若干意见》 | 推进建筑信息模型(BIM)等信息技术在工程设计、施工和运行维护全过程的应用,提高综合效益,推广建筑工程减隔震技术,探索开展白图代替蓝图、数字化审图等工作。 |
| | | 2015 年 6 月 16 日 | 《关于推进建筑信息模型应用的指导意见》 | 1.到 2020 年末,建筑行业甲级勘察、设计单位以及特级、一级房屋建筑工程施工企业应掌握并实现 BIM 与企业管理系统和其他信息技术的一体化集成应用。<br>2.到 2020 年末,以下新立项项目勘察设计、施工、运营维护中,集成应用 BIM 的项目比率达到 90%:以国有资金投资为主的大中型建筑;申报绿色建筑的公共建筑和绿色生态示范小区。 |
| | | 2017 年 3 月 | 《"十三五"装配式建筑行动方案》 | 建立适合 BIM 技术应用的装配式建筑工程管理模式,推进 BIM 技术在装配式建筑规划、勘察、设计、生产、施工、装修、运行维护全过程的集成应用。 |
| | | 2017 年 5 月 | 《建设项目过程总承包管理规范》 | 采用 BIM 技术或者装配式技术的,招标文件中应当有明确要求:建设单位对承诺采用 BIM 技术或装配式技术的投标人应当适当设置加分条件。 |
| | | 2017 年 8 月 | 《住房城乡建设科技创新"十三五"专项规划》 | 特别指出发展智慧建造技术,普及和深化 BIM 应用,建立基于 BIM 的运营与监测平台,发展施工机器人、智能施工装备、3D 打印施工装备,促进建筑产业提质增效。 |
| | | 2017 年 8 月 | 《工程造价事业"十三五"规划》 | 大力推进 BIM 技术在工程造价事业中的应用。 |
| | | 2018 年 5 月 | 《城市轨道交通工程 BIM 应用指南》 | 指出:城市轨道交通应结合实际制定 BIM 发展规划,建立全生命周期技术标准与管理体系,开展示范应用,逐步普及推广,推动各参建方共享多维 BIM 信息、实施工程管理。 |
| | | 2019 年 3 月 15 日 | 《关于推进全过程工程咨询服务发展的指导意见》 | 意见指出:大力开发和利用建筑信息模型(BIM)、大数据、物联网等现代信息技术和资源,努力提高信息化管理与应用水平,为开展全过程工程咨询业务提供保障。 |

续表

| 序号 | 部门 | 发布时间 | 文件名称 | 政策要点 |
|---|---|---|---|---|
| 4 | 北京市 | 2014 年 5 月 | 《民用建筑信息模型设计标准》 | 政策要点：提出 BIM 的资源要求、模型深度要求、交付要求是在 BIM 的实施过程规范民用建筑 BIM 设计的基本内容。该标准于 2014 年 9 月 1 日正式实施。 |
| | | 2017 年 7 月 | 《北京市建筑信息模型（BIM）应用示范工程的通知》 | 确定"北京市朝阳区 CBD 核心区 Z15 地块项目（中国尊大厦）"等 22 个项目为 2017 年北京市建筑信息模型（BIM）应用示范工程立项项目。 |
| | | 2017 年 11 月 | 《北京市建筑施工总承包企业及注册建造师市场行为信用评价管理办法》 | BIM 在信用评价中加 3 分。 |
| | | 2018 年 5 月 | 《北京市住房和城乡建设委员会关于加强建筑信息模型应用示范工程管理的通知》 | 主要内容：示范工程需提交实施总结报告要包括：示范工程 BIM 技术的相关背景、创新点、技术指标等总体情况，主要难点及解决措施，具体应用思路、过程和方法，取得的效果，综合分析 BIM 引用的成效、示范价值、经验体会、推广前景等。 |
| | | 2018 年 6 月 | 《北京市住房和城乡建设委员会关于开展建设工程质量管理标准化工作的指导意见》 | 主要内容：全面普及 BIM 技术，充分利用 BIM 技术强化工程建设预控管理。 |
| 5 | 广东省 | 2014 年 9 月 16 日 | 《关于开展建筑信息模型 BIM 技术推广应用工作的通知》 | 1.到 2014 年底，启动 10 项以上 BIM 技术推广项目建设。<br>2.到 2015 年底，基本建立我省 BIM 技术推广应用的标准体系及技术共享平台。<br>3.到 2016 年底，政府投资的 2 万 m² 以上的大型公共建筑，以及申报绿色建筑项目的设计、施工应当采用 BIM 技术，省优良样板工程、省新技术示范工程、省优秀勘察设计项目在设计、施工、运营管理等环节普遍应用 BIM 技术。<br>4.到 2020 年底，全省建筑面积 2 万 m² 及以上的工程普遍应用 BIM 技术。 |
| | | 2017 年 1 月 | 广州市《关于加快推进建筑信息模型（BIM）应用意见的通知》 | 到 2020 年，形成完善的建设工程 BIM 应用配套政策和技术支撑体系。建设行业甲级勘察设计单位以及特、一级房屋建筑和市政工程施工总承包企业掌握 BIM；政府投资和国有资金投资为主的大型房屋建筑和市政基础设计项目在勘察设计、施工和运营维护中普遍应用 BIM。 |
| | | 2015 年 5 月 4 日 | 《深圳市建筑工务署政府公共工程 BIM 应用实施纲要》《深圳市建筑工务署 BIM 实施管理标准》 | 1.通过从国家战略需求、智慧城市建设需求、市建筑工务署自身发展需求等方面，论证了 BIM 在政府工程项目中实施的必要性，并提出了 BIM 应用实施的主要内容是 BIM 应用实施标准建设、BIM 应用管理平台建设、基于 BIM 的信息化基础建设、政府工程信息安全保障建设等。<br>2.实施纲要中还提出了市建筑工务署 BIM 应用的阶段性目标，至 2017 年，实现在其所负责的工程项目建设和管理中全面开展 BIM 应用，并使市建筑工务署的 BIM 技术应用达到国内外先进水平。 |

续表

| 序号 | 部门 | 发布时间 | 文件名称 | 政策要点 |
|---|---|---|---|---|
| 6 | 上海市 | 2014 年 10 月 29 日 | 《关于在本市推进建筑信息模型技术应用的指导意见》 | 1.通过分阶段、分步骤推进 BIM 技术试点和推广应用,2016 年底,基本形成满足 BIM 技求应用的配套政策、标准和市场环境,上海市施工施工、咨询服务和物业管理等单位普遍具备 BIM 技术应用能力。<br>2.到 2017 年,上海市规模以上政府投资工程全部应用 BIM 技术,规模以上社会投资工程普遍应用 BIM 技术,应用和管理水平走在全国前列。 |
| | | 2015 年 6 月 17 日 | 《上海市建筑信息模型技术应用指南(2015 版)》 | 指导上海市建设、设计、施工、运营和咨询等单位在政府投资工程中开展 BIM 技术应用,实现 BIM 应用的统一和可检验;作为 BIM 应用方案制定、项目招标、合同签订、项目管理等工作的参考依据。 |
| | | 2017 年 4 月 | 《关于进一步加强上海市建筑信息模型技术推广应用的通知》 | 土地出让环节:将 BIM 技术应用相关管理要求纳入国有建设用地出让合同。规划审批环节:在规划设计方案审批或建设工程规划许可环节,运用 BIM 模型进行辅助审批。报建环节:对建设单位填报的有关 BIM 技术应用信息进行审核。 |
| | | 2017 年 6 月 | 《上海市建筑信息模型技术应用指南(2017 版)》 | 上海市住建委组织对《指南(2015 版)》进行了修订,深化和细化了相关应用项和应用内容。 |
| | | 2017 年 7 月 | 《上海市住房发展"十三五"规划》 | 建立健全推广建筑信息模型(BIM)技术应用的整个标准体系和推进考核机制,创建国内领先的 BIM 技术综合应用示范城市。 |
| | | 2018 年 5 月 | 《上海市保障性住房项目 BIM 技术应用验收评审标准》 | 主要内容:规定了上海市保障性住房项目 BIM 技术应用项以及 BIM 技术应用报告的组成及不同部分的分值。 |

(2)国内 BIM 标准

我国在 BIM 技术方面的研究始于 2000 年左右,在此前后对 IFC 标准开始有了一定研究。"十一五"期间出台了《建筑业信息化关键技术研究与应用》,将重大科技项目中 BIM 的应用作为研究重点。2007年中国建筑标准设计研究院参与编制了《建筑对象数字化定义》GJ/T 198—2007。2009—2010 年,清华大学、Autodesk 公司、国家住宅工程中心等联合开展了"中国 BIM 标准框架研究"工作,同时也参与了欧盟的合作项目。2010 年参考 NBIMS 提出了中国建筑信息模型标准框架(Chinese Building Information Modeling sandards,CBIMS),该模型分为三大部分。"十二五"至今我国各界对 BIM 技术的推广力度越来越大。

住房和城乡建设部分别于 2012 年和 2013 年发布了 6 项 BIM 国家标准制定项目,6 项标准包括 BIM技术的统一标准 1 项、基础标准 2 项和执行标准 3 项。目前已颁发的 1 项统一标准、1 项基础标准和 2 项执行标准:2016 年 12 月颁布《建筑信息模型应用统一标准》(GB/T 51212—2016),2017 年 7 月 1 日起实施,这是我国第一部建筑信息模型(BIM)应用的工程建设标准;2017 年 5 月颁布《筑信息模型施工应用标准》(GB/T 51235—2017),这是我国第一部建筑工程施工领域的 BIM 应用标准,自 2018 年 1 月 1 日起实施。2017 年 10 月 25 日颁布《建筑信息模型分类和编码标准》(GB/T 51269—2017),自 2018 年 5 月 1日实施;2018 年 12 月 26 日颁布《建筑信息模型设计交付标准》(GB/T 51301—2018),自 2019 年 6 月 1

日开始实施。还有 2 项 BIM 国家标准正在编制当中,其中基础标准 1 项:《建筑信息模型存储标准》;执行标准 1 项:《制造工业工程设计信息模型应用标准》。

在国家级 BIM 标准不断推进的同时,各地也针对 BIM 技术应用出台了部分相关标准,如北京市地方标准《民用建筑信息模型(BIM)设计基础标准》等,同时还出台了一些细分领域标准,如门窗、幕墙等行业制定相关 BIM 标准及规范,以及企业自己制定的企业内的 BIM 技术实施导则。

这些标准、规范、准则,共同构成了完整的中国 BIM 标准序列,但国家层面的 BIM 标准无疑具有统领性地位,具有更高的效力和指导性。但总体看,BIM 标准进程缓慢,已经落后于 BIM 发展里程,成为制约 BIM 发展的关键因素之一。部分重要标准见表 3.3。

表 3.3  国内 BIM 标准一览表

| 序号 | 发布部门 | 实施时间 | 标准名称及编号 |
|---|---|---|---|
| 1 | 住房和城乡建设部 | 2017-07-01 | 《建筑信息模型应用统一标准》(GB/T 51212—2016) |
| 2 | 住房和城乡建设部 | 2018-01-01 | 《建筑信息模型施工应用标准》(GB/T 51235—2017) |
| 3 | 住房和城乡建设部 | 2018-05-01 | 《建筑信息模型分类和编码标准》(GB/T 51269—2017) |
| 4 | 住房和城乡建设部 | 2019-06-01 | 《建筑信息模型设计交付标准》(GB/T 51301—2018) |

# 第 2 篇
## BIM 建模

# 第 4 章 BIM 基础建模实训任务说明及基本操作方法

　　BIM 行业主要软件有 AutodeskBIM 系列软件（以 Revit 为代表），GraphisoftBIM 系列软件（以 ArchiCAD 为代表），BentlyBIM 系列软件（以 Microstation 为代表），以及 TrimbleBIM 系列软件（以 Tekla-Structures 为代表）。这些软件均由欧美国家开发，且各有其优缺点。为促进软件国产化，本书将基于中国广联达公司自主研发的 BIMMAKE 进行基础操作的阐述。

## 4.1 BIM 建模实训部分的主要目的

本部分由软件基础操作及项目实战操作两部分构成，基础操作部分主要讲解 BIMMAKE 三维建模的基本理论体系及操作方法，包括 BIMMAKE 特性、BIMMAKE 图元框架、软件界面、视图操作、选择方式等，通过上述学习可以快速掌握 BIMMAKE 的通用操作方法，了解三维建模独有的特性，为后续实训部分打下基础；实训项目部分主要是通过一个实际的项目，从任务说明、建模流程、图纸分析、具体构件创建方法等，一步步快速完成一个实际的土建项目，旨在体现项目的完整性，帮助学生快速熟悉完成一个项目所需的工作事项，建立完整的建模体系。在这个过程中，为保证项目的完整度，不对构件进行拓展应用讲解，但各构件应用操作，会在第 3 篇 1+X 专项中展开，请按照任务要求进行相应学习。

## 4.2 实训项目概述及完成效果

本项目选取了某专用宿舍楼项目，总建筑面积 1 732.48 m²，建筑高度 7.650 m，建筑层高为两层，结构类型为框架结构。通过学习此项目的完整建模过程，可以系统地掌握图纸分析、标高轴网建立、主体构件建立、附属构件建立等模型创建方法，并可学习简单的场地布置、图纸渲染、族建立、模型漫游等。通过不断练习、举一反三，可以逐步成为一名合格的 BIM 建模员。

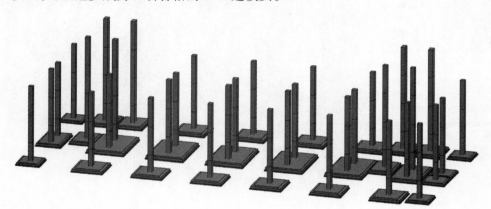

图 4.1

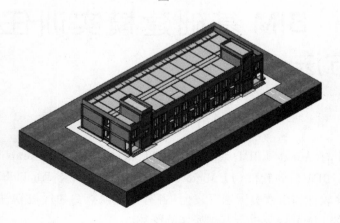

图 4.2

## 4.3　BIMMAKE 安装与激活

BIMMAKE 主要用于进行建筑信息建模,BIMMAKE 平台是一个设计和协同系统,它支持建筑项目所需的正向设计及施工图出图的专业任务。建筑信息模型（BIM）可提供需要使用的有关项目设计,构件数量,构件属性等信息,适用于建筑施工深化应用。下面介绍 BIMMAKE 的安装及激活流程。

（1）运行安装程序

右键单击 BIMMAKE 安装程序,选择"以管理员身份运行"（见图 4.3）。安装的过程中会出现杀毒软件的警告,为正常现象,点击允许即可。

进入安装界面后,会提示安装 4 个软件（见图 4.4）,可按需安装（建议一次性安装完整,减少后期重复安装工作）。

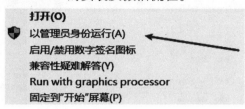

图 4.3

图 4.4

（2）选择安装路径

建议安装在 C 盘默认地址下,更换安装路径可点击地址栏后面的文件夹图标。选择好安装路径后,点击【立即安装】即可。

（3）启动软件

安装完成后双击桌面 BIMMAKE 图标即可启动软件。

（4）安装 FalconV 渲染器

该渲染器是 BIMMAKE 下的一个第三方插件,如果对渲染没有要求可以使用 BIMMAKE 自带渲染器,不需要单独安装（见图 4.6）。

图 4.5

FalconV Install

图 4.6

（5）账号注册

如果手机已注册过广联云账号，使用注册账号和密码【立即登录】（见图4.7），即可获得7天试用期。试用期到期后若想继续试用，可点击继续申请试用。

如果没有广联云账号请点击【注册账号】，注册账号后登录软件，即可试用（见图4.8）。

图4.7

图4.8

# 4.4　BIMMAKE 常用术语介绍

在学习 BIMMAKE 软件之前，作为初学者，首先要了解 BIMMAKE 的基本术语。一般来说 BIMMAKE 常用的文件格式包括以下两类：gbp 格式、gac 格式。

①gbp 格式为项目文件格式，即建模工程案例常用的保存格式；

②gac 格式为族文件格式，即 BIMMAKE 构件编辑器创建的族。

族是 BIMMAKE 软件中非常重要的一项内容，它可以在建模过程中应用各类构件实现三维模型。族可以根据参数属性集的共用、使用上的相同和图形表示的相似来对图元进行分组。一个族中不同的图元部分或全部属性都可能存在不同的数值，但是属性的设置方法是相同的。比如某一钢制防火门视为一个族，但构成该族的门由参数驱动生成不同尺寸。族分为3种，包括可载入族、系统族及内建族。

（1）可载入族

可载入族可以载入项目中，根据族样板进行创建，确定族的属性和表示方法等。

（2）系统族

系统族包括墙、尺寸标注、天花板、屋顶、楼板和标高等。它们不能作为单个文件载入或创建。在 BIMMAKE 中预定义了系统族属性设置及图形表示。

（3）内建族

内建族用于定义在项目的上下文中创建的自定义图元。如果项目需要禁止重用的独特几何图形，或者项目需要的几何图形必须与其他项目几何图形保持众多关系之一，可以使用内建图元。

下面单独进行几个常见名词的解释：

①类别：类别是一组用于对建筑设计进行建模或记录的图元。

②类型:每一个族都可以拥有多个类型。类型可以是族的特定尺寸,也可以是样式。

③实例:实例是放置在项目中的实际项(单个图元),它们在建筑(模型实例)或图纸(注释实例)中都有特定的位置。

④图元:在创建项目时,可以添加 BIMMAKE 参数化建筑图元,BIMMAKE 按照类别、族、类型对图元进行分类。

类别、族、类型的表达关系如图 4.9 所示。

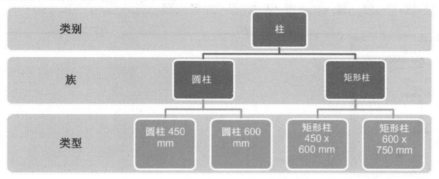

图 4.9

## 4.5　BIMMAKE 软件界面介绍

在学习 BIMMAKE 功能操作之前,应先熟悉 BIMMAKE 的基本界面和模块。

(1)BIMMAKE 启动界面

在 BIMMAKE 启动界面,可以启动项目文件或族文件。根据需要选择新建或打开所需的项目或族文件,同时在此界面默认显示最近访问的文件(见图 4.10)。

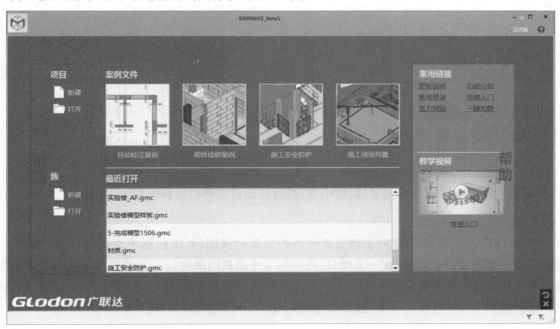

图 4.10

（2）用户界面组成部分

界面主要包括：①ribbon 界面区；②构件工具栏；③视图管理器；④属性面板；⑤显示过滤、拾取过滤。用户可根据需要自行熟悉具体功能区模块认知和相关内容，在后续操作讲解篇章也会逐步涉及，故本章节不再赘述（见图4.11）。

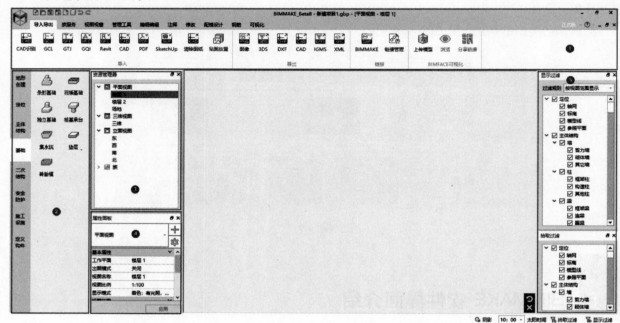

图 4.11

# 4.6 BIMMAKE 基本操作

## 4.6.1 视图操作

（1）视图基本操作

在 BIMMAKE 中，提供了多种模型视图操作功能以方便人们对模型进行快速查看。

①放大：在视图中，向上滑动鼠标滚轮。

②缩小：在视图中，向下滑动鼠标滚轮。

③平移：在视图中，点击拖动鼠标中键。

④旋转：在视图中，同时按住 Ctrl+鼠标中键，然后移动鼠标即可旋转模型。

（2）视图创建

在 BIMMAKE 中，人们可以随时创建需要的各种类型的视图，其中包括平面视图、立面视图、三维视图、剖切视图。例如，用户可以新建一个项目，将楼层1平面视图删除（注：当前视图激活状态下不能被删除，请切换成其他视图再进行删除），然后点击"视图视窗"—"平面视图"，选择"楼层1"进行新建；也可以继续勾选"楼层2"，即可创建一个"楼层2"的副本视图，可以单独对其进行操作（见图4.12）。

图 4.12

同样的，人们可以对其他类型的视图进行创建，以达到新建或者复制视图的目的（见图 4.13）。

图 4.13

同时，BIMMAKE 提供了透视和正交视图的开关，以方便不同场景的应用，如图 4.14、图 4.15 所示。

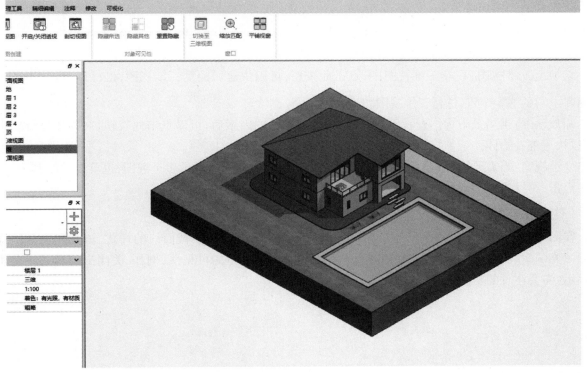

图 4.14

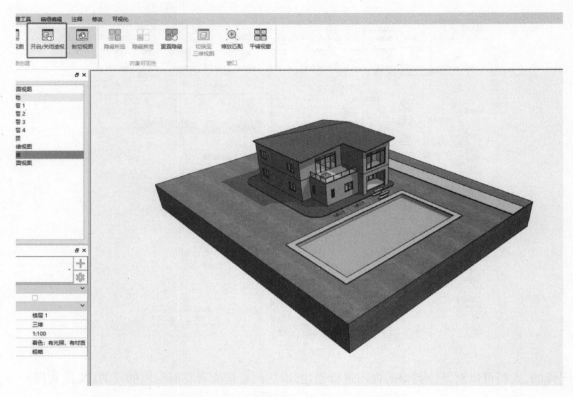

图 4.15

（3）窗口操作

人们可以对窗口进行基本操作，如图 4.16 所示。

图 4.16

切换至三维视图：在非三维视图中，点击此按钮，可以快速切换至三维视图，也可以点击 BIMMAKE 界面左上角的 按钮，进行三维视图切换命令。

缩放匹配：当场景中物体查看不到时，排除了可见性的因素后，可以点击此按钮，对物体进行居中显示，以快速查看物体。

平铺视窗：当需要同时显示多个视图时，可以点击此按钮，同时展示多个视图，也可以关闭其中一个，再次点击，继续进行平铺操作，如图 4.17 所示。

（4）视图对象样式

在图 4.18 视图中可以看到所有的构件对象，并对对象的投影线\截面线的样式、填充颜色、投影面\截面填充图案、面透明度进行视图的调整，也可以控制一类物体的可见性，例如，关闭当前场景所有墙体的显示，需要注意的是，目前该功能仅在当前视图有效。

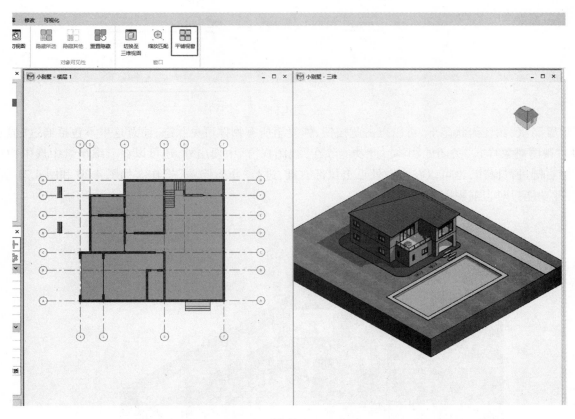

图 4.17

图 4.18

（5）物体显示及隐藏

在 BIMMAKE 中可以单独对构件进行显隐性控制，如图 4.19 所示。

隐藏所选：选中构件，点击此按钮，即可隐藏选中的构件。

隐藏其他：选中构件，点击此按钮，即可隐藏除此构件以外的其他构件。

图 4.19

重置隐藏：在任何状态下，可以点击此按钮，恢复至所有物体可见状态，注意这里不包括通过"显示过滤"和"视图对象样式"关闭的物体。此功能除在"视图视窗"中使用外，还可以在三维场景中选中物体点击鼠标右键进行操作，也可以在空白处点击鼠标右键，进行"重置隐藏"操作。如图 4.20 和图 4.21 所示。注意：此功能只对当前视图起作用。

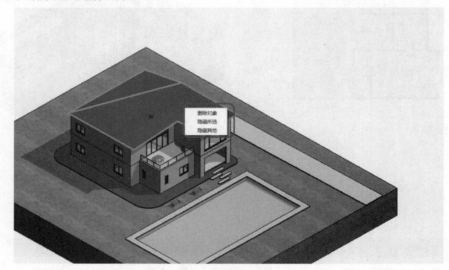

图 4.20

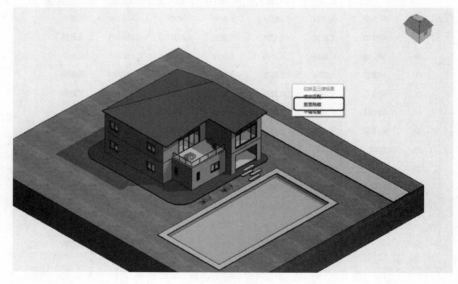

图 4.21

（6）显示/拾取过滤

显示/拾取过滤器是为了方便用户快速过滤提供的一个功能，默认在界面的右侧，如图 4.22 所示。

显示过滤：控制当前视图所有对象的可见性，可以通过勾选复选框快速控制当前视图的显示内容（过滤规则放在后续介绍视图范围时统一讲解）。

图 4.22

拾取过滤：当人们需要其他物体作参考，但又不想操作时受物体干扰，可以将该类别的复选框去掉，以达到不被选中的目的；同样，如果有些物体能看到，但选不中，那可能是拾取过滤的作用。

（7）ViewCub

ViewCub 是用于在三维场景中快速对物体进行多方向定位，方便定位到特定的方向所产出的功能，一般在界面的右上角，如图 4.23 所示。

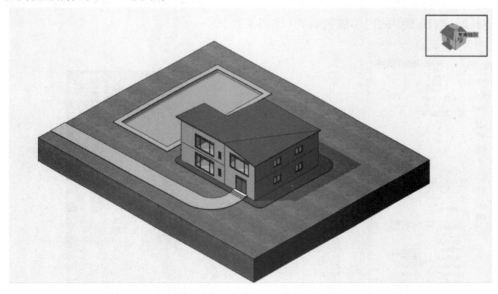

图 4.23

（8）视图范围及所属楼层

BIMMAKE 中为方便用户在非三维视图中高效地查看物体，提供了两种视图控制的功能，分别为视图范围和所属楼层。

视图范围：以当前所在平面视图为基准，将深度范围划分为 4 个区域，分别是顶部偏移、剖切面偏移、底部偏移和深度偏移，如图 4.24 所示（以楼层 2 为例）。

其中有两个原则，主体构件只要部分或全部内容包含在"顶部"和"深度"范围内，即可在对应的平面视图中看到对应构件；另外，如果物体没有包含在"剖切面"和"底部"范围内，则只能被看到，不能被选中；反之，只要包含在"剖切面"和"底部"范围内，即可被选中。

【注意】

"剖切面"和"底部"不能超过"顶部"和"深度"的范围。

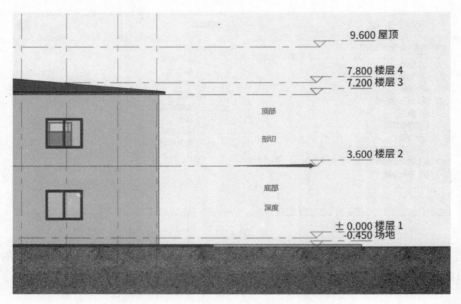

图 4.24

这里需要注意的是，附属构件如门、窗等，需要剖切面的数值正好穿过物体才能被看到，如果没有穿过则不能被看到。如图 4.25 所示，门高 2 100，则剖切面数值在 1 200 时，视图中门能被看到；但将剖切面数值调至 2 300 时，则视图中的门不能被看到（见图 4.26）。

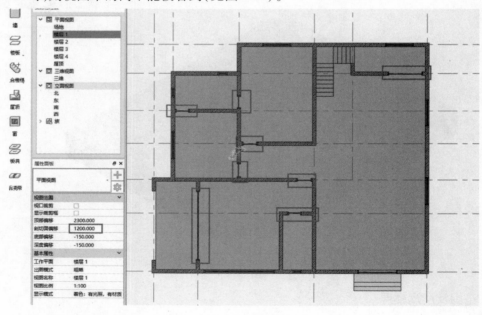

图 4.25

【注意】

如果视图范围呈灰色显示，则说明过滤规则定位在了所属楼层，切换至按视图范围显示即可，如图 4.27 所示。

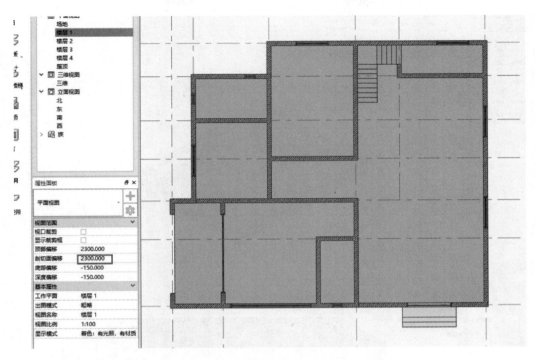

图 4.26

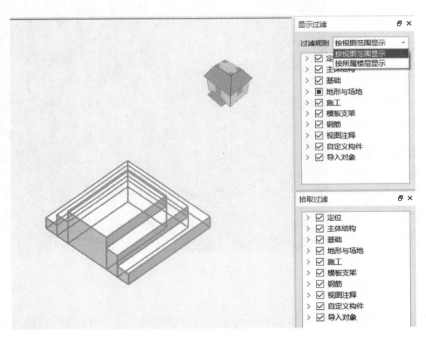

图 4.27

所属楼层：通过楼层归属来过滤物体，只要所属楼层属于选中的楼层，即可显示。前提是将显示过滤面板中的过滤规则设置为功能切换至按所属楼层显示（见图 4.28）。

这时可以用切换工作楼层来显示物体的内容，也可以选择不同的视图深度，以达到不同的显示效果。点击物体，可以修改物体的所属楼层，以达到不同的显示效果，如图 4.29 所示。

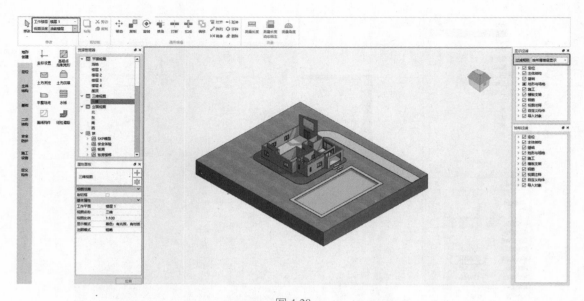

图 4.28

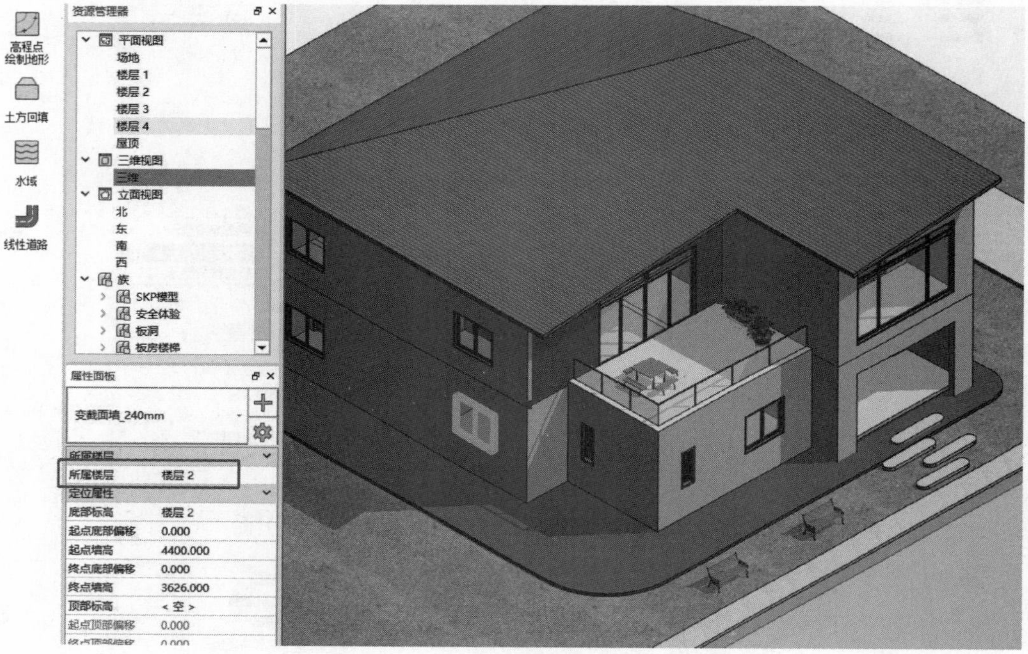

图 4.29

（9）显示模式

BIMMAKE 提供了多种显示模式，以达到不同的显示效果（见图 4.30），可以将模型显示为着色、有光照模式。

### 4.6.2　构件选择方式

在 BIMMAKE 中，提供了多种对物体的选择方式，以满足不同的场景使用。

（1）加选和减选

加选：按住 Ctrl 键，然后点击物体即可实现物体的加选。

减选：按住 Alt 键，然后点击物体即可实现物体的减选。

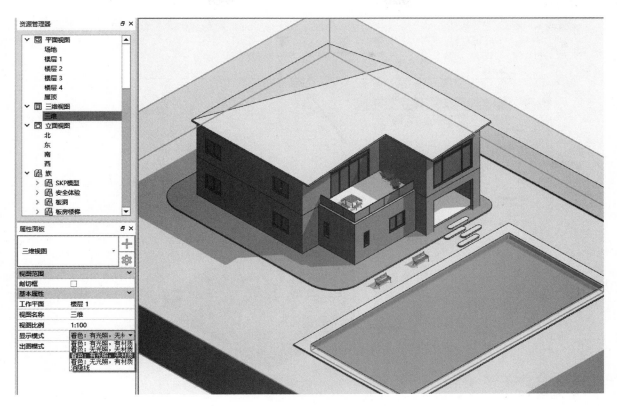

图 4.30

（2）框选和触选

框选：在操作界面中，从左上往右下拖动鼠标，被完整框住的物体即可被选中。

触选：在操作界面中，从右下往左上拖动鼠标，只要是触碰到的物体即可被选中。

（3）切换选择

如果在同一个地方有多个物体，不好选择出想要的物体时，可以多次点击 Tab 键完成切换，然后继续点击即可。

（4）过滤选择

可以选择多个物体，然后点击选择过滤，能区分中所选构件的种类和数量，通过取消勾选来控制选择的物体（见图 4.31）。

### 4.6.3　通用编辑功能

在使用 BIMMAKE 进行模型绘制的过程中，常遇到要修改模型图元的情况，比如移动已有图元、连接两个图元等。人们可以通过功能区"通用编辑"面板中的工具对图元进行一系列操作（见图 4.32）。

（1）移动

点击图元，然后点击"移动"，单击鼠标左键选择起始点，再单击鼠标左键选择终止点，即可移动图元至任意位置。点击图元，再点击"移动"命令（见图 4.33），然后按住 Shift 键，可以实现图元在水平或垂直方向移动（见图 4.34、图 4.35）。

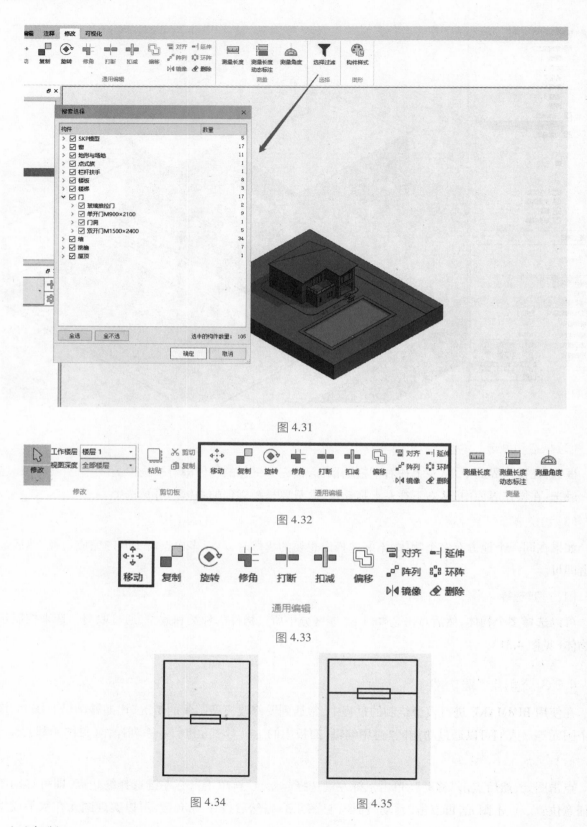

图 4.31

图 4.32

图 4.33

图 4.34　　　　　　　图 4.35

（2）复制

　　点击图元，然后点击"复制"，单击鼠标左键选择起始点，再单击鼠标左键选择终止点，即可复制图元至任意位置。点击图元，再点击"复制"命令（见图 4.36），然后按住 Shift 键，可以实现图元在水平或垂直方向复制（见图 4.37、图 4.38）。

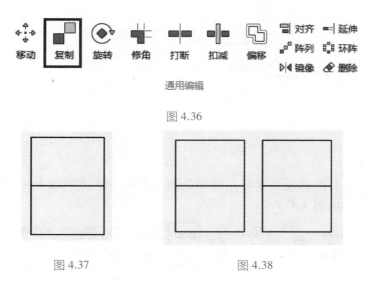

图 4.36

图 4.37　　　　　　　　　　　　图 4.38

(3)旋转

点击图元,然后点击"旋转"(见图 4.39),单击鼠标左键选择旋转中心点,再单击鼠标左键选择旋转角度起点,输入旋转角度后单击鼠标左键,即可使图元围绕轴线旋转(见图 4.40、图 4.41)。

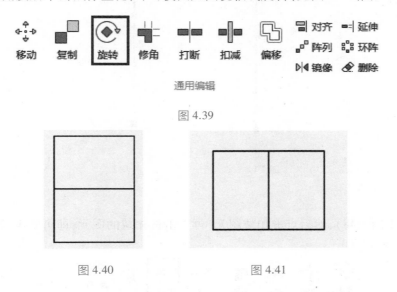

图 4.39

图 4.40　　　　　　　　　　　　图 4.41

(4)修角

点击"修角"(见图 4.42),然后分别点击图元,可对它们进行修剪以形成角,选择需要将其修剪成角的图元时,确保单击要保留的图元部分(见图 4.43、图 4.44)。

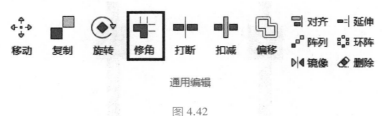

图 4.42

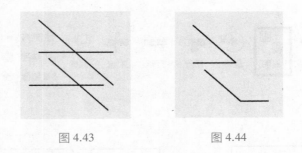

图 4.43          图 4.44

（5）打断

点击图元，然后点击"打断"（见图 4.45），再单击图元上的一点，即可实现一个图元在所单击位置处打断为两个图元（见图 4.46、图 4.47）。

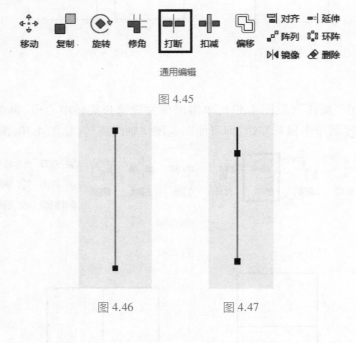

图 4.45

图 4.46          图 4.47

（6）扣减

点击"扣减"（见图 4.48），然后点击扣减图元，再点击被扣减的图元，即可实现两个图元间连接关系的调整（见图 4.49、图 4.50）。

图 4.48

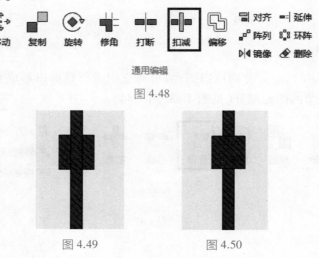

图 4.49          图 4.50

(7)偏移

　　点击图元,然后点击"偏移"(见图 4.51),输入偏移值,即可将图元进行复制并移动至偏移数值处,光标出现在图元上方,则移动至上方;光标出现在图元下方,则移动至下方(见图 4.52、图 4.53)。如果取消勾选"复制",则只是移动图元。

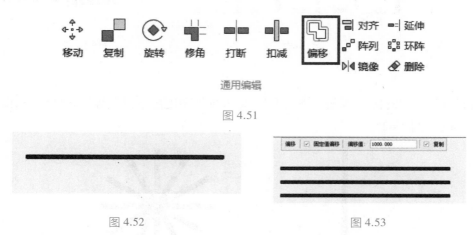

图 4.51

图 4.52

图 4.53

(8)对齐

　　点击"对齐"(见图 4.54),然后输入对齐后的距离,先点击需要对齐的目标线,之后再点击需要移动对齐到目标线的图元位置,即可完成对齐(见图 4.55、图 4.56)。

图 4.54

图 4.55

图 4.56

(9)延伸

　　点击"延伸",然后点击延伸边界,再点击要延伸的第二线,即可实现图元的延伸(见图 4.57、图 4.58)。

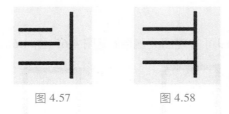

图 4.57　　　图 4.58

(10)阵列

　　点击图元,然后点击"阵列",输入阵列个数,勾选"移动到第二个",再输入阵列距离,即可实现复制多个图元,且图元间间距为阵列距离(见图 4.59)。

　　点击图元,然后点击"阵列",输入阵列个数,勾选"移动到最后个",再输入阵列距离,即可实现复制多个图元,且第一个图元和最后一个图元间的距离为阵列距离(见图 4.60)。

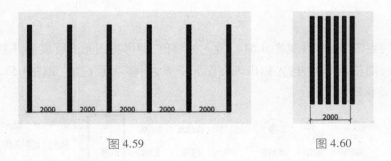

图 4.59                                        图 4.60

（11）环阵

点击图元，然后点击"环阵"，再输入阵列个数，输入旋转角度起点以及旋转角度终点，即可实现图元环形阵列（见图 4.61、图 4.62）。

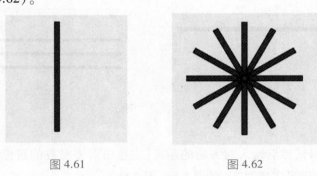

图 4.61                                        图 4.62

（12）镜像

点击图元，然后点击"镜像"，选择拾取轴或绘制轴，再拾取一条镜像轴或绘制一条镜像轴，便可完成图元镜像（见图 4.63、图 4.64）。如果取消勾选"复制"，则原图元不再保留。

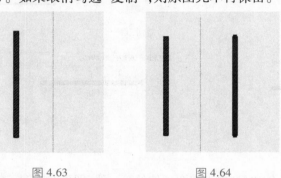

图 4.63                                        图 4.64

（13）删除

点击图元，然后点击"删除"，即可实现图元删除（见图 4.65、图 4.66）。

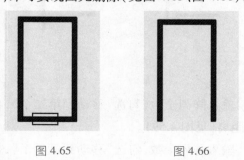

图 4.65                                        图 4.66

# 第5章 BIM 建模流程介绍与图纸解读

## 5.1 BIM 建模流程介绍

在应用 BIM 软件进行建模时,都存在不同的建模流程。本书以 BIMMAKE 土建建模为主线,从常用建模思路角度出发,旨在帮助初学者在接触软件学习时梳理一套建模流程,如图 5.1 所示。

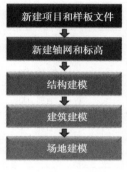

图 5.1

(1)新建项目

在软件初期建模之前,需要先打开 BIMMAKE 软件进行新建项目。

(2)绘制轴网和标高

对于 BIM 建模,轴网和标高是必不可缺的两项定位功能。轴网决定平面绘图的定位,而标高决定构件所处不同的空间位置。因此,确定项目的轴网和标高信息是建模的前提。

(3)结构建模

BIM 建模过程中,基本都是按照先结构后建筑的思路。在进行结构建模时,按照先地下后地上的绘制顺序进行建模。常见的结构构件一般包括基础构件、结构柱、剪力墙、结构梁、结构板、楼梯等构件,根据结构类型的不同,绘制顺序也不同。本书以框架结构案例进行讲解,结构建模思路按照柱、梁、板、楼梯、二次结构等顺序进行绘制。

(4)建筑建模

BIM 建模过程中,在进行建筑建模时,按照先主体后装饰再零星的思路进行建模。常见的建筑构件一般包括砌体墙、门窗、内外装修、台阶、散水等构件。建筑建模可按照砌体墙、门窗、内装、外装、室外零星等构件顺序进行绘制。

(5)场地建模

BIM 建模过程中,场地布置是一个动态的概念,包括多个阶段,通常有基础工程施工总平面、主体结构工程施工总平面、装饰工程施工总平面等。同时,场地建模也确定工程项目所处地段场地模型的过程。根据工程所在地不同位置的高程信息,可以绘制出符合实际情况的场地情况,同时也可以结合实际绘制建筑地坪及场地类构件,直观形象表达模型周边情景,更具模拟性。总体原则以 BIM 实施方案中场地布置具体要求为准。

## 5.2 结构图纸解读

在进行结构建模之前，建议读者先进行结构施工图的通读，有利于提升结构建模的效率和准确性。本书以员工宿舍楼案例为主线进行讲解，本案例结施图纸从"结施-01"到"结施-11"共计 11 张结构图纸，请读者自行阅读浏览。同时，在结构建模过程中需重点关注以下图纸信息。具体内容见表 5.1。

表 5.1　结构建模过程中需重点的图纸信息

| 序号 | 图纸编号 | 图纸需要关注内容 |
| --- | --- | --- |
| 1 | 结构图纸目录 | 了解结构施工图目录，清楚每张图纸的内容表达及对应编号，便于后期对应 |
| 2 | 结施-01 | 关注工程概况、施工图纸说明、建筑结构分类等级及自然条件说明等；关注混凝土强度等级及保护层、过梁信息说明、填充墙及构造柱相关说明等 |
| 3 | 结施-02 | 关注基础说明信息、基础形式、基础尺寸信息及基础标高等内容 |
| 4 | 结施-03 | 关注基础顶~屋顶柱标高的结构柱平面定位信息及尺寸 |
| 5 | 结施-04 | 关注基础顶~屋顶柱标高的结构柱配筋表 |
| 6 | 结施-05 | 关注−0.050 标高处结构梁的平面定位、尺寸信息、标高信息、配筋表等 |
| 7 | 结施-06 | 关注 3.550 标高处结构梁的平面定位、尺寸信息、标高信息、配筋图等 |
| 8 | 结施-07 | 关注屋顶梁 7.200 标高处结构梁的平面定位、尺寸信息、标高信息、配筋图等 |
| 9 | 结施-08 | 关注 3.550 标高处结构板的平面定位、板厚信息、标高信息、配筋图等 |
| 10 | 结施-09 | 关注屋顶 7.200 标高处屋面板的平面定位、板厚信息、配筋等 |
| 11 | 结施-10 | 关注楼梯顶层梁，板的平面定位、板厚信息、配筋等 |
| 12 | 结施-11 | 关注楼梯尺寸信息、平面定位信息、梯柱及梯梁尺寸信息、空间定位信息 |

## 5.3 建筑图纸解读

在进行建筑建模之前，建议读者先进行建筑施工图的通读，有利于提升建筑建模的效率和准确性。本书以员工宿舍楼案例为主线进行讲解，本案例建筑图纸从"建施-01"到"建施-11"共计 11 张建筑图纸，请读者自行阅读浏览。同时，在建筑建模过程中需重点关注以下图纸信息。具体内容见表 5.2。

表 5.2　建筑建模过程中需重点的图纸信息

| 序号 | 图纸编号 | 图纸需要关注内容 |
| --- | --- | --- |
| 1 | 建施-01 | 关注工程概况、设计依据、建筑物定位、设计范围等信息 |
| 2 | 建施-02 | 关注装修做法、工程做法等信息，为后期建立符合施工要求的模型做准备 |

| 序号 | 图纸编号 | 图纸需要关注内容 |
|------|----------|------------------|
| 3 | 建施-03 | 关注一层内外墙的平面定位、墙厚、标高信息、门窗及楼梯平面定位信息 |
| 4 | 建施-04 | 关注二层内外墙的平面定位、墙厚、标高信息、门窗及楼梯平面定位信息 |
| 5 | 建施-05 | 关注屋顶平面定位、墙厚、标高信息、屋顶坡度等信息 |
| 6 | 建施-06 | 关注 1-14 立面标高信息、门窗标高信息、装修相关信息 |
| 7 | 建施-07 | 关注 A—F 侧立面，1—1 剖面标高信息、门窗标高信息、装修相关信息 |
| 8 | 建施-08 | 关注首层，二层，屋顶层楼梯平面相关信息 |
| 9 | 建施-09 | 关注卫生间及门窗表 |
| 10 | 建施-10 | 关注屋顶，室外散水节点大样相关信息 |
| 11 | 建施-11 | 关注楼梯，坡道节点大样相关信息 |

## 5.4　图纸导入

在进行建模之前，可先行导入 CAD 底图，有利于提升建筑建模的效率和准确性。在 CAD 软件中分割图纸为单独文件，在上方"导入导出"选项栏中选择 CAD，导入 dwg 格式图纸（见图 5.2）。

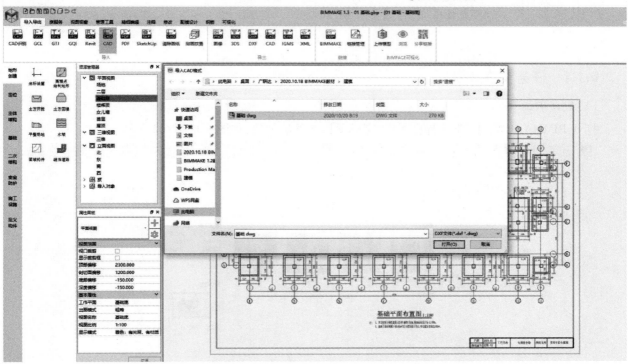

图 5.2

# 第6章　BIM 建模准备

## 6.1　项目文件的创建

本节主要阐述如何进行建模前期项目文件的创建,读者通过本章内容的学习,重点需要掌握如何进行项目文件的创建及保存,熟悉相关操作,本节学习目标见下表。

| 序号 | 模块体系 | 内容及目标 |
| --- | --- | --- |
| 1 | 业务拓展 | 项目文件包含了后期建模过程中的所有数据,建立项目文件是建模工作的基础。 |
| 2 | 任务目标 | 1.完成项目文件的创建。<br>2.保存工程文件。 |
| 3 | 技能目标 | 1.掌握使用"新建"—"项目"命令建立项目文件。<br>2.掌握使用"保存"命令保存项目文件。 |

### 6.1.1　任务实施

(1)创建项目文件

打开 BIMMAKE 软件,选择新建项目,完成项目文件的创建,如图 6.1、图 6.2 所示。

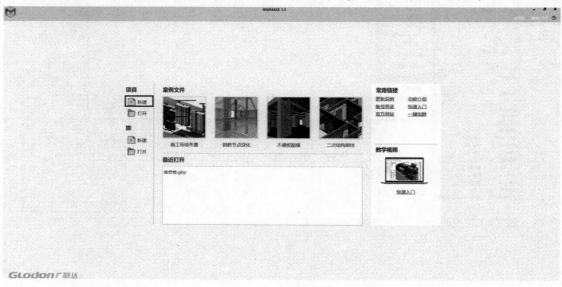

图 6.1

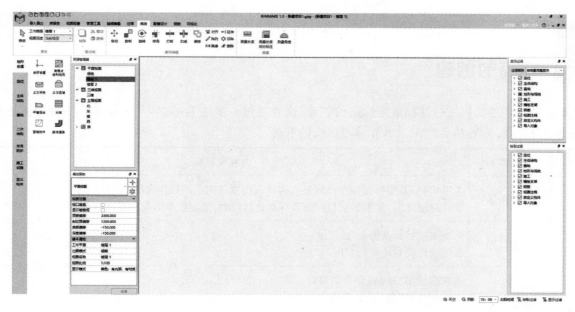

图 6.2

（2）保存项目

保存设置好的项目文件。单击"快速访问栏"中【保存】按钮（Ctrl+S），弹出"另存工程"窗口，指定存放路径，设置文件命名，默认文件类型为".gbp"格式，点击【保存】按钮，关闭窗口。将项目保存为"员工宿舍楼模型文件"。如图 6.3 所示。

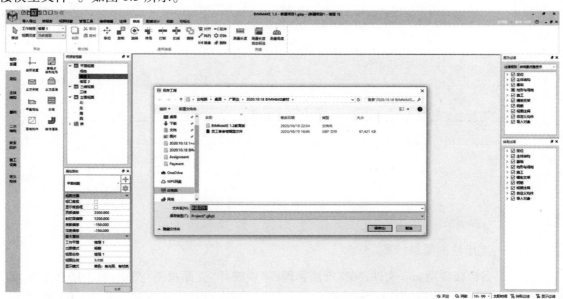

图 6.3

## 6.1.2　任务总结

①注意：在新建项目时，项目样板文件的选择非常重要，可以根据需求自建，也可以选择已有样板文件。

②在建模初期，进行项目单位信息的设置有利于项目基础信息的准确统计。

③建模过程中，注意随时保存文件，可以常用快速访问工具栏中的保存按钮。

## 6.2 标高的创建

本节主要阐述如何进行建模前期标高的创建,读者通过本节内容的学习,重点需要掌握如何进行快速创建项目标高,熟悉相关操作。本节学习目标见下表。

| 序号 | 模块体系 | 内容及目标 |
|---|---|---|
| 1 | 业务拓展 | 1.BIMMAKE 中标高用于体现各类构件在高度方向上的具体定位。<br>2.在建模之前,要根据项目层高及标高进行规划,决定按照哪类标高体系创建。 |
| 2 | 任务目标 | 1.完成项目标高的创建。<br>2.创建标高对应平面视图。 |
| 3 | 技能目标 | 1.掌握使用"标高"命令创建标高。<br>2.掌握使用"复制"命令快速创建标高。<br>3.掌握使用"平面视图"命令创建标高对应平面视图。<br>4.掌握使用"楼层管理"命令创建标高。 |

本节完成对应任务后,整体效果如图 6.4 所示。

图 6.4

### 6.2.1 任务实施

(1)方法一:直接绘制项目标高

①打开员工宿舍楼模型 gbp 文件,在"资源管理器"中展开"立面视图"类别,双击任意立面,如"北立面"视图名称,切换到北立面视图,在绘图区域显示项目样板中设置的默认场地标高-1.500、楼层 1 为±0.000、楼层 2 为 3.000,如图 6.5 所示。

②修改原有项目标高体系。默认存在"场地标高-1.500、楼层 1 为±0.000、楼层 2 为 3.000"3 个标高信息。根据结构施工图及建筑施工图信息得知室外地坪标高为-0.450 m、首层标高为±0.000,二层标高为 3.600 m, 屋顶标高为 7.200 m, 楼梯间顶层标高为 11.700 m。点击"楼层 1"标高线选择该标高,修改命名为"首层";修改"标高 2"为二层,标高为 3.600 m;修改"场地"标高为-0.450 m,如图 6.6 所示。

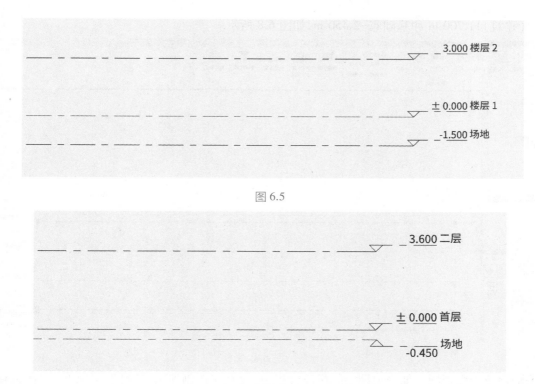

图 6.5

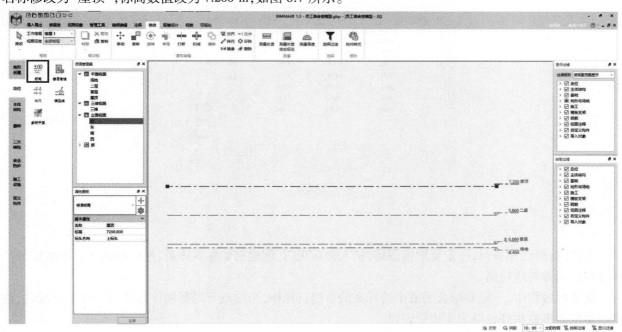

图 6.6

③创建新标高信息。点击右方"定位"选项卡下的"标高"工具,进入标高创建,确认选项栏中已经勾选"创建对应平面视图"。在这里绘制屋顶、楼梯屋顶层、楼梯间顶层 3 个新标高。将鼠标移动至标高"二层"上任意位置,鼠标指针显示为绘制状态,移动鼠标指针,当指针与标高"二层"端点对齐时,BIM-MAKE 将捕捉已有标高端点并显示端点对齐蓝色虚线,单击鼠标左键,确定为标高起点,绘制完成后,将标高名称修改为"屋顶",标高数值改为 7.200 m,如图 6.7 所示。

图 6.7

④复制标高。可以点击任意标高线,在"修改"面板中选择"复制"命令,再次点击标高线,向上或向下拖动,弹出临时尺寸标注,直接修改为需要的数值即可。按照复制的方式完成楼梯屋顶层 10.800 m,楼

梯间顶层（建筑）11.700 m 和基础底−2.450 m，如图 6.8 所示。

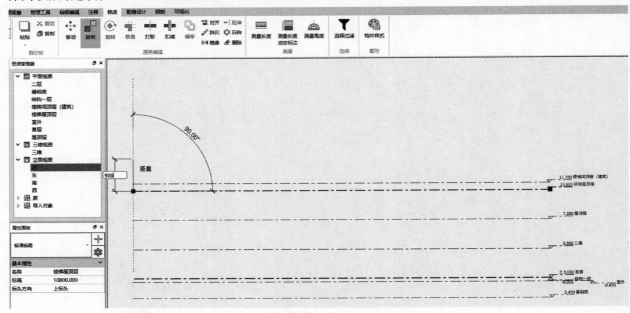

图 6.8

⑤手动创建平面视图。如果前期绘制标高过程中，没有勾选创建平面视图，可以在"视图视窗"选项卡中点击"平面视图"→"楼层平面视图"，勾选相对应视图，直接生成对应的楼层平面，在资源管理器中可以看到显示生成。

（2）方法二：利用"楼层管理"创建项目标高

BIMMAKE 中特有"楼层管理"命令快速编辑和创建标高，如图 6.9 所示。

| 序号 | 楼层名称 | 标高(m) | 层高(m) |
|---|---|---|---|
| 8 | 楼梯间顶层（建... | 11.700 | 0.000 |
| 7 | 楼梯屋顶层 | 10.800 | 0.900 |
| 6 | 屋顶层 | 7.200 | 3.600 |
| 5 | 二层 | 3.550 | 3.650 |
| 4 | 首层 | 0.000 | 3.550 |
| 3 | 结构一层 | -0.050 | 0.050 |
| 2 | 室外 | -0.450 | 0.400 |
| 1 | 基础底 | -2.450 | 2.000 |

图 6.9

## 6.2.2  任务总结

①注意：新建标高时，一定要厘清思路，进入立面视图，创建初始标高体系，然后根据项目图纸进行添加、修改，完善对应标高。

②建模过程中，一定要结合图纸中的标高信息进行操作，当出现有局部构件标高不一致的情况时，建议以本层大多数构件标高为主进行创建。

## 6.3　轴网的创建

本节主要阐述如何进行建模前期轴网的创建,读者通过本节内容的学习,重点掌握如何进行快速创建项目轴网,熟悉相关操作。本节学习目标见下表。

| 序号 | 模块体系 | 内容及目标 |
|---|---|---|
| 1 | 业务拓展 | 1.BIMMAKE中标高用于体现各类构件在平面视图上的具体定位。<br>2.在建模之前,要根据项目平面及轴网信息进行规划,找到最全面的轴网信息,一般为首层建筑平面图。 |
| 2 | 任务目标 | 1.完成项目轴网的创建。<br>2.创建轴网标注信息。 |
| 3 | 技能目标 | 1.掌握使用"轴网"命令创建轴网。<br>2.掌握使用"复制""阵列"命令快速创建轴网。<br>3.掌握使用"对齐"命令快速创建轴网标注。<br>4.掌握使用"批量创建"轴网命令。 |

本节完成对应任务后,整体效果如图6.10所示。

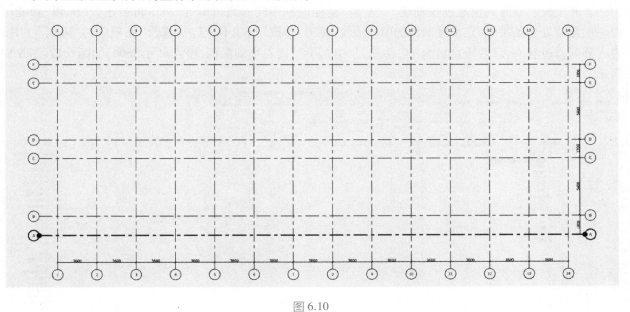

图6.10

### 6.3.1　任务实施

(1)方法一:直接绘制项目轴网

①打开BIMMAKE软件,"资源管理器"中展开"楼层平面"视图类别,双击"首层"平面,点击右方【定位】选项卡中的"轴网"工具,会自动进入"创建轴网"选项卡。如图6.11所示。

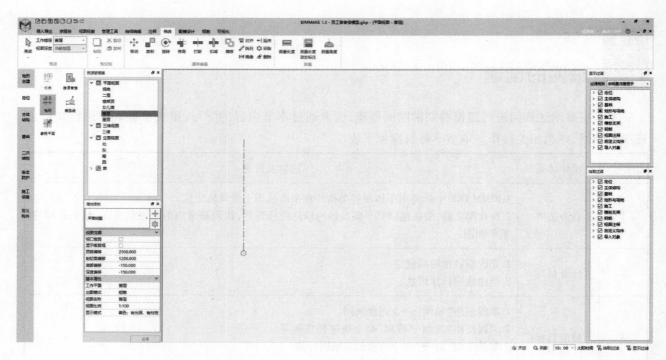

图 6.11

②绘制竖向轴线。点击左下角任意点，向上拖动鼠标进行绘制，同时可以按住 Shift 键按照正交模式进行绘制，再次点击左键确定轴线结束终点，完成绘制。

③利用复制及阵列快速创建轴线。"复制"功能的利用同标高讲解处，故不再赘述。"阵列"功能可以一次复制处多条轴线，点击绘制出的①号轴线，弹出"修改"选项卡，点击"修改"面板中的"阵列"工具，进入阵列修改状态，设置项目数为 14，移动到"第二个"，向右拖动鼠标，输入尺寸 3600，如图 6.12、图 6.13所示。

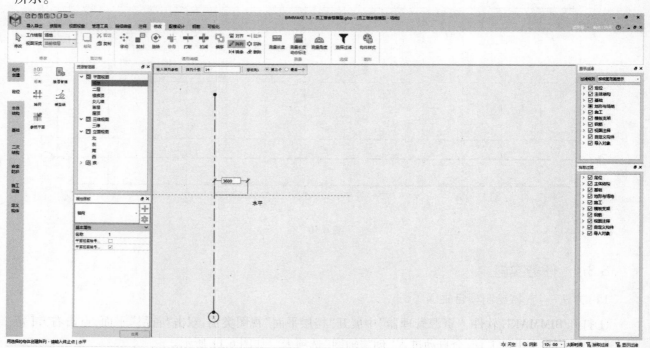

图 6.12

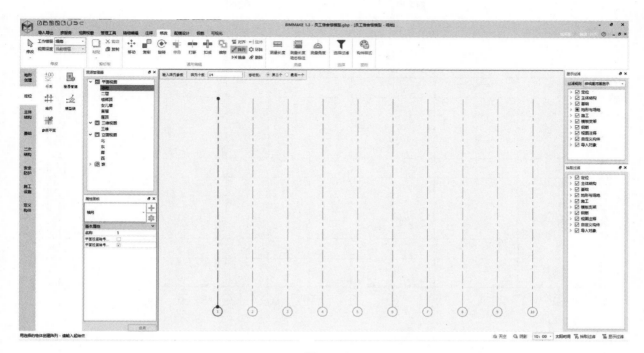

图 6.13

④创建竖向轴线尺寸标注。点击【注释】选项卡"尺寸标注"面板中的"对齐"工具,鼠标指针依次点击轴线①到轴线⑤,随鼠标移动出现临时尺寸标注。局部轴网如图 6.14 所示。

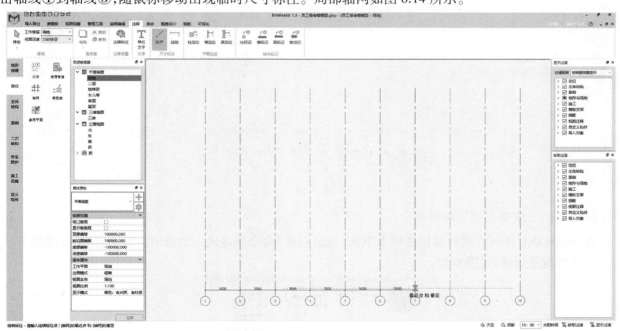

图 6.14

⑤创建水平轴网及尺寸标注信息。创建操作方式同竖向轴网,可以结合"复制""阵列"命令进行快速创建,注意先修改轴号,创建完成后进行对齐标注。操作方式同标高(见图 6.15)。

⑥调整轴号显示与轴线长度。可以选择需要调整的轴线,点击选中轴线后,在轴号处有调整轴线长度的端点,拖动端点,即可调整轴线长度。勾选平面视图轴号,根据一层平面图轴网信息,完成调整,如图 6.16 所示。

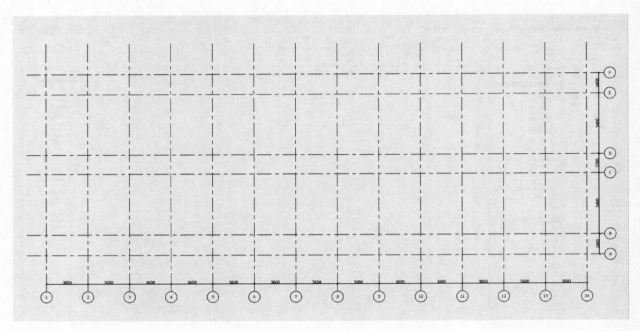

图 6.15

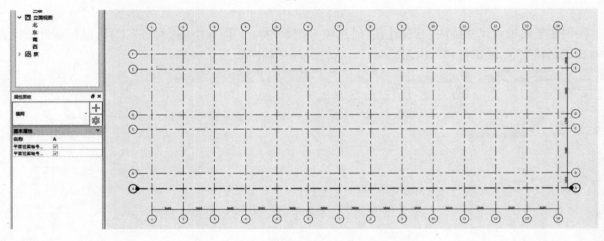

图 6.16

（2）方法二：批量创建项目轴网

在 BIMMAKE 中可在创建轴网选项卡下的"批量创建"命令快速输入数值创建轴网，具体步骤如下：
①选择批量创建，见图 6.17。

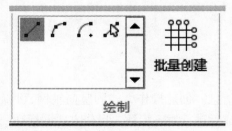

图 6.17

②根据要求输入数值，见图 6.18。
③点击确定自动生成轴网，见图 6.19。

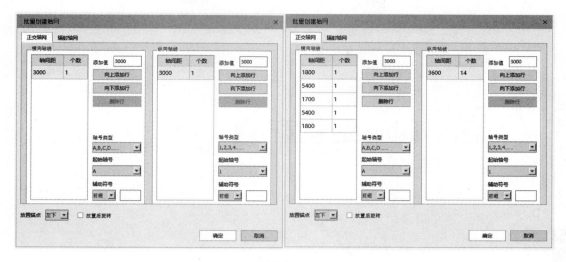

图 6.18

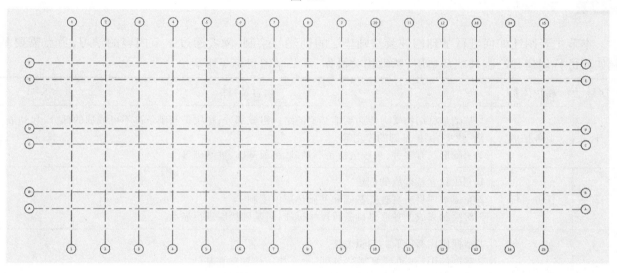

图 6.19

## 6.3.2  任务总结

①注意:新建轴网时,一定要厘清思路,进入楼层平面视图,创建竖向轴网、水平轴网,然后根据项目图纸信息修改轴号、轴距等。

②在绘制轴网过程中,可以利用"复制""阵列"工具快速创建,提高效率。

③绘制轴网完成后,注意利用"对齐"工具添加轴距标注信息,也可以利用轴号端点的小圆圈来调整轴头的位置,根据图纸信息调整适宜即可。

# 第7章 BIM 结构建模

## 7.1 基础的创建

　　本节主要阐述如何进行基础构件及基础垫层的创建与绘制,读者通过本节内容的学习,重点需要掌握如何进行创建并绘制基础及垫层,熟悉相关操作,本节学习目标见下表。

| 序号 | 模块体系 | 内容及目标 |
|---|---|---|
| 1 | 业务拓展 | 1.基础是将结构受力传递到地基上的结构组成部分,垫层是基础下部不可或缺的部分,起到隔离、找平、保护基础的作用等<br>2.基础形式有多种,一般包括条形基础、筏板基础、桩基础等 |
| 2 | 任务目标 | 1.完成独立基础族的创建<br>2.完成本项目所有独立基础和基础垫层的绘制<br>3.对绘制完成的独立基础进行尺寸标注,对基础垫层进行显示 |
| 3 | 技能目标 | 1.掌握使用基础族的编辑方法<br>2.掌握使用"移动""复制""阵列"命令快速放置独立基础<br>3.掌握使用"尺寸标注"命令对独立基础进行标注<br>4.掌握使用"结构基础:楼板"命令创建基础垫层,并进行绘制 |
| 4 | 相关图纸 | 结施-04 |

　　本节完成对应任务后,整体效果图如7.1所示。

图 7.1

## 7.1.1　任务实施

（1）创建条形基础构件

①点击软件右方"基础"选项卡，可以看到包括"独立基础""条形基础""筏板基础"3 类基础构件，以及桩基承台，集水坑，垫层和砖胎模。

根据基础平面布置图可以得知，基础形式为两阶独立基础。为方便建模，在基础底部标高插入 CAD 基础图纸，注意图纸需要首先于软件内分割为单独张。

建议初学者可以通过打开安装 BIMMAKE 后自带族文件或下载对应族文件（可通过安装构件坞等插件快速查找族载入，便于初学者快速建模使用）进行编辑修改，后期熟悉相关操作后可以尝试自行建族。在这里我们打开提供的"独立基础"的族文件，选择项目中的二阶独立基础进行编辑，如图 7.2 所示。

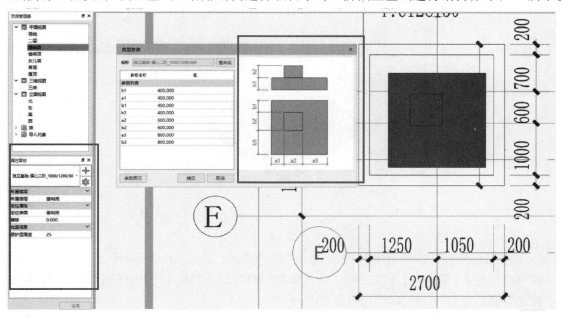

图 7.2

②修改参数信息。打开"独立基础—偏心二阶"族文件后，点击设置符号查看族文件的尺寸标注信息参数，包括基础的长度、宽度、高度属性。进入参数图示，可以看到各参数与基础构件相对应，以基础平面图中的 DJ01 为例进行修改，可以直接双击尺寸标注处直接修改数值，如图 7.3 所示。

③点击"三维视图"，可以查看修改完成的独立基础三维形态，如图 7.4 所示。

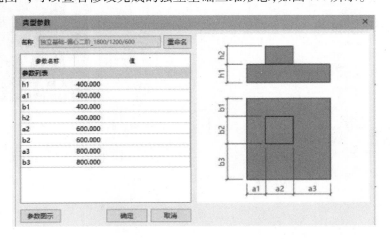

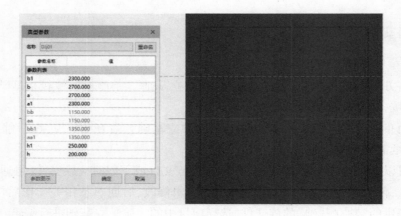

图 7.3

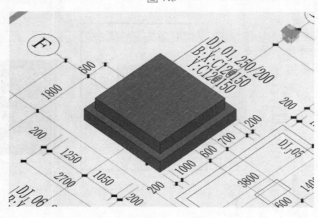

图 7.4

④定义独立基础构件。在项目中对"独立基础"进行定义。点击"属性"面板的中【编辑类型】，打开"类型参数"窗口，点击【重命名】按钮，弹出"新建类型"窗口，输入"DJ01"，点击【确定】关闭名称窗口，然后点击"确定"按钮，退出"类型参数"窗口，如图 7.5 所示。

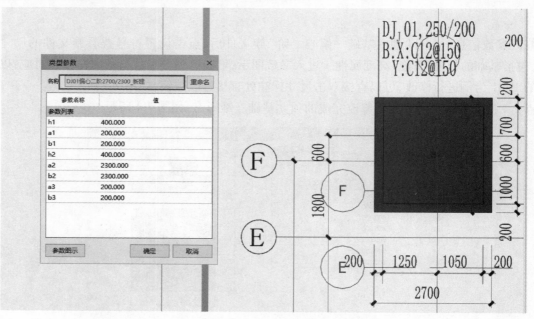

图 7.5

⑤定义其他独立基础构件。根据上述讲解操作方法,参照"结施-02"图纸,分别定义 DJ02,DJ03,DJ04,DJ05,DJ06,DJ07,DJ08 独立基础构件,根据图纸属性参数建立构件并进行相应尺寸和结构材质的设定。在修改"类型参数"中的尺寸标注时,要清楚族文件中每个字母标号或字符代表的实际尺寸意义和图纸进行准确对应,如果输入不清晰字母或字符表示实际尺寸意义时,可以结合不同视图以及"参数图示"按钮,查看左侧图示标识(见图 7.6)。

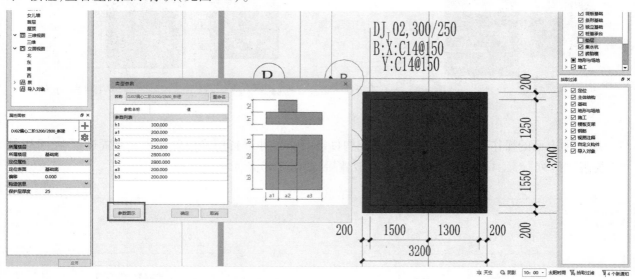

图 7.6

(2)放置独立基础构件

①布置独立基础构件。构件定义完成后,开始布置独立基础构件。根据"结施-02"中"基础平面布置图"布置,选择独立基础点击放置,之后移动基础构件至应在位置(见图 7.7—图 7.9)。

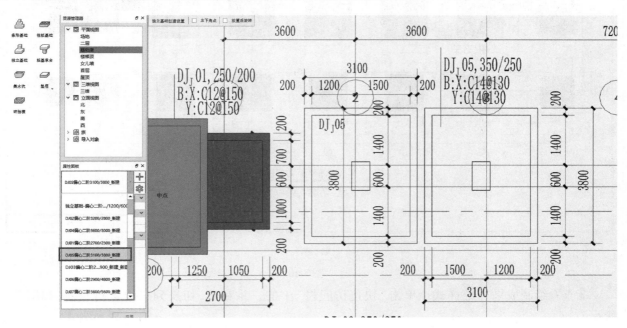

图 7.7

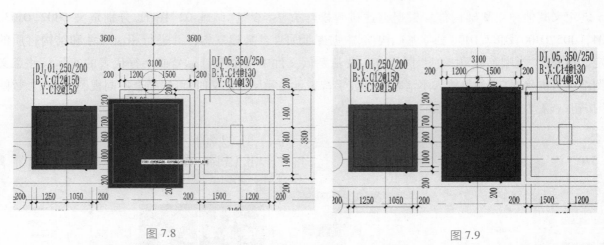

图 7.8                                                                                            图 7.9

②参照上面的操作方法，将其他独立基础构件进行布置并进行精确位置修改。放置过程中，可以结合"复制""阵列"等工具快速放置，全部完成放置后，如图 7.10 所示。

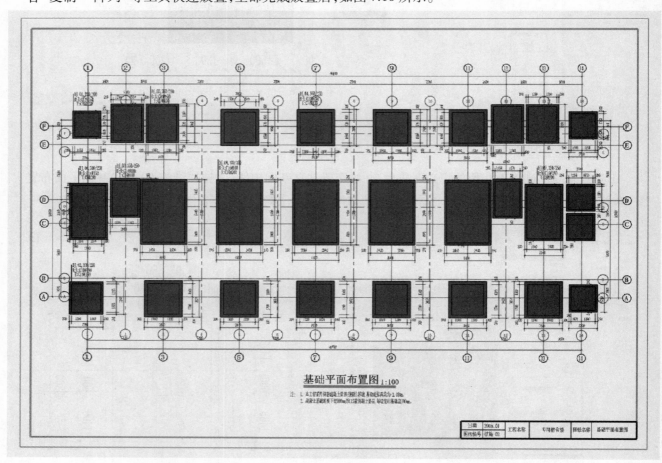

图 7.10

③查看绘制成果三维样式。单击"快速访问栏"中的三维视图，切换到三维进行查看，如图 7.11 所示。

（3）创建基础垫层构件

垫层是钢筋混凝土基础与地基土的中间层，作用是使其表面平整便于在上面绑扎钢筋，也起到保护基础的作用，材质为素混凝土。在 BIMMAKE 中，自带有基础垫层构件族。

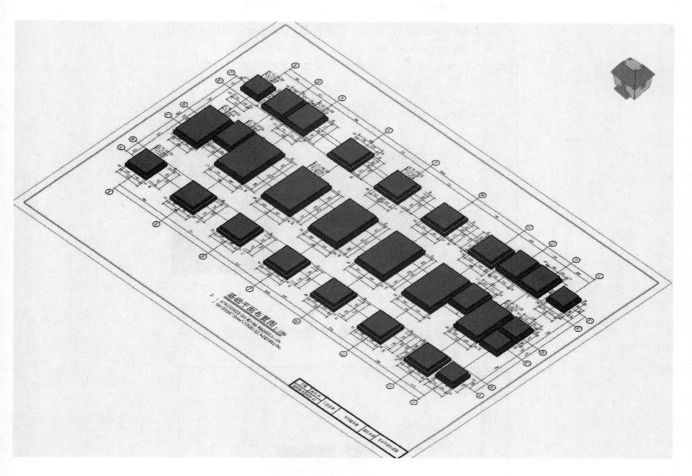

图 7.11

首先在"基础"选项卡点击"垫层",进入绘制垫层。整体过程如下:

①绘制轮廓,然后偏移 100 mm,选择不复制,用"修角"命令封闭轮廓(见图 7.12—图 7.14)。

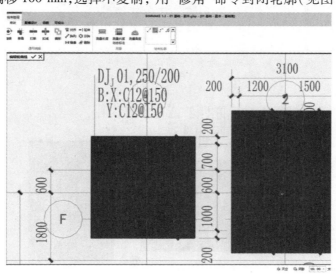

图 7.12

②绘制完成后,点击"模式"—"对勾"确认即可(见图 7.15)。

③绘制其他基础垫层,每个闭合轮廓须独立绘制。根据上述操作,完成其他独立基础垫层构件的绘制,点击三维视图查看效果。布置完成后如图 7.16 所示。

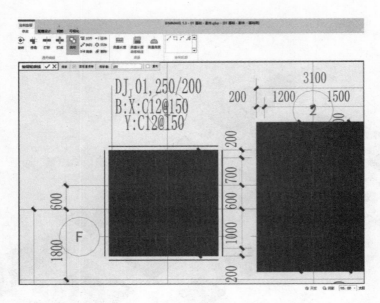

图 7.13

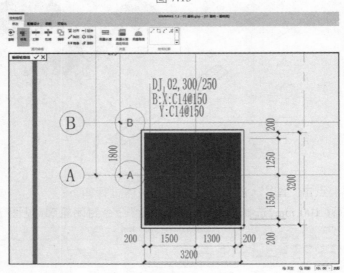

图 7.14

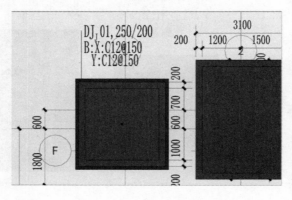

图 7.15

④成果保存。点击"快速访问栏"中保存按钮，保存当前项目成果。

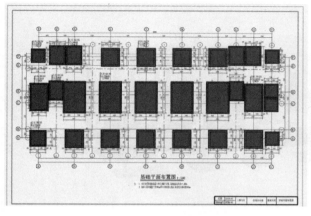

图 7.16

### 7.1.2　任务总结

①注意：新建独立基础时，一定要厘清思路，进入基底楼层平面视图，以独立基础族文件为基础创建修改所需族文件，也可以利用下载导入的族文件或族库大师等三方插件快速导入族文件。将修改好的族文件导入项目，根据基础平面图相应标注定义每一个基础构件，定义完成后，根据图示位置进行布置。

②注意：新建基础垫层时，一定要厘清思路，进入基底楼层平面视图，根据已绘制的基础边线做参照，通过设定偏移值矩形绘制垫层，更加便利。

③在放置基础和垫层构件过程中，可以结合"移动""复制""阵列"等工具命令快速放置构件，快速高效。

## 7.2　柱的创建

本节主要阐述如何进行结构柱构件及梯柱构件的创建与绘制，读者通过本节内容的学习，重点掌握如何进行创建并绘制结构柱及梯柱构件内容，熟悉相关操作。本节学习目标见下表。

| 序号 | 模块体系 | 内容及目标 |
| --- | --- | --- |
| 1 | 业务拓展 | 1.柱是建筑物中竖向承重的主要构件，承托在它上方所受荷载重量。<br>2.柱的形式有多种，包括框架柱、框支柱、暗柱等。<br>3.梯柱为楼梯框架的支柱，一般分为两类，包括独立柱和框架柱。 |
| 2 | 任务目标 | 1.完成本项目结构柱的创建及绘制。<br>2.完成本项目梯柱的创建及绘制。 |
| 3 | 技能目标 | 1.掌握使用"柱"命令载入结构柱，创建不同族类型。<br>2.掌握使用"柱"命令创建放置结构柱及梯柱。<br>3.掌握使用"过滤器""复制""粘贴"等工具命令快速创建结构柱及梯柱。 |
| 4 | 相关图纸 | 结施-03 |

本节完成对应任务后，整体效果图如图 7.17 所示。

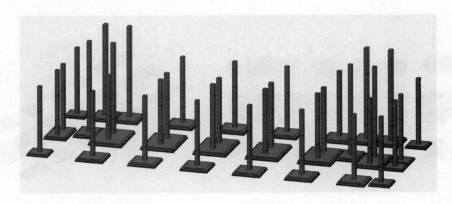

图 7.17

### 7.2.1　任务实施

下面以员工宿舍楼案例为主线，重点讲解使用"主体结构"选项卡中的"柱"创建项目结构柱的操作步骤。

（1）创建结构柱构件

①选择"主体结构"选项卡中的"柱"，点击绘制柱，载入员工宿舍楼项目，过程如图 7.18 所示。

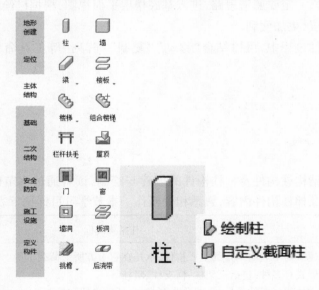

图 7.18

②建立结构柱构件类型，选择"柱"族文件后，点击"编辑类型"后，选择新建命令【+】，在名称处【重命名】输入"KZ1"，然后根据"结施-03"图纸中的柱截面信息，截面宽度和高度应为 500 mm×500 mm，如图 7.19 所示。

③建立其他结构柱构件。根据"结施-03"图纸中柱截面信息，按照上述操作方法，建立定义其他框架柱构件类型，定义完成后如图 7.20 所示。

（2）放置结构柱构件

①放置基础底−2.450 m 范围结构柱构件。进入"基础底"楼层平面视图进行结构柱布置，首先在显示过滤面板隐藏基础和垫层，方便柱的放置。根据"结施-03"中柱标注信息，在"属性"面板中找到相对应框柱，BIMMAKE 自动切换至"修改"上下文选项卡。鼠标移动到①轴与 A 轴交点位置处，点击鼠标左键布置（见图 7.21）。

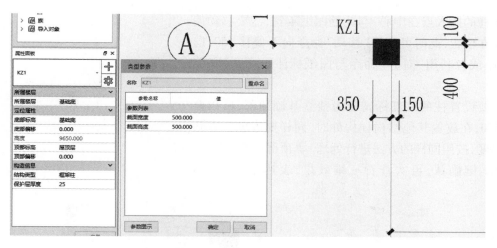

图 7.19

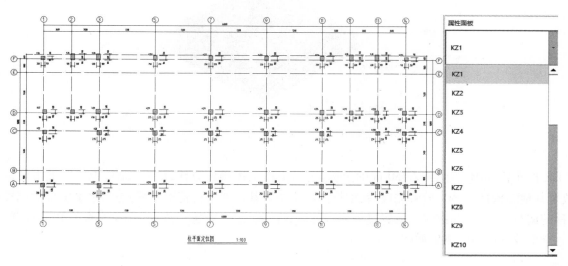

图 7.20

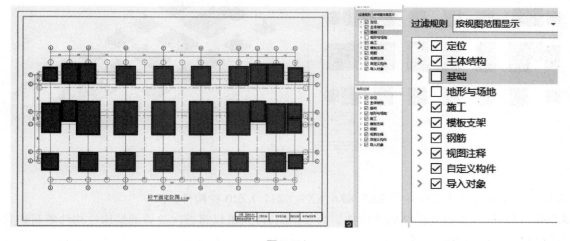

图 7.21

②由于柱的插入点在中心，与此处图纸不符，需要移动偏心框柱至应在位置，此时可利用"移动"命令向下偏移150，向左偏移100，或者利用"对齐"命令与图纸标注线对齐（见图7.22）。

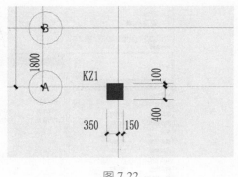

图 7.22

③现在要设置柱的底部标高变为独立基础顶部，所以要偏移输入550，在放置其他结构柱构件时，同样要考虑下方独立基础的厚度，按照同样的方法进行处理。"顶部标高"为"首层"，按 Enter 键确认，再次查看三维效果，表达正确（见图7.23）。

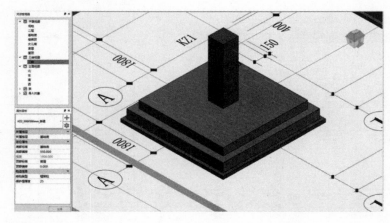

图 7.23

④依次布置基础底标高−2.450 m 的全部框柱，根据上述操作方法，结合"结施-03"图纸中柱标注信息，放置其他结构柱构件。放置完成后，根据图纸定位对其位置进行精确调整，包括水平定位的调整和底部偏移的调整，操作同前讲解。放置过程中，可以结合"移动""复制""阵列"等工具命令快速放置，提高效率。全部放置调整完成后如图 7.24 所示。

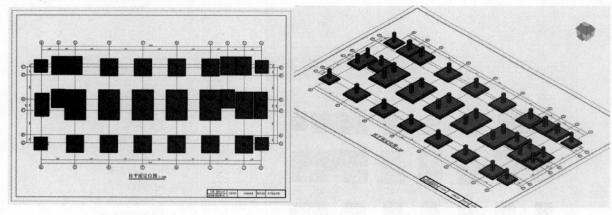

图 7.24

⑤放置楼梯顶标高 11.70 m 的 KZ5、KZ6、KZ9、KZ17、KZ20 柱构件。

4.200～12.600 范围内其他结构柱构件。为了绘图方便，可以将首次放置的结构柱构件复制到其他楼层，再进行构件的替换及位置的精确调整。进入"基础底"楼层平面视图，点击上方"显示过滤"，只勾选结构柱（见图7.25）。切换至"修改"选项卡，单击"剪贴板"面板中的"复制"工具，然后单击"粘贴"下的"对齐粘贴到标高"工具，弹出"选择标高"窗口，选择"首层""二层""屋顶层"，点击"确定"按钮，完成复制过程。完成后如图 7.26 所示。

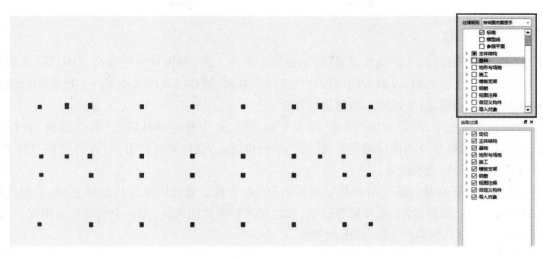

图 7.25

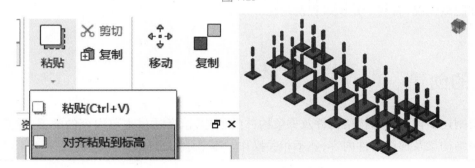

图 7.26

⑥选中柱构件可以在"属性面板"进行底部标高、顶部标高、底部偏移和顶部偏移的设定,调整各层顶部偏移为 0,调整完成后如图 7.27 所示。

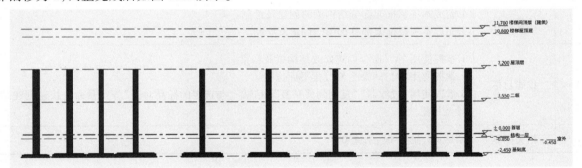

图 7.27

⑦放置楼梯顶标高 11.70 m 的 KZ5、KZ6、KZ9、KZ17、KZ20 柱构件(见图 7.28)。

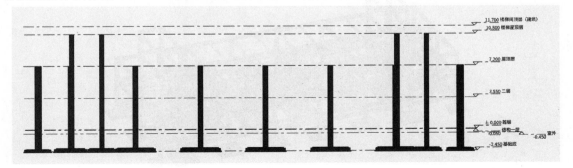

图 7.28

### 7.2.2 任务总结

①注意：新建结构柱时，一定要厘清思路，结合柱平面施工图，分析对应柱标高范围和定位信息等内容，进入对应的楼层平面视图，以载入的结构柱族文件为基础，创建修改所需族文件。根据图纸信息定义每一个柱构件，定义完成后，根据图示位置进行布置。

②绘制柱构件过程中，可以结合"移动"修改平面定位，选中柱构件可以在"属性面板"进行底部标高、顶部标高、底部偏移和顶部偏移的设定，决定其空间位置。同时，可以利用"对齐""复制""阵列"等工具命令快速放置柱，提高建模效率。

③可以利用"复制到剪贴板""对齐粘贴到标高"等命令将放置的图元进行层间复制，复制后根据图示信息修改平面定位、标高设定、偏移量等信息，如需修改替换其他构件，先选中放置后的图元，可以直接在"属性"栏下拉选择其他构件，完成图元的替换。

④注意：建模过程中，利用"过滤规则"进行选择，是非常便利的一种方式。在当前视图中控制构件图元的显示和隐藏情况，有利于建模过程清晰化。

## 7.3 梁的创建

本节主要阐述如何进行结构梁构件及梯梁构件的创建，读者通过本节内容的学习，重点掌握如何进行创建并绘制结构梁及梯梁构件内容，熟悉相关操作。本节学习目标见下表。

| 序号 | 模块体系 | 内容及目标 |
| --- | --- | --- |
| 1 | 业务拓展 | 1.梁是由支座支承，承受竖向荷载以弯曲为主要变形的构件。<br>2.梯梁是沿楼梯轴横向设置并支撑于主要承重构件上的梁。 |
| 2 | 任务目标 | 1.完成本项目框架部分结构梁的创建及绘制。<br>2.完成本项目框架部分梯梁的创建及绘制。 |
| 3 | 技能目标 | 1.掌握使用"梁"命令创建修改结构梁及梯梁。<br>2.掌握使用"对齐"命令修改梁平面位置。<br>3.掌握使用"过滤器""复制到剪贴板""粘贴""与选定的标高对齐"等工具命令快速创建结构梁及梯梁。 |
| 4 | 相关图纸 | 结施-05、结施-06、结施-07 |

本节完成对应任务后，整体效果如图 7.29 所示。

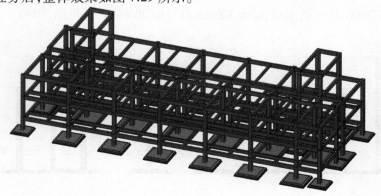

图 7.29

## 7.3.1    任务实施

(1) 创建结构梁构件

①点击"主体结构"选项卡"结构"面板中的"梁"工具,在"属性"中点击"编辑类型",以软件自带的"混凝土-矩形梁"为参照,建立定义结构梁构件。以"结施-05"图纸中"DL1"为例介绍定义过程,点击复制按钮,输入命名为"DL1 300×600",然后修改"截面宽度"为300,"截面高度"为600,完成 DL1 的定义。过程如图 7.30、图 7.31 所示。

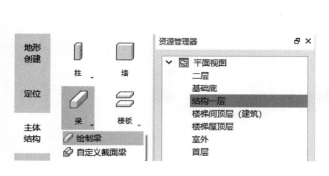

图 7.30

图 7.31

②依次进行-0.050 m 标高结构"一层"、3.550 m 标高"二层"、7.200 m 标高"屋顶层"梁平法施工中所有结构梁构件的定义,包括框架梁 KL、非框架梁 L 和屋面框架梁 WKL。梁的标注信息参照"结施-05""结施-06""结施-07"。操作方法与标注结构柱方法一致。完成后如图 7.32 所示。

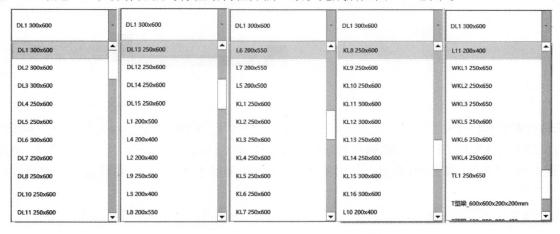

图 7.32

(2) 放置结构梁构件

①布置结构梁构件。根据"结施-06"图纸,布置首层结构梁。一般布置梁的顺序为:先主梁,后次梁,先沿横方向布置完,再沿纵轴方向进行布置。

以放置 DL1 为例讲解结构梁的布置:首先进入"一层"楼层平面视图,点击"主体结构"选项卡中"梁",在左侧"属性"切换到"DL1"梁构件,放置平面选择"一层",自动切换到"创建梁"上下文选项卡,默认直线绘制方式,绘制起点选择①和 F 轴交点,绘制终点选择②和 F 交点,绘制完成(见图 7.33—图7.35)。

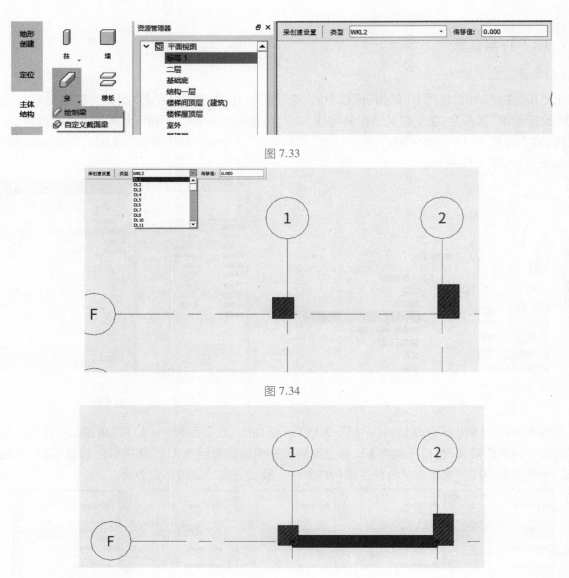

图 7.33

图 7.34

图 7.35

②精确调整结构梁放置位置。将 DL1 设置完成后，参照"结施-05"图纸发现定位不符合图纸情况，需要将梁的下边线与柱下边线对齐，可以先选择放置好的 DL1 自动进入"修改"上下文选项卡，利用"修改"面板中的"对齐"工具命令，先点击柱的上边线，再点击梁的上边线，可以将梁边与柱边对齐（见图7.36、图7.37）。

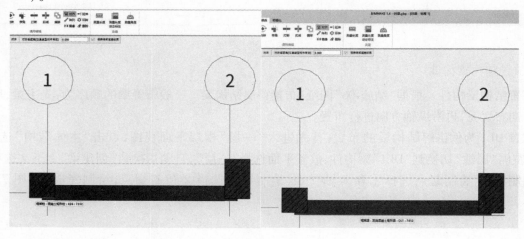

图 7.36

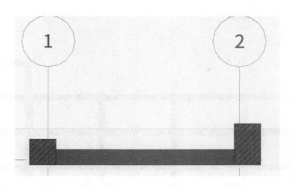

图 7.37

③根据图纸"结施-05",放置标高-0.05 所有的结构梁构件。放置完成后,精确调整定位。完成后如图 7.38 所示。

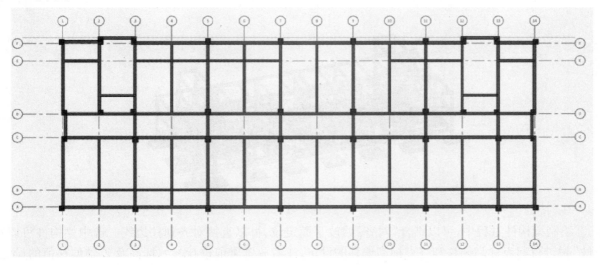

图 7.38

④在平面视图全选,利用选择过滤只选中梁,之后使用"复制""对齐粘贴到标高"将已有梁复制到其他标高,之后根据图纸在属性面板替换梁构件的类型,快速完成 3.550 m、7.200 m、10.800 m 标高结构梁的放置,放置完成后,根据图纸精确调整定位(见图 7.39)。

图 7.39

⑤完成所有放置后,点击"默认三维视图",查看整体三维效果,如图 7.40、图 7.41 所示。

## 7.3.2　任务总结

①注意:新建结构梁时,一定要厘清思路,结合梁平面施工图,分析对应梁标高和定位信息等内容,进入对应的楼层平面视图,根据软件自带的结构梁构件创建结构梁,根据图纸信息定义每一个梁构件,定义完成后,根据图示位置进行放置,放置过程中要设定放置平面标高。

②新建梯梁的方法同结构梁,注意结合图纸进行标高的修改。

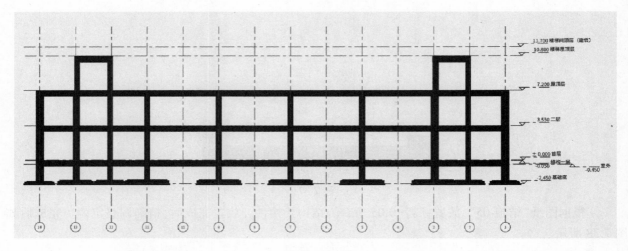

图 7.40

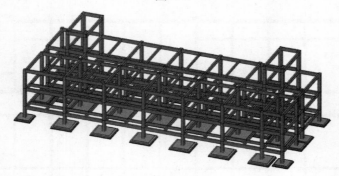

图 7.41

③绘制梁构件过程中，可以结合"对齐"修改平面定位，可以直接对齐到柱边线。选中梁构件可以在"属性"栏进行起点标高偏移和终点标高偏移的设定，或者放置梁前进行参照标高及 Z 轴偏移值的设定，都会决定其空间位置的表达。同时，可以利用"对齐""复制""阵列"等工具命令快速放置梁，提高建模效率。

④可以利用"对齐粘贴到标高"命令将放置的图元进行层间复制，复制后根据图示信息修改平面定位、标高设定、偏移量等信息，如需修改替换其他构件，先选中放置后的图元，可以直接在"属性"栏下拉选择其他构件，完成图元的替换。

⑤注意建模过程中，利用"过滤器"进行选择，是非常便利的一种方式。

## 7.4 板的创建

本节主要阐述如何进行结构板构件及平台板构件的创建，读者通过本节内容的学习，重点掌握如何进行创建并绘制结构板及平台板构件内容，熟悉相关操作。本节学习目标见下表。

| 序号 | 模块体系 | 内容及目标 |
|---|---|---|
| 1 | 业务拓展 | 1.楼板是分隔建筑竖向空间的水平承重构件。<br>2.楼板的基本组成可划分为结构层、面层和顶棚 3 个部分。<br>3.平台板一般包括楼梯间的楼层平台和休息平台两类。 |

续表

| 序号 | 模块体系 | 内容及目标 |
|---|---|---|
| 2 | 任务目标 | 1.完成本项目框架部分结构板的创建及绘制。<br>2.完成本项目框架部分平台板的创建及绘制。 |
| 3 | 技能目标 | 1.掌握使用"楼板"命令创建楼板。<br>2.掌握使用各种编辑令修剪楼板轮廓"对齐"命令修改梁平面位置。<br>3.掌握使用"复制到剪贴板""粘贴""与选定的标高对齐"等工具命令快速创建结构板及平台板。 |
| 4 | 相关图纸 | 结施-08、结施-09 |

本节完成对应任务后,整体效果如图 7.42 所示。

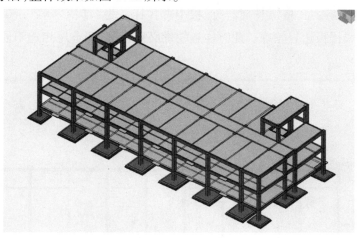

图 7.42

### 7.4.1　任务实施

在 BIMMAKE 中提供了一种楼板。下面以员工宿舍楼案例为主线,重点讲解使用"主体结构"选项卡中的"楼板"创建的操作步骤。

（1）创建结构板构件

点击"主体结构"选项卡面板中的"楼板"工具,在"属性面板"中编辑类型,以软件自带的"系统族:楼板"为参照建立定义结构板构件。以"结施-08"图纸中"150 mm 楼板"为例介绍定义过程,点击【新建】按钮,输入命名为"楼板_150 mm",点击【编辑类型】按钮,进入"类型参数"对话框,完成 150 mm 楼板的定义（见图 7.43、图 7.44）。

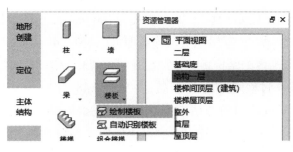

图 7.43

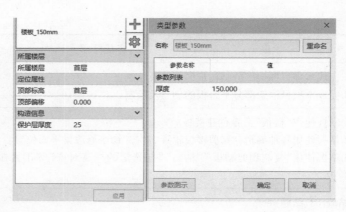

图 7.44

（2）放置结构板与平台板构件

①上述定义操作完成后，在"资源管理器"面板中选择标高为"结构一层"，-0.050 m，在"绘制"面板中选择"直线"命令，生成楼板边界轮廓。此时注意轮廓必须封闭，即首尾相连不能有重叠线（见图 7.45、图 7.46）。

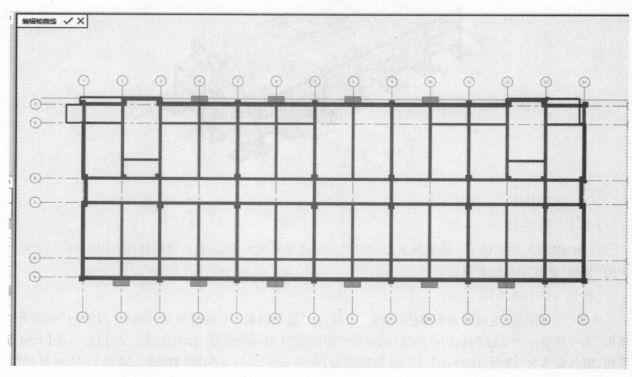

图 7.45

②根据"结施-08"图纸得知，二层标高 3.550 m 楼板为 100 mm，二层两个楼梯位置结构板暂不需要绘制，整体边线绘制完成后，点击"模式"下绿色对勾确认即可（见图 7.47）。

③绘制屋顶层 7.200 m 范围内的结构板。按照上述讲解操作方法，参照"结施-09"图纸信息，自行绘制所有涉及的结构板构件，操作过程同上，故不再赘述（见图 7.48）。

④绘制楼梯屋顶层 10.800 m 范围内的结构板。按照上述讲解操作方法，参照"结施-09"图纸信息，绘制楼梯间顶板，操作过程同上，故不再赘述。绘制完成后如图 7.49 所示。

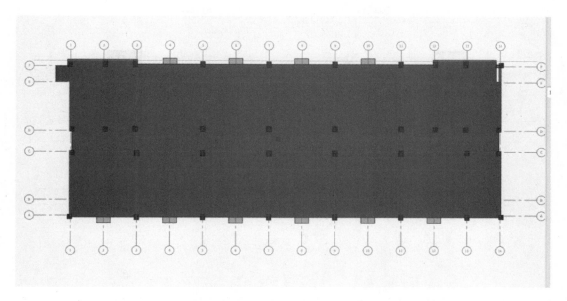

图 7.46

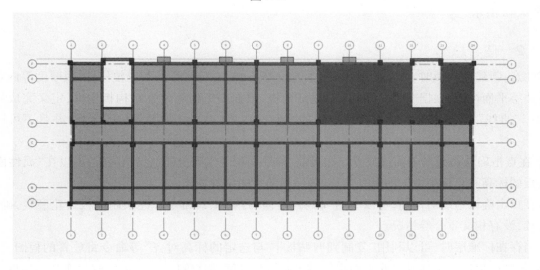

图 7.47

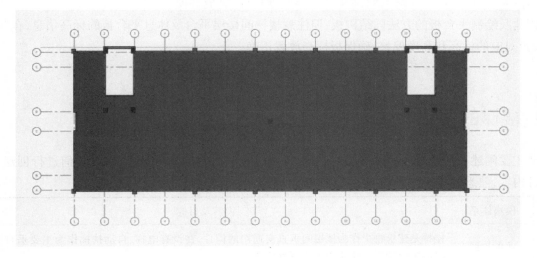

图 7.48

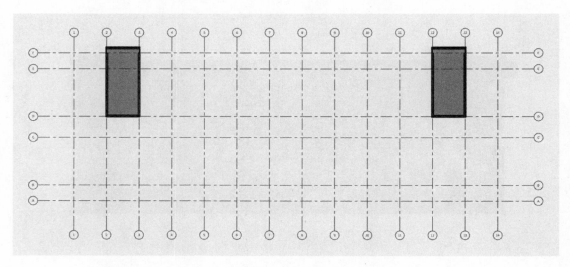

图 7.49

⑤至此，完成员工宿舍楼主楼部分所有结构板的绘制，保存项目，点击"默认三维视图"，查看三维效果，如图 7.42 所示。

### 7.4.2　任务总结

①注意：新建结构板时，一定要结合板平面施工图，分析对应板标高和定位信息、板厚度等内容，进入对应的楼层平面视图，根据"楼板：结构"创建结构板，根据图纸信息定义结构板构件，定义完成后，利用"拾取线""直线""矩形"等方式进行板边线的绘制。注意：边线必须围成封闭区域，并且不可以重合、相交。

② 在点击确认边线对勾前或放置结构板前，如果遇到卫生间位置的结构降板，可以在"属性面板"设置结构板的标高和自标高方向的高度偏移，确保板的空间位置准确。

③在点击确认边线对勾前，可以利用"修剪/延伸为角"工具命令修建绘制的板边轮廓线，确保边线封闭连续，没有相交重合等情况。

④当存在标准层时，可以利用"复制到剪贴板""与选定的标高对齐"等命令将放置的板图元进行层间复制，复制后根据图示信息修改平面定位、标高设定、高度偏移等信息，如需修改替换其他构件，先选中放置后的图元，可以直接在"属性面板"下拉选择其他构件，完成替换。

⑤创建及绘制平台板的方法同结构板，但注意楼梯间楼层平台及休息平台板的标高信息，在"属性面板"中设置对应的标高和高度偏移，确保板标高放置正确。

## 7.5　楼梯的创建

本节主要阐述如何进行楼梯构件的创建，读者通过本节内容的学习，重点掌握如何进行创建并绘制楼梯构件内容，熟悉相关操作。本节学习目标见下表。

| 序号 | 模块体系 | 内容及目标 |
|---|---|---|
| 1 | 业务拓展 | 楼梯是建筑物中作为楼层间垂直交通用的构件，在设有电梯、自动扶梯作为主要垂直交通手段的多层和高层建筑中也要设置楼梯。 |
| 2 | 任务目标 | 完成本项目楼梯的创建及绘制。 |

| 序号 | 模块体系 | 内容及目标 |
|---|---|---|
| 3 | 技能目标 | 1.掌握使用"楼梯"命令创建楼梯。<br>2.掌握使用"栏杆扶手"命令创建栏杆。<br>3.掌握使用"复制""对称"等命令快速创建楼梯。 |
| 4 | 相关图纸 | 结施-11 |

本节完成对应任务后,整体效果如图7.50所示。

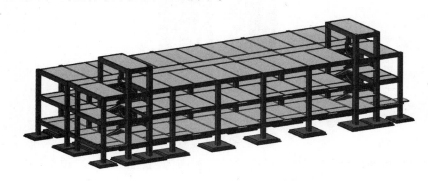

图 7.50

## 7.5.1　任务实施

在 BIMMAKE 软件中,楼梯部位由梯段和扶手两部分构成,与其他构件类似,在使用楼梯前应先定义好楼梯类型属性中各类楼梯参数。一般来说,在 BIMMAKE 中建立楼梯需要分解为以下几步:进行楼梯定位→建立楼梯构件→布置楼梯→完善楼梯。下面以员工宿舍楼案例为主线,重点讲解使用楼梯构件创建并绘制楼梯的操作方法。

(1)建立楼梯构件

①以首层轴网 E/F 和 2/3 之间的楼梯定位为例,点击"主体结构"选项卡下"楼梯"面板中的"楼梯",进入"创建楼梯"上下文选项卡,在"属性面板"栏点击【编辑类型】,根据软件已有楼梯族类型,复制定义楼梯构件,命名为"室内楼梯 AT1",如图7.51所示。

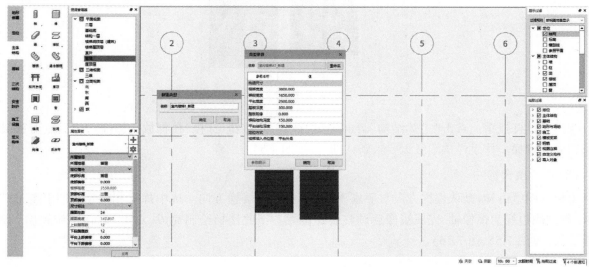

图 7.51

②根据"结施-11"中楼梯信息，设置参数属性，根据图纸信息计算得知，修改"踏步深度"为"300"（该参数决定楼梯所需要的梯段长度）；修改"踢面高度"为"150"（该参数决定楼梯所需要的踏步数）；修改"梯段宽度"为"1650"，如图 7.52 所示。

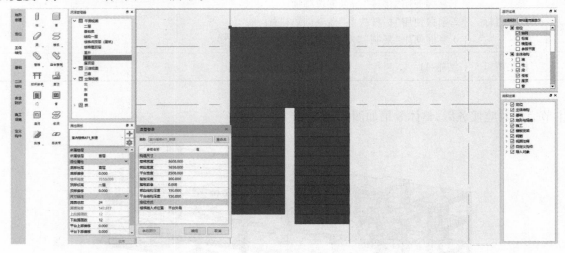

图 7.52

③点击确定后，在"属性面板"中设置"AT1"的底部标高为"首层"，设置"顶部标高"为"二层"，设置"底部偏移"与"顶部偏移"均为"0"。设置完成后，可以看到在"属性"栏中"尺寸标注"信息显示，设置"踢面总数"为"24"，"踢面高度"自动计算为"147.9"，如图 7.53 所示。

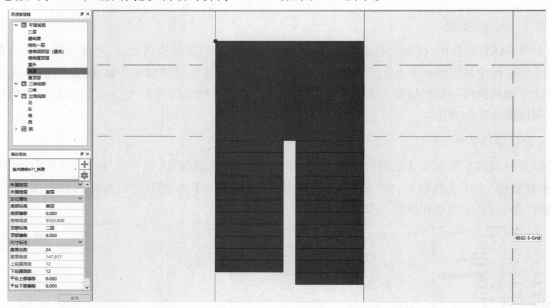

图 7.53

④设置栏杆扶手。点击"主体结构"界面中"栏杆扶手"按钮，选择"楼梯放置栏杆"，之后点击首层平面视图中的楼梯。扶手样式图纸无要求默认即可，如图 7.54 所示。

（2）布置楼梯构件

①根据图纸可知，默认楼梯方向与要求不符，需要调整楼梯方向。选中梯段和扶手，使用"镜像"命令，绘制左侧边线为镜像轴，完成镜像后调整楼梯位置。至此楼梯绘制完成，点击"默认三维视图"查看三维效果（见图 7.55、图 7.56）。

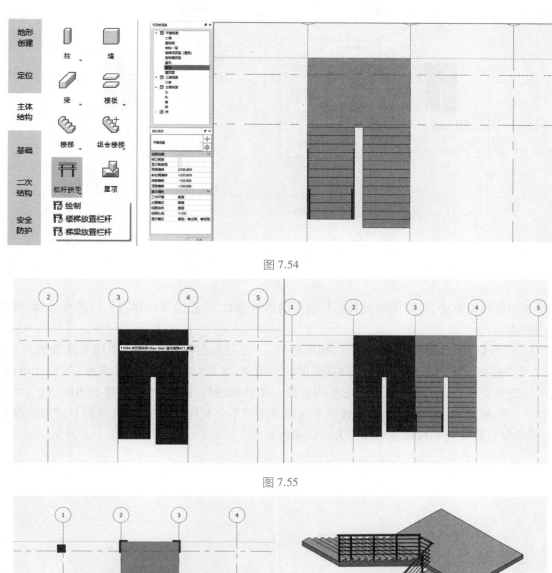

图 7.54

图 7.55

图 7.56

②用复制命令完成一层楼梯的布置,之后按 Ctrl 键,依次单击楼梯和扶手,选择楼梯和扶手。复制首层楼梯,对齐粘贴至标高二层,至此完成楼梯的布置(见图 7.57)。

### 7.5.2　任务总结

①注意,新建楼梯构件时结合楼梯详图,分析楼梯定位信息、剖面标高、踏步尺寸、踏步级数、梯段宽度、梯板厚度等信息,进入对应的楼层平面视图,根据"楼梯"创建楼梯构件,根据图纸信息定义楼梯构件,包括踏步尺寸、梯板厚度、材质、踏步数量、定位标高等信息。

②可以使用"复制"命令快速放置同层相同楼梯,使用"粘贴"中"与选定的标高对齐"可以快速放置不同层相同楼梯构件。

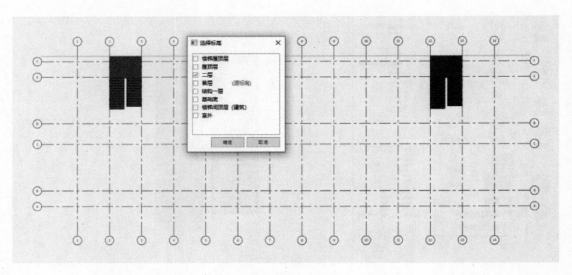

图 7.57

③在绘制楼梯过程中，可以同时设置栏杆扶手的构件参数，会跟随楼梯梯段一同进行绘制，可以设置为踏板或梯边梁。

④当定义完成楼梯构件参数后，在绘制梯段之前，一定要先在左侧"属性"中检查或设置对应的"底部标高""顶部标高""底部偏移"和"顶部偏移"的约束信息，以及"踢面数""踏步深度"等尺寸信息，检查无误或准确设置完成后，再进行梯段的绘制，保证绘制楼梯梯段构件的属性参数符合图纸信息。

⑤如果在绘制楼梯之前已经绘制了休息平台板及楼层平台板构件，在绘制楼梯时只需要绘制梯段即可，否则还需要另行绘制平台构件。操作方法同前讲解。

# 第8章 BIM 建筑建模

## 8.1 墙体的创建

本节主要阐述如何进行砌体墙构件与女儿墙构件的创建与绘制,读者通过本节内容的学习,重点掌握如何进行墙体创建并绘制砌体墙与女儿墙,熟悉相关操作。本节学习目标见下表。

| 序号 | 模块体系 | 内容及目标 |
|------|---------|-----------|
| 1 | 业务拓展 | 1.墙体是建筑物的重要组成部分,它起到承重、围护或分隔空间的作用。<br>2.建筑墙体一般分为内墙和外墙。 |
| 2 | 任务目标 | 1.完成本项目框架部分砌体墙的创建及绘制。<br>2.完成本项目框架部分女儿墙的创建及绘制。 |
| 3 | 技能目标 | 1.掌握使用"墙:建筑"命令创建内外墙及女儿墙。<br>2.掌握使用"对齐"命令修改墙体位置。<br>3.掌握使用"不允许连接"命令断开墙体关联性。<br>4.掌握使用"过滤器""复制到剪贴板""粘贴""与选定的标高对齐"等命令快速创建绘制墙体。 |
| 4 | 相关图纸 | 建施-03、建施-04、建施-05 |

本节完成对应任务后,整体效果图如图 8.1 所示。

### 8.1.1 任务实施

**BIMMAKE** 中提供了墙构件,用于绘制和生成墙体对象。在创建墙体时,需要先定义好墙体的类型,包括墙厚、材质、功能等参数,再指定墙体需要到达的标高等高度参数,最后按照平面视图中指定的位置绘制生成墙体。

**BIMMAKE** 可以创建标准墙、变截面墙,创建后的墙可以通过属性面板修改墙类型、属性参数等。使用墙构件,可以创建项目的外墙、内墙以及女儿墙等墙体。下面以本项目框架部分的砌体墙及女儿墙绘制进行介绍。

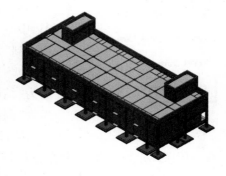

图 8.1

(1)创建墙体类型

①首先建立墙构件类型。在"资源管理器"中展开"平面视图"类别,双击"首层"视图名称,进入"首层"楼层平面视图。单击点击【构件工具栏】后选择"主体结构",再选择"墙",如图 8.2 所示。

②点击"属性"面板中的"编辑类型",打开"类型参数"窗口,此时"类型(T)"列表中显示"基本墙"

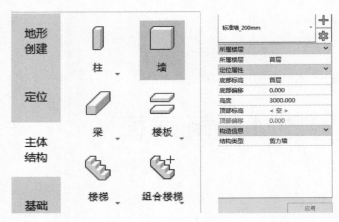

图 8.2

族中包含的族类型,点击【+】按钮,弹出"类型参数"窗口,输入"加气混凝土砌块墙_200 mm",点击【确定】关闭窗口,如图 8.3 所示。

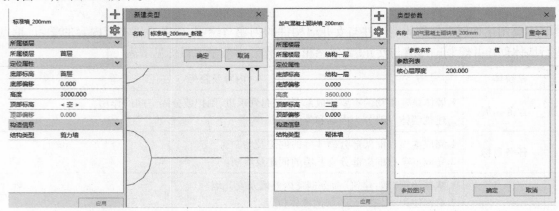

图 8.3

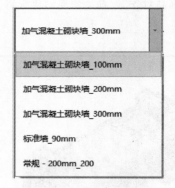

图 8.4

③按照上述操作方法,完成"加气混凝土砌块墙_300 mm""加气混凝土砌块墙_200 mm",及"加气混凝土砌块墙_100 mm",如图 8.4 所示。

（2）绘制墙体构件

①绘制首层墙体构件。构件定义完成后,开始布置构件。根据"建施-03"中"一层平面图"布置首层墙构件,先进行外墙的布置。在"属性"面板中找到"加气混凝土砌块墙_300 mm",BIMMAKE 软件自动切换至"修改 | 创建墙"上下文选项,点击"绘制"面板中的"直线",选项栏中设置底部标高为"结构一层"和顶部标高"二层","底部/顶部偏移"为"0",设置结构类型为"砌体墙",如图 8.5 所示。

②设置临时隐藏图元。在绘制墙体过程中,建议把除轴网和柱之外的所有本层图元进行隐藏,会让绘制过程中更加清晰化,如图 8.6 所示。

③绘制首层外墙。用直线方式进行绘制,操作方法同绘制"梁"构件,结合"建施-03"图纸中外墙定位信息,进行连续绘制。绘制完成后,以②/③—F 轴处墙体为例,由于墙定位点在中点,根据图纸,墙外边线与结构柱边缘齐平,需用"对齐"命令调整墙体定位,首先点击柱的上边线,再点击墙的上边线,可以将墙与柱边对齐,如图 8.7 所示。

④按上述操作方法完成首层其他外墙的绘制,然后进行拆分打断图元,对齐调整定位,完成后如图8.8 所示。

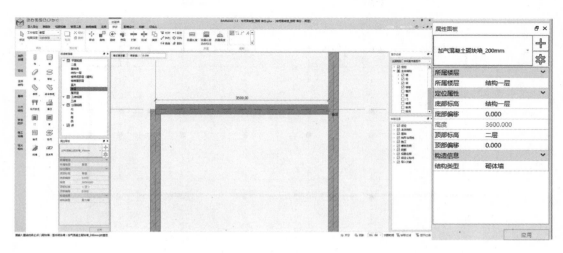

图 8.5

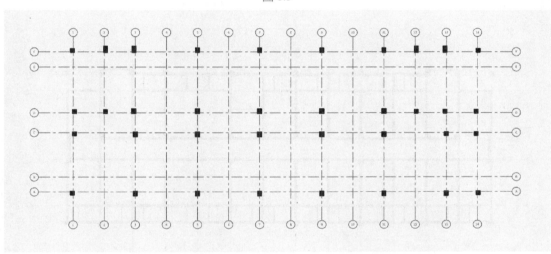

图 8.6

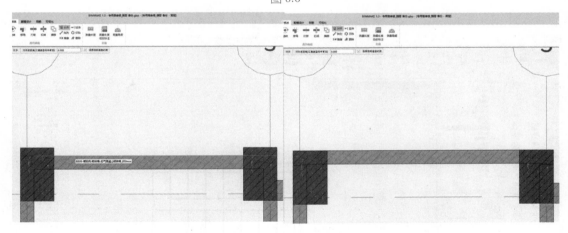

图 8.7

⑤绘制首层内墙。按照上述操作方法,结合"建施-03"图纸中内墙的定位信息,使用"对齐""打断"等命令快速处理墙体,使其符合图纸相应信息,完成后如图 8.9 所示。

⑥复制首层墙体到二层。根据建施-03、建施-04,首层、二层墙体基本相同。鼠标框选中视图可见,左键键点击"选择过滤"中,勾选"墙"(见图 8.10),然后点击"复制到剪贴板",点击"粘贴"中"与选定的标高对齐",选择"二层"、复制完成墙体(见图 8.11、图 8.12)。

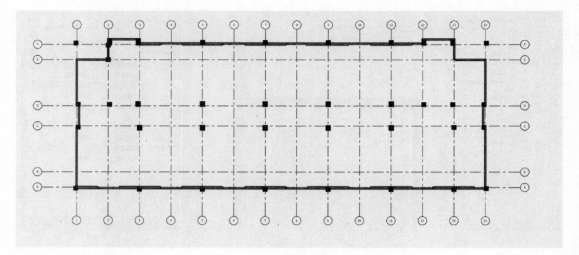

图 8.8

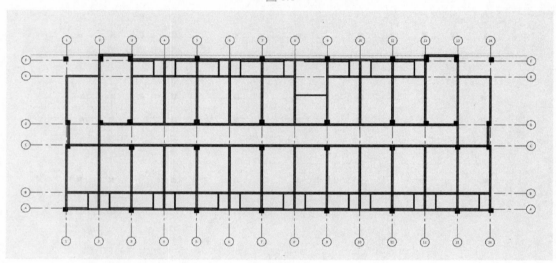

图 8.9

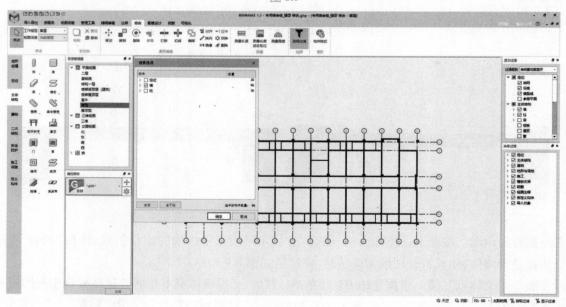

图 8.10

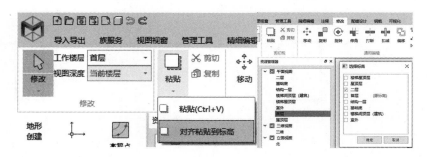

图 8.11

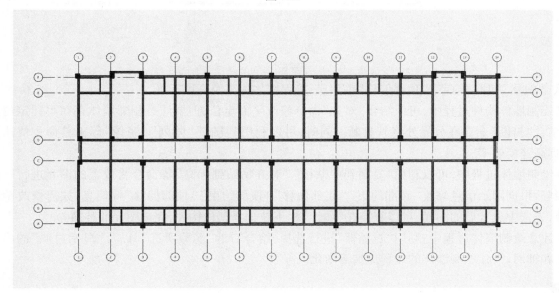

图 8.12

⑦绘制屋顶层楼梯间外墙和女儿墙。根据"建施-06"屋顶层楼梯间外墙调整"底部标高"为屋顶层 7.200 m 和"顶部标高"为楼梯间顶层(建筑)11.700 m。屋顶女儿墙设置高度为 1500 mm,至 8.700 m 标高,如图 8.13、图 8.14 所示。

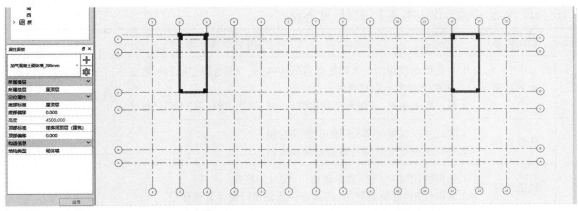

图 8.13

## 8.1.2　任务总结

①注意:新建砌体墙时,一定要厘清思路,结合建筑设计说明,明确砌体墙的属性信息。根据建筑平面施工图,了解砌体墙的具体定位信息。进入对应的楼层平面视图,根据"墙:建筑"创建砌体墙,根据图纸信息定义每一个砌体墙构件。定义完成后,根据图示位置进行放置,放置过程中要设置墙体的"底部约

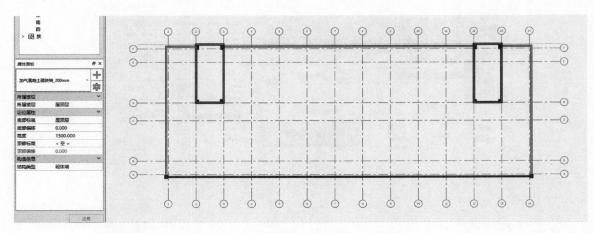

图 8.14

束""底部偏移""顶部约束""顶部偏移"等信息,确保墙体标高及高度正确。

②绘制墙体构件过程中,可以结合"对齐"命令修改平面定位,但要注意相邻墙体存在不同定位情况时,要结合"打断"命令在分界处将其打断。同时,可以利用"复制""阵列""镜像"等工具命令快速放置墙体,提高建模效率。

③绘制墙体过程中,可以利用"复制到剪贴板""对齐粘贴到标高"等命令将放置的图元进行层间复制,复制后根据图示信息修改"底部约束""底部偏移""顶部约束""顶部偏移"等信息,如需修改替换其他构件,先选中放置后的图元,可以直接在"属性"栏下拉选择其他构件,完成图元的替换。

④注意绘制墙体过程中,利用"过滤器"进行选择,结合右键"隐藏所选",以及"显示过滤"的内容只包括柱和轴网,会让绘制墙体的过程更加清晰化。

## 8.2 门窗的创建

本节主要阐述如何进行门窗构件创建与绘制,读者通过本节内容的学习,重点掌握如何进行创建并绘制门窗构件,熟悉相关操作。本节学习目标见下表。

| 序号 | 模块体系 | 内容及目标 |
|---|---|---|
| 1 | 业务拓展 | 1.门是指建筑物的出入口处必备的构件,是分割有限空间的一种实体,它的作用是可以连接和关闭两个或多个空间的出入口。<br>2.窗一般由窗框、玻璃和活动构件（铰链、执手、滑轮等）3部分组成。 |
| 2 | 任务目标 | 1.完成本项目框架部分门的创建及绘制。<br>2.完成本项目框架部分窗的创建及绘制。 |
| 3 | 技能目标 | 1.掌握使用"门""窗"命令创建门、窗及门联窗。<br>2.掌握使用"复制到剪切板"命令快速创建门窗至其他楼层。 |
| 4 | 相关图纸 | 建施-03、建施-04、建施-06、建施-09 |

本节完成对应任务后,切换到默认三维视图,鼠标放在 ViewCube 上,按住 Ctrl 键+鼠标滚轮将模型进行三维旋转查看,整体效果如图 8.15 所示。

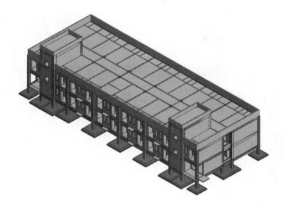

图 8.15

### 8.2.1　任务实施

本节主要介绍门窗及幕墙构件的绘制。门、窗是建筑设计中最常用的构件。BIMMAKE 软件提供了门、窗工具,用于在项目中添加门、窗图元。门、窗必须放置于墙、屋顶等主体图元上,这种依赖于主体图元而存在的构件称为"基于主体的构件"。因此,在绘制门窗之前,要将其依赖的主体图元布置完毕。同时,门、窗这些构件都可以通过创建自定义门、窗族的方式。下面介绍本项目框架部分的门窗及幕墙的绘制,讲解操作方法。

（1）创建门窗构件

首先建立门窗构件类型。在"资源管理器"中展开"平面视图"类别,双击"首层"视图名称,进入"首层"楼层平面视图。单击"主体结构"选项卡中的"窗"工具,内置族不符合要求,可于构建坞下载公共构件。点击"属性"面板中【+】新建类型。根据纸"建施-03"中"门窗表及门窗详图"的信息,创建门窗类型（见图 8.16—图 8.18）。

| 类别 | 门窗名称 | 洞口尺寸/(mm×mm) | 门窗数量 | 备注 |
|---|---|---|---|---|
| 窗 | C-1 | 1200×1350 | 4 | 墨绿色塑钢窗 中空玻璃 |
| | C-2 | 1750×2850 | 48 | 墨绿色塑钢窗 中空安全玻璃 |
| | C-3 | 600×1750 | 46 | 墨绿色塑钢窗 中空玻璃 |
| | C-4 | 2200×2550 | 4 | 墨绿色塑钢窗 中空安全玻璃 |
| 门 | M-1 | 1000×2700 | 40 | 塑钢门 |
| | M-2 | 1500×2400 | 4 | 塑钢门 |
| | M-2' | 1500×2200 | 2 | 塑钢门 |
| | M-3 | 800×2100 | 40 | 塑钢门 |
| | M-4 | 1750×2700 | 44 | 墨绿色塑钢中空安全玻璃门，立面分格详见建施09 |
| | M-5 | 3300×2700 | 2 | 墨绿色塑钢中空安全玻璃门，立面分格详见建施09 |
| 防火门 | FHM乙 | 1000×2100 | 2 | 乙级防火门,向有专业资质的厂家定制 |
| | FHM乙-1 | 1500×2100 | 2 | 乙级防火门,向有专业资质的厂家定制 |
| 防火窗 | FHC | 1200×1800 | 2 | 乙级防火窗,向有专业资质的厂家定制(距地600mm) |
| | JD1 | 1800×2700 | 2 | 洞口高2700mm |
| | JD2 | 1500×2700 | 2 | 洞口高2700mm |

注：门窗数量以实际工程为主，此表仅供参考。

图 8.16

（2）放置门窗构件

①定义完成后,首先布置窗构件。根据"建施-03"中"一层平面图"布置首层框架部分窗构件。在"属性"面板中找到"C-2",BIMMAKE 软件自动切换至"修改|放置窗"上下文选项。根据"建施-06",在"属性"面板中窗的"底部偏移"设置为"550"。适当放大视图,移动鼠标定位在 A 轴与①轴、②轴线墙位置。依次布置完成所有窗,注意底部约束。布置如图 8.19—图 8.21 所示。

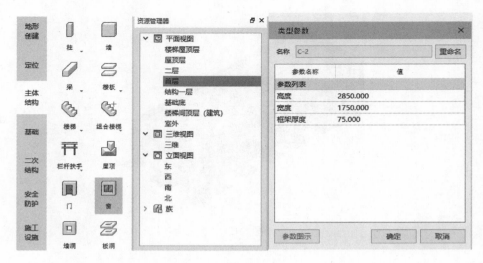

图 8.17

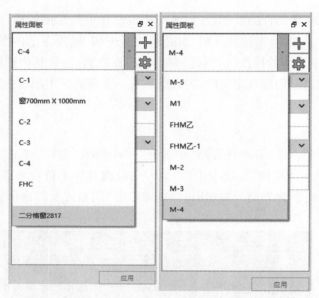

图 8.18

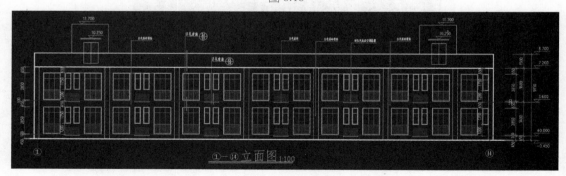

图 8.19

②绘制过程中同时可以利用"移动""复制""阵列"等工具命令快速放置门窗，提高建模效率。按照上述方法完成首层其他门构件的布置，方法与窗一致。

【注意】

门通常无须设置底部偏移，如图 8.22 所示。

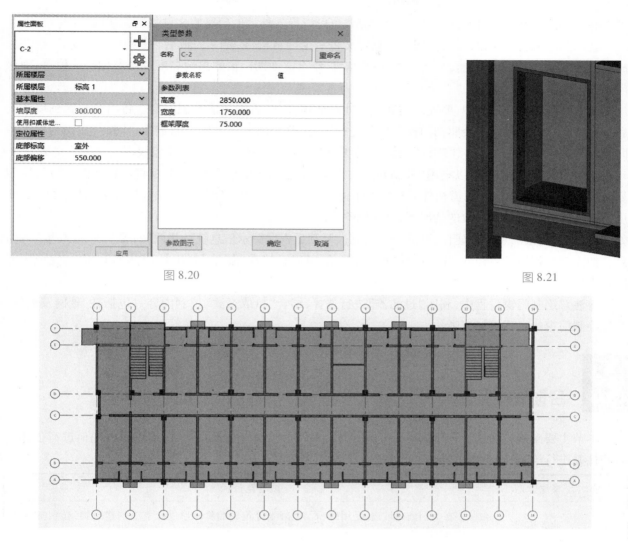

图 8.20　　　　　　　　　　　　　　　　　　　图 8.21

图 8.22

③调整门窗位置。将门窗布置到墙体上后,可以选中布置的门窗,通过拖动标注中心点,会驱动门窗的位置进行平移,可以按照此方法进行门窗定位的调整(见图 8.23)。

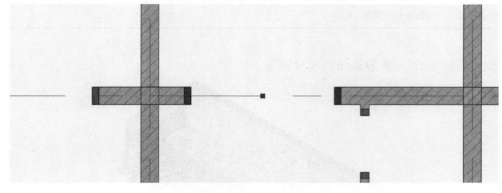

图 8.23

## 8.2.2　任务总结

①注意:新建门窗时,一定要厘清思路,结合建筑设计说明及门窗表,明确门窗构件属性信息。根据建筑平面施工图,了解门窗的具体定位信息。进入对应的楼层平面视图,根据"门""窗"创建门窗构件,

可以利用软件已有的门窗构件复制新建族类型，也可以导入外部的门窗族文件复制新建族类型。

②修改门窗属性参数，需根据图纸信息定义每一个门窗构件，定义完成后，根据图示位置进行放置，放置过程中要设置门窗的"标高"和"底高度"信息，结合立面图门窗的离地高度及楼层标高的信息，确保门窗放置标高及高度正确。

③绘制门窗构件过程中，要先绘制其位置处的墙体构件，否则无法绘制门窗。将门窗布置到墙体上后，可以选中布置的门窗，会驱动门窗的位置进行平移，改变门窗在墙体中的定位。同时，在绘制过程中同时可以利用"移动""复制""阵列""镜像"等工具命令快速放置门窗，提高建模效率。

④绘制门窗过程中，可以利用"复制到剪贴板""与选定的视图对齐"等命令将放置的图元进行层间复制，但在 BIMMAKE 中，门窗构件需与它的主体墙同时复制。由于此处墙已预先建模墙，且建筑仅有两层，在一、二层门窗基本一致的情况下，首先删除二层对应墙体，进行即可。若首层与二层门窗差异较大，如高层建筑，建议二层单独建模，高层进行复制。复制后根据图示信息统一修改"标高"和"底高度"等信息。如需修改替换其他构件，先选中放置后的图元，可以直接在"属性"栏下拉选择其他构件，完成图元的替换。

⑤注意绘制门窗过程中，利用"过滤器"进行选择，结合"拾取过滤"控制内容只包括柱、轴网及墙体，会让绘制门窗的过程更加清晰化。

## 8.3　台阶的创建

本节主要阐述如何进行台阶构件创建与绘制，读者通过本节内容的学习，重点掌握如何进行创建台阶构件并进行绘制，熟悉相关操作。本节学习目标见下表。

| 序号 | 模块体系 | 内容及目标 |
|---|---|---|
| 1 | 业务拓展 | 台阶多在大门前或坡道，是用砖、石、混凝土等筑成的阶梯形供人上下的建筑物，起到室内外地坪连接的作用。 |
| 2 | 任务目标 | 完成本项目框架部分台阶构件的创建及布置。 |
| 3 | 技能目标 | 掌握使用"楼板：建筑"命令创建台阶。 |
| 4 | 相关图纸 | 建施-03、建施-06。 |

本节完成对应任务后，整体效果如图 8.24 所示。

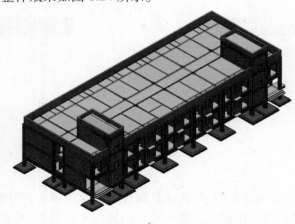

图 8.24

### 8.3.1　任务实施

本节主要介绍台阶构件的绘制。在 BIMMAKE 软件中,室外台阶可以使用楼板绘制方式来组合生产台阶。下面以此方式进行介绍。

(1)创建台阶构件

①首先在"资源管理器"中展开"平面视图"视图类别,双击"首层"视图名称,进入"首层"楼层平面视图。首先设置视图"底部偏移","深度偏移"为-800,确保台阶板在视图中可见。为了绘图方便,用"显示过滤"隐藏其他构件,如图 8.25 所示。

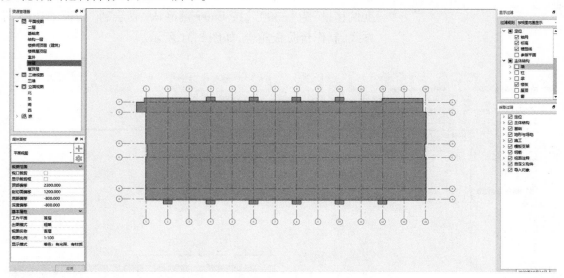

图 8.25

②查看"建施-03""建施-06"图纸,可得知台阶高度为 150。点击"主体结构"选项卡"楼板"下拉下的"绘制楼板"工具(见图 8.26)。

在"属性面板"窗口,点击【+】按钮,弹出"名称"窗口,输入"台阶-150 mm",点击"确定"按钮关闭窗口。在弹出的"类型参数"修改"厚度"为"150",点击【确定】关闭窗口,属性信息修改完毕(见图 8.27、图 8.28)。

图 8.26

图 8.27

图 8.28

（2）绘制台阶构件

①布置第二阶台阶板。根据"建施-03"中"一层平面图"布置室外台阶板。绘制面板中选择"直线"方式，沿 E 轴和首层楼板边缘绘制，围成的范围内绘制台阶板轮廓。绘制完成后，在"属性"面板设置"所属楼层"为"首层"，"自标高的高度偏移量"为"−150"，如图8.29、图 8.30 所示。

②继续布置第三阶台阶板。根据"建施-03"中"一层平面图"布置室外台阶板。在"属性"面板设置"标高"为"首层"，"自标高的高度偏移量"为"−300"，按 Enter 键确认。"绘制"面板中选择"直线"方式，制作台阶板轮廓，如图 8.31 所示。

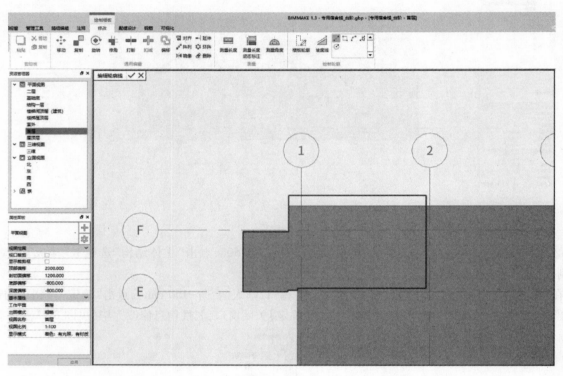

图 8.29

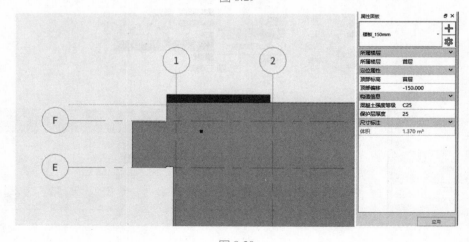

图 8.30

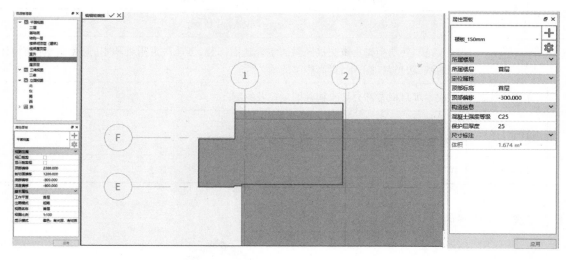

图 8.31

③点击默认三维视图,查看三维效果,确认建模无误,如图 8.32 所示。

④结合"建施-03"图纸分析,继续按照上述操作方法绘制完成其他位置台阶,完成如图 8.33 所示。

⑤至此完成台阶的布置,点击"保存"按钮,保存工程项目。

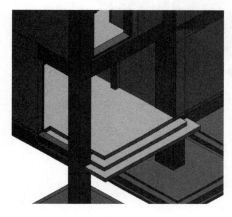

图 8.32

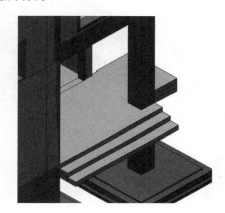

图 8.33

### 8.3.2　任务总结

①台阶的创建及绘制方法同绘制板构件,可以利用"楼板"创建并进行绘制。

②绘制台阶时,注意结合图纸位置,明确台阶高度属性及标高,可以分层进行绘制,多块台阶板叠合在一起形成台阶。

# 8.4　散水的创建

本节主要阐述如何进行散水构件创建与绘制,读者通过本节内容的学习,重点掌握如何进行创建散水构件并进行绘制,熟悉相关操作。本节学习目标见下表。

| 序号 | 模块体系 | 内容及目标 |
|---|---|---|
| 1 | 业务拓展 | 散水是与外墙勒脚垂直交接倾斜的室外地面部分，迅速排走附近积水，避免雨水冲刷或渗透到地基，防止基础下沉，提高房屋的耐久性。 |
| 2 | 任务目标 | 完成本项目框架部分散水构件的创建及绘制。 |
| 3 | 技能目标 | 1.掌握使用"挑檐"命令创建散水族。<br>2.掌握使用"绘制挑檐"命令沿墙布置散水构件。 |
| 4 | 相关图纸 | 建施-03。 |

本节完成对应任务后，整体效果如图 8.34 所示。

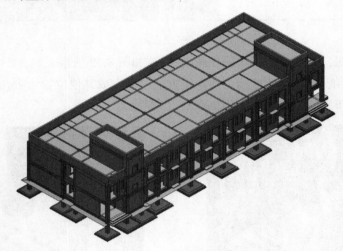

图 8.34

## 8.4.1 任务实施

（1）绘制族轮廓

"主体结构"面板选择"挑檐"命令，下拉"自定义截面挑檐"，绘制散水族（见图 8.35）。

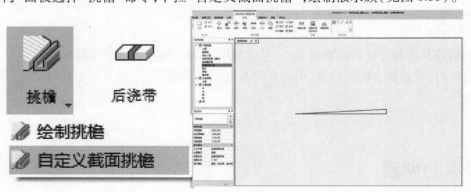

图 8.35

（2）布置散水

①点击"主体结构"选项卡"挑檐"下拉选项中的"绘制挑檐"工具，沿墙布置散水（见图 8.36）。

②连续绘制自动进行散水的转角连接（见图 8.37）。

③选中绘制好的散水构件，查看"属性"栏，设定标高为"首层"，设定偏移为"−450"。

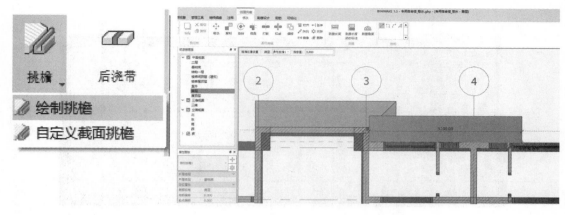

图 8.36

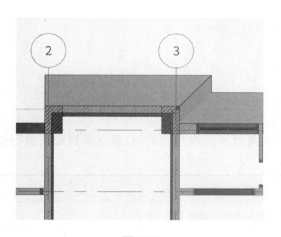

图 8.37

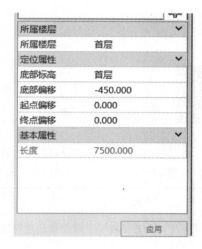

图 8.38

④按照上述操作步骤将其他位置的散水进行转角处理,至此完成散水构件的布置,点击"保存"按钮,保存工程项目。完成后平面如图 8.39、图 8.40 所示。

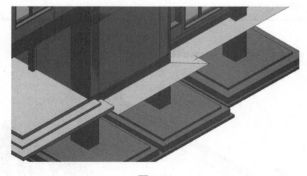

图 8.39

## 8.4.2　任务总结

①散水的创建及绘制方法同"挑檐"。建模的基本概念是绘制截面,并对截面进行放样。用词命令可以创建散水,挑檐,装饰条,踢脚线等。

②绘制散水完成后,注意选择所有的散水构件,统一调整其标高和偏移量,使其符合图纸要求。

③在散水转角交接处,连接端点完善散水构件,将连接处做细部处理。

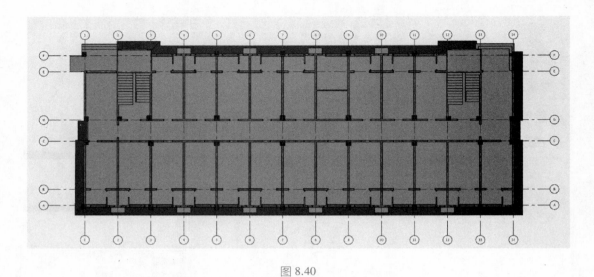

图 8.40

## 8.5　屋面的创建

　　本节主要阐述如何进行建筑屋面的创建与绘制,读者通过本节内容的学习,重点掌握如何进行创建屋面并进行绘制,熟悉相关操作。本节学习目标见下表。

| 序号 | 模块体系 | 内容及目标 |
| --- | --- | --- |
| 1 | 业务拓展 | 屋面就是建筑物屋顶的表面,理解为包含保温防水的系统工程。 |
| 2 | 任务目标 | 完成本项目建筑平屋面的绘制,坡度线指示屋面坡度。 |
| 3 | 技能目标 | 掌握使用"迹线屋顶"命令创建屋顶。 |
| 4 | 相关图纸 | 建施-05。 |

　　本节完成对应任务后,整体效果如图 8.41 所示。

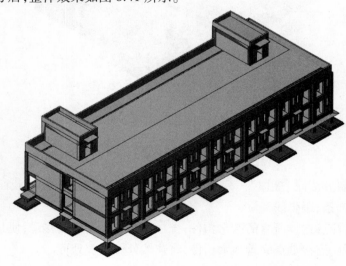

图 8.41

### 8.5.1　任务实施

①首先根据"建施-05",绘制参照平面,点击右上角绘制面板中的直线命令,然后依次点击端点,建立屋顶边线,如图 8.42、图 8.43 所示。

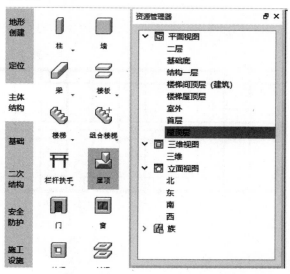

图 8.42

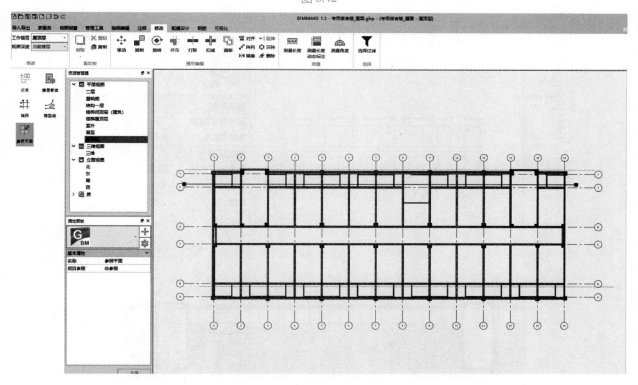

图 8.43

②进入"屋顶层"楼层平面,点击"主体结构"选项卡中"屋顶"命令,进入对应上下文选项卡,进行迹线屋顶的绘制(见图 8.44)。

③点击"坡度线",箭头边须放置于屋顶边线上,根据"建施-05"屋顶坡度为 2°。在属性面板修改"坡度定义方式"为"角度",坡度值为"2"。点击【确认】即可创建屋顶。或者选择屋顶边线,在属性面板"定义屋顶坡度"打对勾,依据图纸输入角度 2°,如图 8.45、图 8.46 所示。

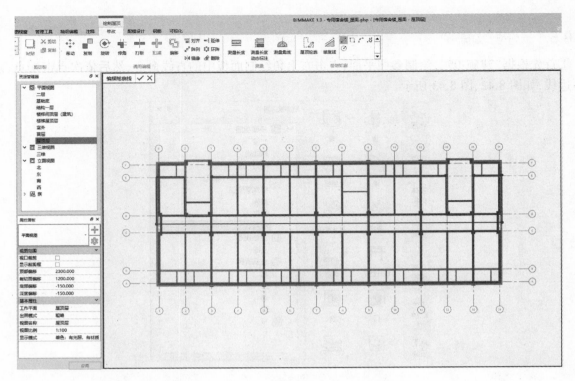

图 8.44

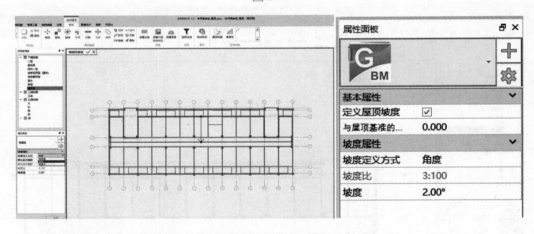

图 8.45

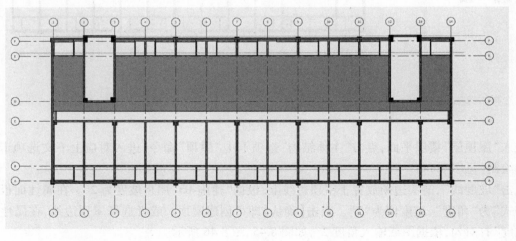

图 8.46

④重复以上步骤,根据"建施-05"保留排水沟位置为空白,"矩形"绘制屋顶层全部屋面,如图 8.47 所示。

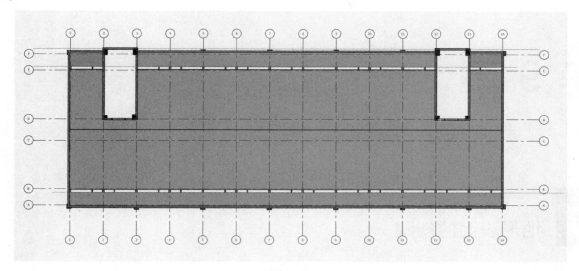

图 8.47

⑤进入"楼梯间屋顶层"楼层平面,依次绘制屋顶,设置角度,完成如图 8.48 所示。

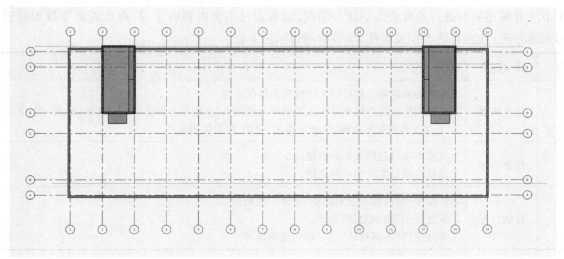

图 8.48

## 8.5.2　任务总结

创建屋顶时要观察屋顶的类型,如果可以用坡度具体表达屋顶的斜坡,则可以使用"迹线屋顶"命令进行绘制,绘制时注意屋檐偏移量和是否开启坡度,以控制屋顶的类型。

# 第9章 BIM 场地建模

## 9.1 地形表面的创建

### 9.1.1 章节概述

本节主要阐述如何进行地形表面创建与绘制,读者通过本节内容的学习,重点需要掌握如何进行创建地形表面并进行绘制,熟悉相关操作,本节学习目标见下表。

| 序号 | 模块体系 | 内容及目标 |
|---|---|---|
| 1 | 业务拓展 | 1.地形表面是建筑物所处实际地形的情况表达。<br>2.面域构件功能是用来在施工场地布置策划中,在地形上划定一定的区域,形成一个带有一定施工业务属性材质的面,作场地绿化、硬化、地面等用途。 |
| 2 | 任务目标 | 1.完成本项目地形表面的创建。<br>2.完成本项目建筑地坪的创建。 |
| 3 | 技能目标 | 1.掌握使用"高程点绘制地形"命令创建地形。<br>2.掌握使用"绘制边界"命令。<br>3.掌握使用"面域构件"命令创建建筑地坪。 |

本节完成对应任务后,整体效果如图 9.1 所示。

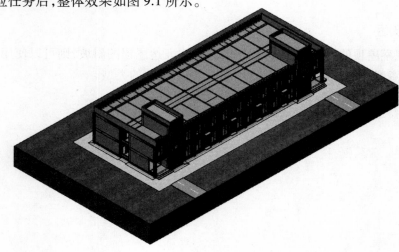

图 9.1

### 9.1.2  任务实施

(1)创建地形表面

切换到"室外"楼层平面视图。首先进入"创建地形"选项卡,点击"高程点绘制地形"面板中"绘制地形边界"命令,以便定义出地形表面,因没有地形相关说明,举例布置一个四边地形,点击绿色对勾确认,如图9.2—图9.4所示。

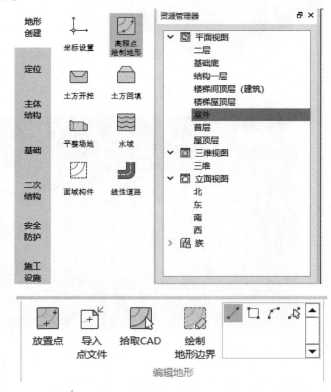

图 9.2

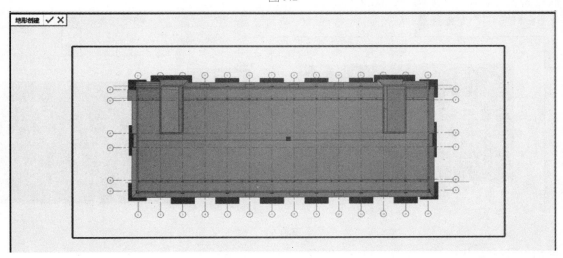

图 9.3

(2)创建绘制面域构件

①BIMMAKE 实现依附地形的场地划分(如硬化、草地等)。需点击"地形创建"面板中的"面域构件"命令,选择要创建面域的地形,进入上下文选项卡,绘制面域构件的边界(见图9.5)。

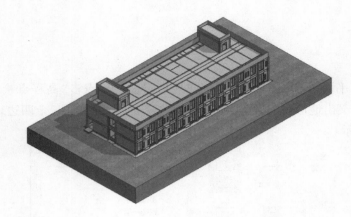

图 9.4

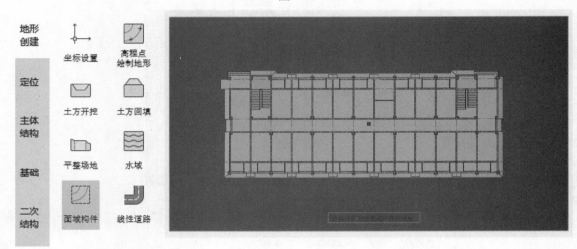

图 9.5

②在项目环境下选中面域构件，在属性面板中可修改"厚度""地面类型"属性。在这里的"属性面板"中修改材质为混凝土（见图 9.6、图 9.7）。

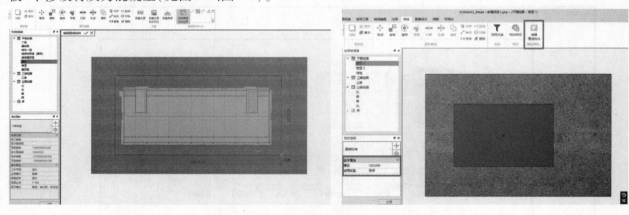

图 9.6

（3）创建绘制道路

①在"地形创建"面板中点击"线性道路"，选择直线，完成道路绘制（见图 9.8）。

②选中道路后，属性面板中可修改"路面材质""宽度""厚度""是否显示中心线"属性及"定位表面""起点偏移""终点偏移"属性（见图 9.10）。

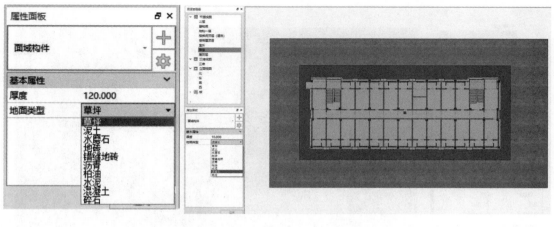

图 9.7

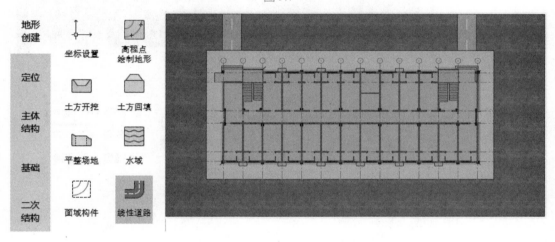

图 9.8

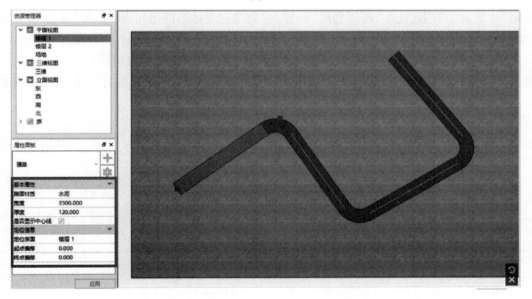

图 9.9

③选中路口后,属性面板中可修改"路面材质""厚度""转弯半径"属性(见图 9.11)。

④线性道路支持通用编辑中的修角及延伸操作,与常规的修角及延伸操作完全相同,选择两条道路进行修角及延伸即可。

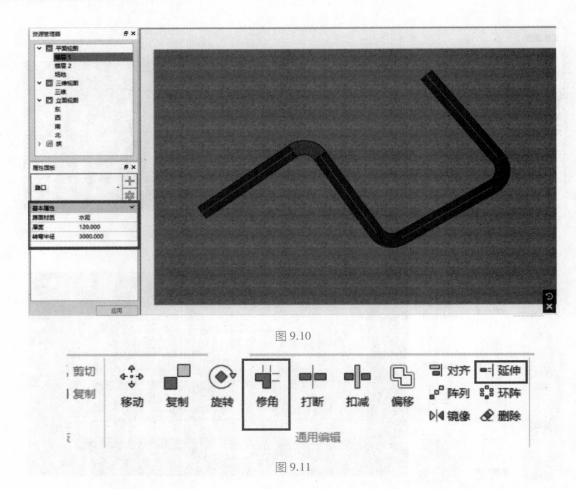

图 9.10

图 9.11

### 9.1.3　任务总结

①使用"地形表面"创建地形,可以利用"放置点"命令创建地形的边角点,至少 3 个点以上时形成区域、生成地形。

②选中地形区域的边角点,可以设置高程信息;选中地形表面,可以修改材质。

③使用"面域构件"创建建筑地坪,但要注意必须先绘制完成地形表面后,才可以进行建筑地坪的创建/绘制。

## 9.2　场地布置

本节主要阐述如何进行场地构件的创建与绘制,读者通过本节内容的学习,重点掌握如何进行创建场地构件并进行绘制,熟悉相关操作。本节学习目标见下表。

| 序号 | 模块体系 | 内容及目标 |
|---|---|---|
| 1 | 业务拓展 | 场地构件用于表示站点特点的图元,如树木、停车场、消火栓等。 |
| 2 | 任务目标 | 完成本项目场地构件的创建、绘制。 |
| 3 | 技能目标 | 掌握使用"场地构件"命令创建、绘制场地构件。 |

本节完成对应任务后,整体效果如图 9.12 所示。

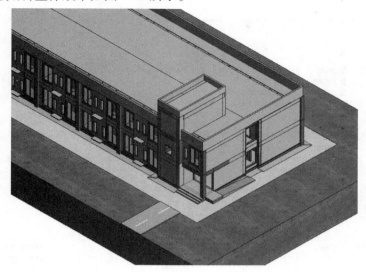

图 9.12

## 9.2.1　任务实施

①进入快捷选项卡,点击"施工设施"面板中"环境"命令,初始显示项目中未载入相应类别的构件,现在载入选择"从本地载入"或从"构建坞"载入。以软件自带的直坡道为例,如图 9.13、图 9.14 所示。

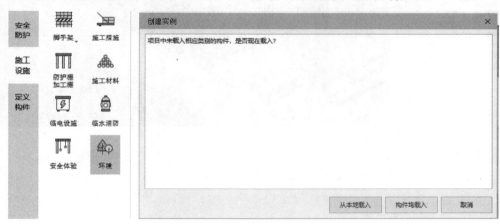

图 9.13

②放置场地构件。在左侧设置"定位表面"为"首层",设置"偏移"为"-450",将直坡道放置在地形表面上,如图 9.15 所示。

③读者可根据需求自行载入其他族文件或使用已有的场地构件族文件,对项目场地周边进行其他场地构件的布置。

## 9.2.2　任务总结

①使用"场地构件"可以创建绘制场地相关构件内容,如树木、停车场等,可以选择使用软件自带族,也可以载入其他外部族文件等。

②注意对放置的场地构件设定"标高"及"偏移"值,确保可以结合"地形表面"进行直观体现。

③放置场地构件过程中,可以结合"复制""阵列"等命令快速放置,提高效率。

图 9.14

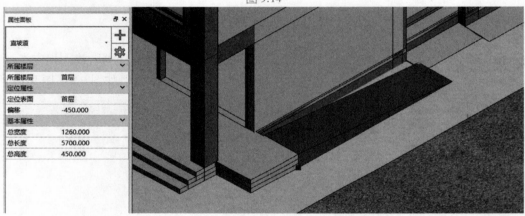

图 9.15

# 第 10 章 构件族的应用介绍

## 10.1 构件族的创建

本节主要阐述如何进行构件族的创建与设置应用,读者通过本节内容的学习,重点掌握如何进行创建族及设置的基本应用,熟悉相关操作。本节学习目标见下表。

| 序号 | 模块体系 | 内容及目标 |
|------|----------|------------|
| 1 | 业务拓展 | 在建模过程中会用到各类不同的构件,然后这些构件的建立都要通过族的创建及导入来实现。 |
| 2 | 任务目标 | 创建一个矩形"结构柱"族,截面宽度及高度均为"600",截面高度为"3600"。 |
| 3 | 技能目标 | 1.理解族模板类型,选择族模板。<br>2.掌握使用"拉伸"命令创建拉伸体。<br>3.掌握"族"的保存及载入方法。 |

本节完成对应任务后,整体效果如图 10.1 所示。

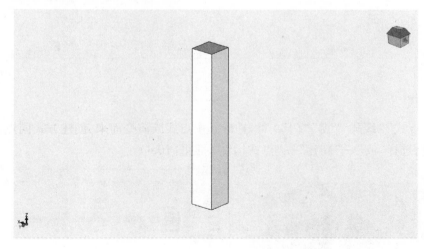

图 10.1

### 10.1.1 任务实施

(1)族的操作界面介绍

构件编辑器是独立的应用程序,可独立运行,不依赖 BIMMAKE 程序的启动(见图 10.2、图 10.3)。

图 10.2

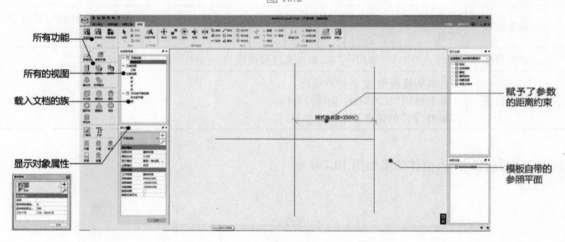

图 10.3

（2）选择族模板

自带模板有"点式""线式""窗""门"4 种，柱族是由点式族演变而来，创建方式同点式族。首先进入
BIMMAKE 主界面，选择"族"—"新建"—"点式构件"（见图 10.4）。

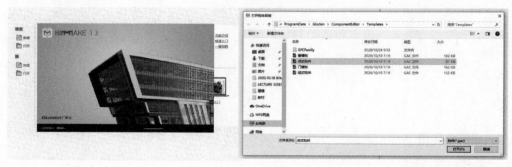

图 10.4

（3）柱族的形状创建

BIMMAKE 目前支持移动、旋转、镜像、对齐、复制、偏移、阵列、环阵、删除、修角、延伸、扣减、剪切板复制和粘贴、布尔并、布尔交、布尔减等通用编辑操作。柱将使用拉伸命令创建。

①首先绘制参照平面，设置"偏移值"为 300，镜像两条边完成参照平面。默认的楼层平面"基础标高"，点击"拉伸体"命令，进入"编辑实体"，选择矩形绘制方式。根据如图所示的参照平面外部交点，点击左上交点，然后点击右下交点，完成矩形框的绘制，点击绿色打钩确认，如图 10.5、图 10.6 所示。

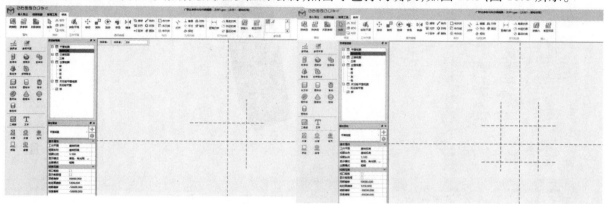

图 10.5

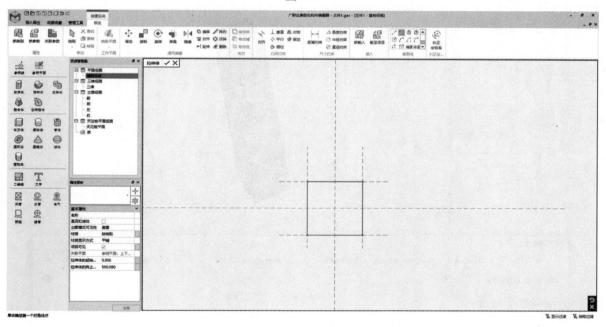

图 10.6

②柱的界面形状创建完成后，可以选择此截面，会在 4 条边存在"拉伸：造型操作柄"，可以按住进行拖动改变其形状及边线位置，如图 10.7 所示。

③平面的形状绘制完成后，在这里我们选择"前立面"，可以看到创建的"拉伸体"的立面形状，选择后同样存在 4 条边线处的"拉伸：造型操作柄"，也可以按照上述方法进行拖动调整，包括竖向的范围内。同时，也可以在左侧"属性"设置"拉伸终点"和"拉伸起点"数值，决定"拉伸体"在竖向的位置及高度，如图 10.8 所示。

（4）族的保存及载入

①族创建及信息设定完成后，点击快速访问工具栏中的【保存】按钮，即可保存族文件，格式为"gac"，命名为"自定义柱"，如图 10.9 所示。

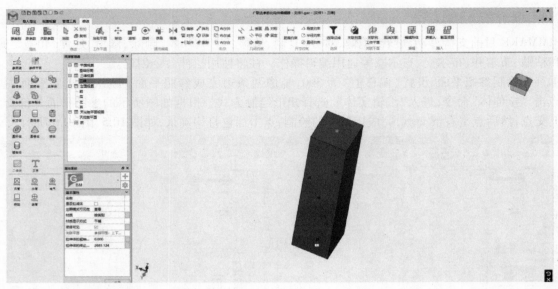

图 10.7

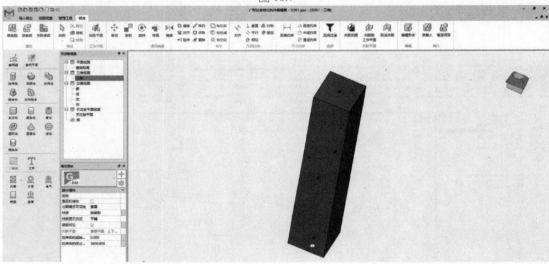

图 10.8

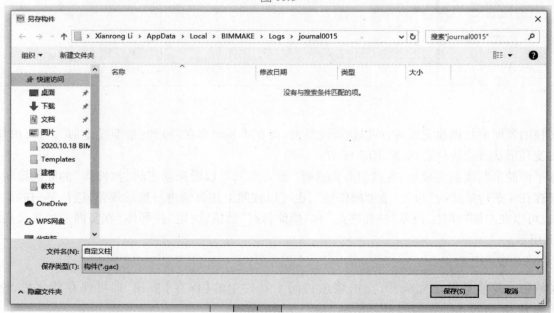

图 10.9

②载入到项目。可以将创建及设定完成的族载入到项目文件,点击"载入到项目"或"载入到项目并关闭"均可将族文件进行载入。点击载入后,会自动加入到已打开的项目文件,点击编辑属性可以查看之前创建族的参数属性,如图 10.10 所示。

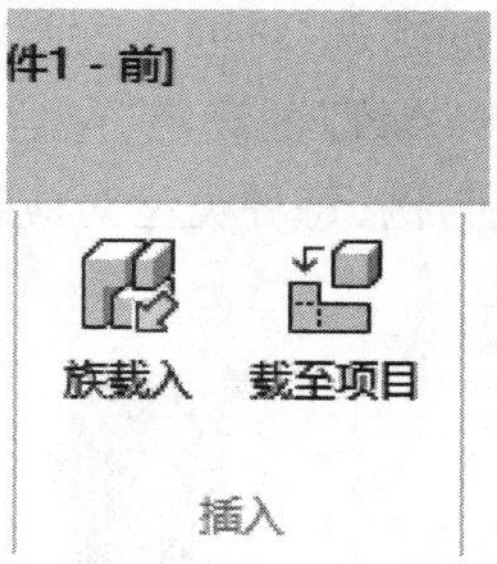

### 10.1.2　任务总结

①**BIMMAKE** 自带独立构件编辑器创建构件族,理解不同族样板的概念。

②创建族形状的方法有很多,包括"拉伸""融合""放样"等方法,最为常用的为"拉伸",也是初学者必须掌握的,其他的方法可以根据个人情况后面进行拓展学习。

③掌握族的保存及载入的方法,点击快速访问栏直接保存文件,使用"载入到项目"或"载入到项目并关闭"进行族的载入。

④熟练运用参照线与参照平面辅助构件族的绘制。

图 10.10

---

## 10.2　构件族的约束和参数

本节主要阐述如何进行构件族参数的创建与设置应用,读者通过本节内容的学习,重点掌握如何进行族参数的创建及设置,熟悉相关操作。本节学习目标见下表。

| 序号 | 模块体系 | 内容及目标 |
|---|---|---|
| 1 | 业务拓展 | 参数可以驱动拉伸体进行形状的改变,实现拉伸体的参数化功能。 |
| 2 | 任务目标 | 1.创建长、宽、高参数。<br>2.关联参数至标注。<br>3.修改参数至项目要求。 |
| 3 | 技能目标 | 1.掌握对"族类别"的设定。<br>2.掌握"族参数"的设定。<br>3.掌握创建族参数的约束方法。 |

本节完成对应任务后,整体效果如图 10.11 所示。

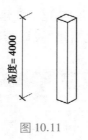

图 10.11

### 10.2.1　任务实施

(1)族类型和参数操作界面

族类别的选择基于该族在行业中如何分类,以便于在建模过程中按照常识分类进行筛选以及使用等。族类别是为正在创建的构件指定预定义族类别及属性,点击"创建"选项卡下"属性"面板中的"族类别和族参数"按钮,弹出"族类别和族参数"设定窗口,"族类别"可以利用"过滤器列表"进行专业大类的过滤筛选,将创建的此"柱"族文件定义选择为"结构柱"族类别。根据不同的项目需求,可以对族进行"族参数"的设定,包括横断面形状、代码名称、材质等信息。在同一个族文件下,可以创建多种类型,以柱为例,每种类型对应不同的尺寸值(见图10.12、图10.13)。

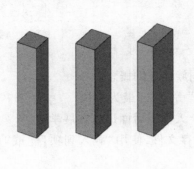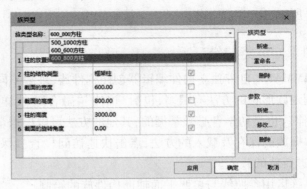

图 10.12

图 10.13

（2）创建参数

在族形状创建完成之后,由于设定的尺寸信息都是定值,是不具备参数化功能的,想要将族赋予参数化信息,需要添加标注,并创建参数。通过修改参数可以驱动拉伸体进行形状的改变,实现拉伸体的参数化功能。接下来介绍对创建的"结构柱"创建参数的方法。

①首先创建"长""宽"两项参数驱动截面的变化。新建族类型"柱",以及长、宽两个参数。双击截面进入编辑模式,"距离约束"标注两边长度,之后用"关联参数"命令使标注长度分别与"长""宽"两项参数相关(见图10.14—图10.16)。

图 10.14

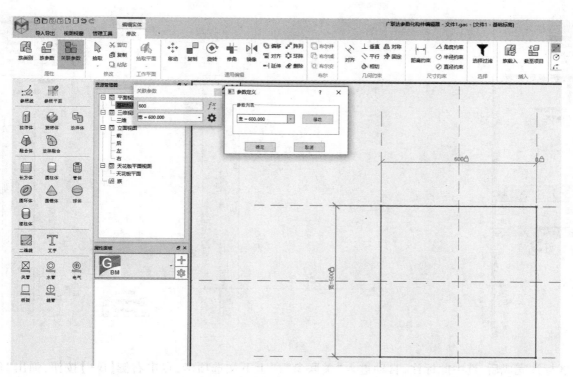

图 10.15

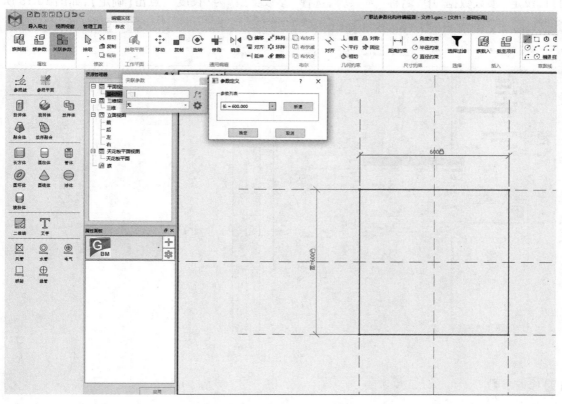

图 10.16

②切换到立面视图,对截面的高度进行创建参数。首先切换到"前立面"视图,右键隐藏参照平面。点击"尺寸约束"选项卡下的"距离约束"命令,选择"结构柱"立面的顶部和底部的边线,进行标注(见图10.17)。

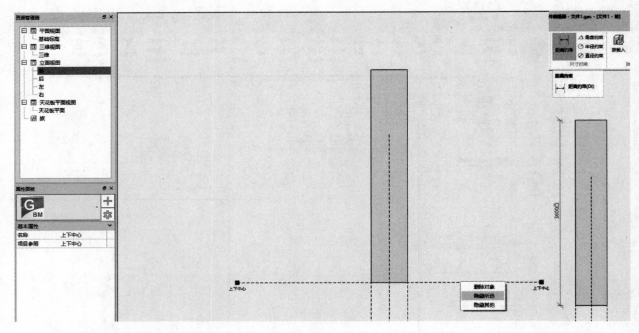

图 10.17

③标注完成后，选中此标注，自动进入"关联参数"上下文选项卡，点击右侧【fx+】按钮，弹出"信息框"窗口，设定"参数数据"中"名称"为"高"，选择"参数类型"为"长度"，点击【确定】，如图 10.18 所示。

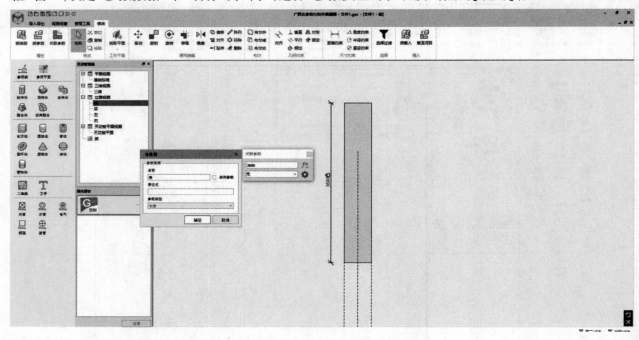

图 10.18

（3）修改参数

选择创建的拉伸体"结构柱"，点击"属性"面板下的"族类型"命令，进入"族类型"对话框，可以对族类型的参数进行设定，在下方也可以使用对参数进行新建、编辑、删除等命令。看到存在"尺寸标注"一项中，"高度"默认为"3600"，输入"4000"，可以看到三维状态下的柱的高度也变为了"4000"。

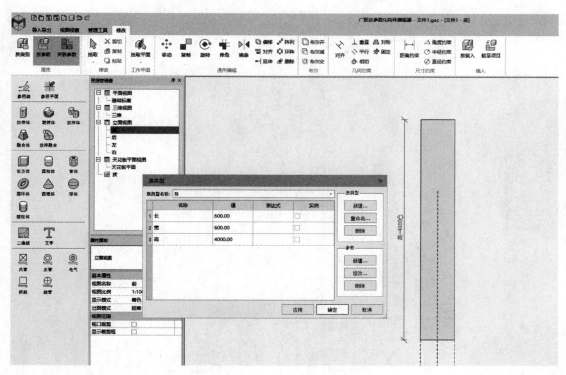

图 10.19

## 10.2.2　任务总结

①"族类型"会影响构件导入项目的类别归属,以及在建模过程中按照常识分类进行筛选以及使用等,同一族文件下可以创建多种类型。

②根据项目需求设定不同参数,掌握"族参数"面板下新建、删除、修改参数的方法。

③掌握创建族的约束方法,结合"距离约束"和"关联参数"命令完成柱参数的创建。

# 第 3 篇
## "1+X" BIM 职业技能初级考试篇

# 第 11 章 "1+X" BIM 职业技能初级考评大纲解读

**11.1** **"1+X" BIM 职业技能考试说明**

建筑信息模型（BIM）是指在建设工程及设施的规划、设计、施工以及运营维护阶段全生命周期创建和管理建筑信息的过程,全过程应用三维、实时、动态的模型涵盖了几何信息、空间信息、地理信息、各种建筑组件的性质信息及工料信息。BIM 技术是传统的二维设计建造方式向三维数字化设计建造方式转变的革命性技术,是促进绿色建筑发展、提高建筑产业信息化水平、推进智慧城市建设和实现建筑业转型升级的基础性技术。

BIM 职业技能人员是指拥有使用各类建筑信息模型(BIM)软件,创建、应用与管理适用于建设工程及设施规划、设计、施工及运维所需的三维数字模型的技术能力的人员统称。BIM 职业技能人员应是充分了解 BIM 相关的管理、技术、法规的知识与技能,综合素质较高的专业人才,既要具备一定的理论水平和建模基础,也要有一定的实践经验和组织管理能力。为了检验工程项目 BIM 从业人员的知识结构及能力是否达到以上要求,中国建设教育协会、教育部委托廊坊市中科建筑产业化创新研究中心,对建设工程项目 BIM 关键岗位的专业技术人员实行建筑信息模型(BIM)职业技能考评。

"1+X"建筑信息模型(BIM)职业技能等级证书实行全国统一组织命题并进行考核,教育部职业技术教育中心研究所对 BIM 证书进行审批,发证机关是廊坊市中科建筑产业化创新研究中心。通过全国统一考试,成绩合格者,由廊坊市中科建筑产业化创新研究中心颁发统一印制的相应等级的《建筑信息模型(BIM)职业技能等级证书》。

建筑信息模型(BIM)职业技能考评分为初级、中级、高级 3 个级别,分别为 BIM 建模、BIM 专业应用和 BIM 综合应用与管理。

本书只涉及 BIM 职业技能初级:BIM 建模部分的内容,通过分析初级 BIM 职业技能等级考试历年真题,依据初级 BIM 职业技能考评大纲的要求,涵盖了高频考点,能帮助考生了解考试情况。

## 11.2 "1+X" BIM 初级考评大纲要求

### 11.2.1 基础知识部分

根据《大纲》的要求,"1+X"BIM 初级考试涉及的基础知识包括制图识图基础知识、BIM 基础知识和相关法律法规知识,包含的具体知识点见表 11.1。

**表 11.1 "1+X"BIM 初级基础知识**

| 序号 | 考评内容 | 相关知识 |
|------|----------|----------|
| 1 | 制图、识图<br>基础知识 | 掌握建筑类专业制图标准,如图幅、比例、字体、线型样式,线型图案、图形样式表达、尺寸标注要求等 |
| | | 掌握正投影、轴测投影、透视投影的识读与绘制方法 |
| | | 掌握形体平面视图、立面视图、剖视图、断面图、大样图的识读与绘制方法 |
| | | 掌握土木建筑大类各专业图样的识读(例如,建筑施工图、结构施工图、设备施工图等) |

续表

| 序号 | 考评内容 | 相关知识 |
|---|---|---|
| 2 | BIM 基础知识 | 掌握建筑信息模型（BIM）的概念 |
| | | 掌握 BIM 的特点与价值 |
| | | 了解 BIM 的发展历史、现状及趋势 |
| | | 了解国内外 BIM 政策与标准 |
| | | 了解 BIM 软件体系 |
| | | 了解 BIM 相关硬件 |
| | | 了解建筑信息模型（BIM）建模精度等级 |
| | | 了解项目文件管理、数据共享与转换 |
| | | 了解 BIM 项目管理流程、协同工作知识与方法 |
| 3 | 相关法律法规知识 | |

## 11.2.2 专业技能部分

根据《大纲》的要求，"1+X"BIM 初级考试涉及的专业技能包括 BIM 建模软件及建模环境、BIM 建模方法、BIM 标记、标注与注释、BIM 成果输出，包含的具体知识点见表 11.2。

**表 11.2 "1+X"BIM 初级专业技能**

| 序号 | 考评内容 | 相关知识 |
|---|---|---|
| 1 | BIM 建模软件及建模环境 | 掌握 BIM 建模的软件、硬件环境设置 |
| | | 熟悉参数化设计的概念与方法 |
| | | 熟悉建模流程 |
| | | 熟悉相关 BIM 建模软件功能 |
| | | 了解不同专业的 BIM 建模方式 |
| 2 | BIM 建模方法 | 掌握标高、轴网的创建方法 |
| | | 掌握建筑构件创建方法，如建筑柱、墙体及幕墙、门、窗、楼板、屋顶、天花板、楼梯、栏杆、扶手、台阶、坡道等 |
| | | 掌握结构构件创建方法，如基础、结构柱、梁、结构墙、结构板等 |
| | | 掌握设备构件创建方法，如风管、水管、电缆桥架及其他设备构件等 |
| | | 掌握实体编辑方法，如移动、复制、旋转、偏移、阵列、镜像、删除、创建组、草图编辑等 |
| | | 掌握实体属性定义与参数设置方法 |
| | | 掌握在 BIM 模型生成平、立、剖、三维视图的方法 |
| 3 | BIM 标记、标注与注释 | 掌握标记创建与编辑方法 |
| | | 掌握标注类型及其标注样式的设定方法 |
| | | 掌握注释类型及其注释样式的设定方法 |

续表

| 序号 | 考评内容 | 相关知识 |
|---|---|---|
| 4 | BIM 成果输出 | 掌握明细表创建方法,如门窗明细表、材料明细表等 |
| | | 掌握图纸创建方法,包括图框、基于模型创建的平面图、立面图、剖面图、三维节点图等 |
| | | 掌握 BIM 模型的浏览、漫游及渲染方法 |
| | | 掌握模型文件管理与数据转换方法 |

## 11.3 "1+X" BIM 初级考试实操部分考点解析

### 11.3.1 题型分析

"1+X"BIM 初级职业技能等级考核评价内容分为理论知识和专业技能,其中理论知识占比 20%,专业技能占比 80%。专业技能的考核采取在计算机上操作 BIM 软件、建立 BIM 模型或者做相关 BIM 应用的实操。专业技能考核,即实操试题包括局部构件建模、构件族建模、综合建模 3 种题型(见图 11.1)。

(1)局部构件建模

根据试题中所提供的图纸信息运用软件创建建筑局部,比如楼梯、屋顶、幕墙、栏杆、坡道、台阶等,有时还需运用族来建模。

(2)构件族建模

根据试题中所提供的图纸信息运用软件创建族,并进行简单的参数化操作。

图 11.1 实操试题题型

(3)综合建模

根据试题中所提供的图纸信息,运用软件创建一个 2~3 层、1000 $m^2$ 以内的标准建筑形体,包括标高、轴网、柱、墙、板、门窗、洞口、楼梯、卫生洁具、屋顶、幕墙、栏杆、坡道、台阶等功能、族建模、在位编辑建模、标注与图纸导出、视图的创建、项目设置等。

### 11.3.2 得分点基本操作及注意事项

为了帮助广大应考人员了解、熟悉、通过"1+X"建筑信息模型(BIM)职业技能初级等级考试,下面对实操试题的得分点基本操作及注意事项进行说明。

(1)局部构件建模得分点基本操作及注意事项

局部构件建模试题通常要求创建楼梯、幕墙、栏杆、坡道、台阶、屋顶、标注尺寸、图纸导出、材质等内容,其建模得分点基本操作及注意事项见图 11.2。

①创建楼梯。在运用 BIMMAKE 软件创建两跑楼梯时,可以直接利用系统自带楼梯族完成创建,除两跑楼梯外,其他形式的楼梯都要通过自建族来完成。

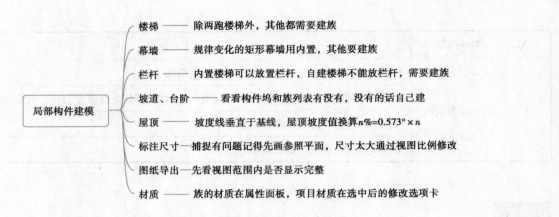

图 11.2　局部构件建模得分点基本操作及注意事项

②创建幕墙。在运用 BIMMAKE 软件创建变化规律的矩形幕墙时，可以直接利用系统自带族完成创建，创建变化不规律的幕墙时要通过自建族来完成。

③创建栏杆。在 BIMMAKE 中，栏杆只能放置在系统自带的楼梯上，如果需要在自建楼梯上放置栏杆，需要自建族。

④创建坡道、台阶。在 BIMMAKE 中，如果需要创建坡道和台阶，需要首先查看构件坞和族列表，确认是否有此类构件，如果没有，需要自建族。

⑤创建屋顶。在 BIMMAKE 中可以利用"定义屋顶坡度"或"坡度线"来创建坡屋顶。其中，需要注意：一是屋顶坡度值换算，$n\% = 0.573° \times n$；二是坡度线需要垂直于基线。

⑥创建标注尺寸。在 BIMMAKE 中，如果需要进行尺寸标注，但尺寸捕捉存在问题时，需要先绘制参照平面。如果标注的尺寸过大，则可以通过修改视图比例进行大小调整。

⑦导出图纸。在 BIMMAKE 中，如果想对图纸进行导出，需要先确认视图范围内显示是否完整。

⑧设置材质。在 BIMMAKE 中，族材质的设置需要在属性面板中完成；项目材质的设置则是在选中项目后的修改选项卡中完成。

（2）构件族建模得分点基本操作及注意事项

构件族建模试题通常要求创建族，并进行简单的参数化操作，其建模得分点基本操作及注意事项见图 11.3。

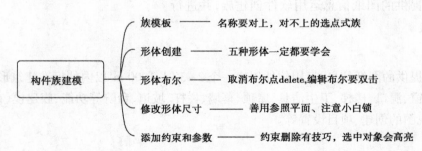

图 11.3　构件族建模得分点基本操作及注意事项

①选择族模板。在 BIMMAKE 中，族模板包括基础模板、窗模板、门模板、点式构件、线式构件等，如果所创建的构件和现有族模板名称对不上，则选择点式构件。

②形体创建。在 BIMMAKE 中，包括拉伸体、旋转体、放样体、融合体、放样融合体等 5 种形体，创建这 5 种形体的命令一定要掌握。

③形体布尔。在 BIMMAKE 中，如果取消对形体的布尔，点击 Delete；如果编辑对形体的布尔，则要双击。

④修改形体尺寸。在 BIMMAKE 中，要善于运用参照平面来修改形体尺寸，值得注意的是，修改形体

尺寸,需要先将形体旁的小白锁进行解锁。

⑤添加约束和参数。在 BIMMAKE 中,约束删除有技巧,选中对象会高亮。

（3）综合建模得分点基本操作及注意事项

构件族建模试题通常要求创建标高、轴网、柱、墙、板、门窗、洞口、楼梯、卫生洁具、屋顶、幕墙、栏杆、坡道、台阶、标注与图纸导出、视图的创建、项目设置等,其建模得分点基本操作及注意事项见图 11.4。

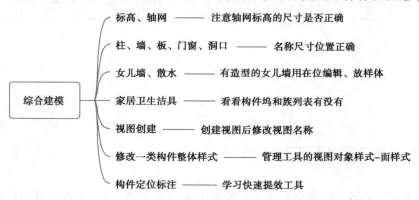

图 11.4 综合建模得分点基本操作及注意事项

①创建标高、轴网。在 BIMMAKE 中,一般需要先创建标高,再创建轴网,注意标高、轴网的尺寸是否正确。

②创建柱、墙、板、门窗、洞口。在 BIMMAKE 中,注意构件的名称、尺寸、位置是否正确。

③创建女儿墙、散水。在 BIMMAKE 中,如果女儿墙造型普通,用普通墙体即可创建;如果女儿墙造型不普通,需要运用"在位编辑""放样体"等命令完成创建。

④创建家居卫生洁具。在 BIMMAKE 中,如果需要创建家居卫生洁具,首先需要查看构件坞和族列表,确认是否有此类构件,如果没有需要自建族。

⑤视图创建。在 BIMMAKE 中,创建视图后需要及时修改视图名称。

⑥修改一类构件整体样式。在 BIMMAKE 中,利用管理工具的视图对象样式-面样式统一修改一类构件整体样式。

⑦构件定位标注,可以通过学习快速提效工具完成构件定位标注。

# 第 12 章 局部构件绘制技巧专题讲解

## 12.1 局部构件建模题目说明

根据《大纲》的要求,这部分内容会出现在实操题中第一或者第二题,主要是针对一些局部构件进行相对细节的建模,主要范围包括:墙体、楼板、台阶、坡道、楼梯、屋顶、女儿墙、散水、栏杆、扶手、建筑柱天花板等。我们将进行上述构件的单独或组合的操作演示,提炼考试点,利用具体案例进行逐步解析,详细描述做题思路,提高做题效率。

## 12.2 墙体和墙洞构件的试题分析

### 12.2.1 考点说明

1)考评大纲解析

| 考评内容 | 技能要求 | 相关知识 |
|---|---|---|
| 墙体 | 创建并编辑墙体 | 1.识读示例项目图纸,了解项目所包含的墙体类型。<br>2.编辑墙体的属性信息,完成墙体的创建及墙体尺寸。 |
| 墙洞 | 创建墙洞 | 识读示例项目图纸,了解项目所包含的墙洞的尺寸信息和位置信息。 |

2)知识点讲解

(1)墙体

①墙体概念。墙体是用砖石、土木等筑成的建筑物,用来支撑房顶或隔开内外。在 BIMMAKE 中提供了创建标准墙、变截面墙。

②操作步骤:

a.点击【构件工具栏】→主体结构,选择"墙体",在属性面板中修改墙体厚度底部标高和顶部标高;

b.依次点击起点终点来绘制墙体。

(2)墙洞

①墙洞概念。剪力墙中结构洞作用是降低墙的刚度增加柔性,使配筋起到最大作用。结构洞一般与

门窗洞口结合留置。

②操作步骤：

a. 点击【构件工具栏】→主体结构，选择"墙洞"，在属性面板中修改墙洞厚度底部标高和墙洞尺寸；

b. 点击墙洞中心点位置来绘制墙洞。

### 12.2.2 例题解析

在了解了墙体和墙洞的基础操作和考评要求之后，接下来就结合例题讲解墙体，墙洞的创建和编辑。

(1) 例题

绘制如图 12.1 所示墙体，墙体高度及墙体长度如图所示，材质为砖石、墙体厚度为200 mm，并参照图中标注尺寸在墙体上开一个门洞，图中尺寸单位均为 mm。

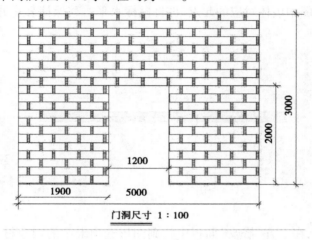

图 12.1

(2) 建模思路

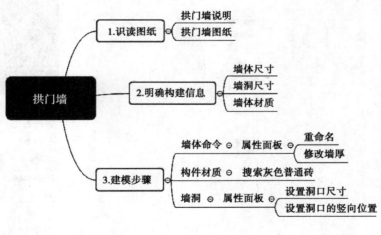

图 12.2

(3) 具体操作

①选择新建项目，在【资源管理器】中展开【平面视图】类别，双击"一层"视图名称，进入"首层"楼层平面视图。单击点击构件工具栏中的主体结构，选择"墙"，如图 12.3 所示。

②打开【属性】面板中点击"+"按钮，弹出"类型参数"窗口，输入墙体名称，编辑核心层厚度为200，点击"确定"关闭窗口。在属性面板编辑墙体底标高，点击顶部标高设置为空，再编辑高度为3000，如图12.4 所示。

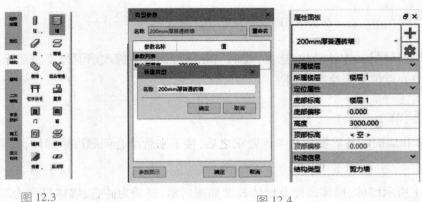

图 12.3　　　　　　　　　　　　　　　　　图 12.4

③布置墙体时先点击图中墙体对应的起点,再将鼠标水平右移保持静止并输入墙体长度,如图 12.5 所示。

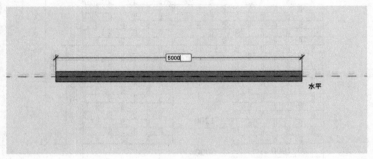

图 12.5

④鼠标左键单击墙体,在上方"修改"面板中找到图形选项卡中的构建材质,单击后选择设置材质, 在材质库里找到相应材质,如图 12.6 所示。

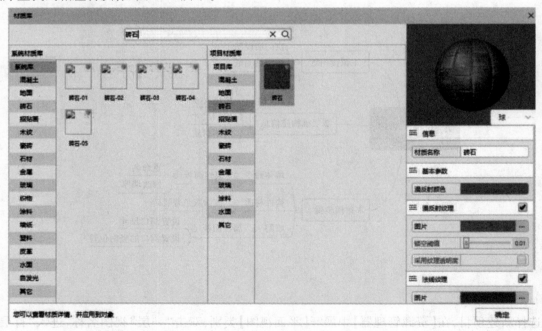

图 12.6

⑤在【资源管理器】中展开【平面视图】类别,双击墙体所在视图,单击构件工具栏中的【主体结构】, 选择"墙洞",如图 12.7 所示。

⑥打开【属性】面板,点击"+"按钮,弹出【类型参数】窗口,输入墙体所需名称,编辑截面宽度和截面高度点击确认,如图 12.8 所示。

图 12.7　　　　　　　　　　　　　　图 12.8

⑦将鼠标移到题目中墙洞对应位置,单击鼠标左键(注意鼠标单击位置是墙洞中点),如图 12.9 所示。

⑧打开三维,最终效果如图 12.10 所示。

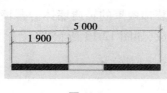

图 12.9　　　　　　　　　　　　　　图 12.10

### 12.2.3　真题实训

为现有模型绘制外墙和内墙,外墙高 4400 mm,外墙核心层为 220 mm 加气混凝土;外墙面装饰层为 10 mm 仿砖涂料,外墙内侧 10 mm 厚白色涂料。内墙高 3600 mm,内墙核心层为 200 mm 加气混凝土;内墙面两侧装饰层均为 10 mm 米色涂料。见图 12.11、图 12.12。

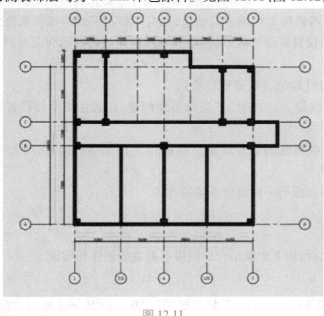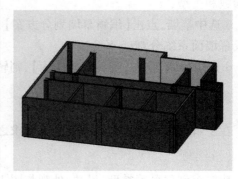

图 12.11　　　　　　　　　　　　　　图 12.12

# 12.3 幕墙构件试题分析

## 12.3.1 考点说明

1）考评大纲解析

| 考评内容 | 技能要求 | 相关知识 |
|---|---|---|
| 幕墙 | 创建并编辑幕墙 | 1.识读示例项目图纸，了解该项目所包含的幕墙信息。<br>2.熟悉幕墙的基本属性和编辑方法，完成幕墙的创建并掌握幕墙的修改技巧。 |

2）知识点讲解

（1）幕墙概念

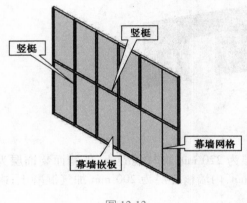

图 12.13

幕墙是建筑的外墙围护，在建筑设计中被广泛应用，是通常带有装饰效果的轻质墙体。幕墙由幕墙网格、竖梃和幕墙嵌板组成，如图 12.13 所示。

（2）操作步骤

①方式一：

a.点击【构件工具栏】→【定义构件】，选择【绘制轮廓创建幕墙】；

b.在绘图区域绘制幕墙封闭轮廓线，点击"对勾"完成幕墙创建，在属性浏览器设置幕墙构件类型；

c.选中幕墙，点击【编辑划分方案】，在属性浏览器设置 U 网格和 V 网格参数信息，点击"对勾"完成幕墙面系统分割；

d.选中幕墙，点击【编辑轮廓】，可以重新设置幕墙轮廓形状，点击"对勾"完成幕墙轮廓面编辑。

②方式二：绘制迹线创建幕墙

a.点击【构件工具栏】→【定义构件】，选择【绘制迹线创建幕墙】；

b.在绘图区域绘制一个线段或多个连续线段，点击"对勾"完成幕墙创建，在属性浏览器设置幕墙构件参数和类型；

c.选中幕墙，点击【编辑幕墙划分方案】，在属性浏览器设置 U 网格和 V 网格参数信息，点击"对勾"完成幕墙面系统分割；

d.选中幕墙，点击【划转为轮廓面】，则转变成第一种创建幕墙的方式。

## 12.3.2 例题解析

在了解了幕墙的基础操作和考评要求之后，接下来就结合例题讲解幕墙的创建和编辑。

（1）例题

按要求创建幕墙类型、尺寸、外观与图 12.14 所示一致，幕墙竖梃采用 50 mm×50 mm 矩形，材质为不锈钢，幕墙嵌板材质为玻璃，厚度为 20 mm。按照要求添加幕墙门与幕墙窗，造型类似即可。

二、按要求建立幕墙模型,尺寸、外观与图示一致,幕墙竖挺采用50×50矩形,材质为不锈钢,幕墙嵌板材质为玻璃,厚度20mm,按照要求添加幕墙门与幕墙窗,造形类似即可。将建好的模型以"幕墙+考生姓名"为文件名保存到考生文件夹中。并将幕墙正视图按图中样式标注后导出CAD图纸,以"幕墙立面图+考生姓名".dwg文件为名保存到考生文件夹中(20分)。

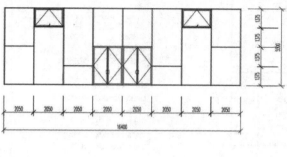

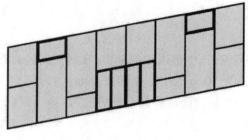

图 12.14

(2)建模思路(见图 12.15)

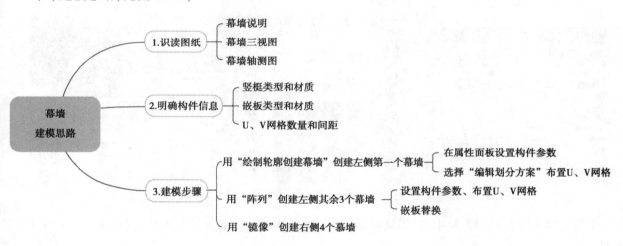

图 12.15

(3)具体操作

①新建项目,选择定义构件【绘制际线创建幕墙】,双击打开楼层 1 平面视图,绘制水平线段,长度为 2050,切换到南立面视图,删除楼层 2,见图 12.16。

②选中幕墙,在属性面板更改幕墙高度为5500,再次选中幕墙,点击【编辑划分方案】,"U 网格-固定距离"为 0,"V 网格-固定距离"为 2750,点击对勾,见图 12.17、图 12.18。

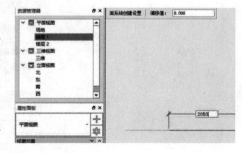

图 12.16

【注意】

　　U 网格是水平网格线,V 网格是垂直网格线;利用 Tab 键进行目标构件的切换选择。

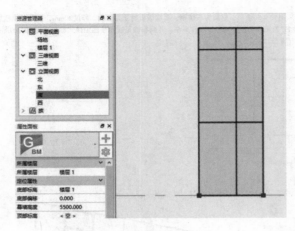

图 12.17                                    图 12.18

③利用"Tab"键,选中幕墙中的竖梃,在属性面板新建类型"矩形竖梃-50 mm×50 mm",设置类型参数宽为 50 mm,高为 50 mm,中心偏移 25 mm,内外偏移 25 mm,并利用材质库设置其材质为"不锈钢"。选中所有的竖梃,在属性面板将其全部更改为"矩形竖梃-50 mm×50 mm",见图 12.19、图 12.20。

【注意】
　　修改"类型属性"中的类型参数与修改"属性"栏中的实例参数不同,实例属性只针对单个构件在项目中的参数进行修改,而类型参数会对项目中所有该类型的竖梃均进行改变。

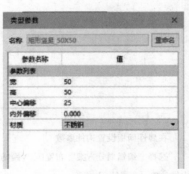

图 12.19                                    图 12.20

④利用"Tab"键,选中幕墙中的"玻璃嵌板-20",在属性面板设置其类型参数,内外偏移为-10,见图 12.21。

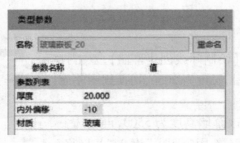

图 12.21

⑤选中幕墙,选择【阵列】,输入阵列个数"4",移动到"第二个",输入间距"2050",阵列得出 4 个幕墙,见图 12.22、图 12.23。

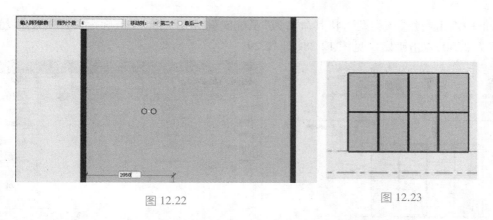

图 12.22　　　　　　　　　　　图 12.23

⑥选中左边第二个幕墙,点击【编辑划分方案】,在属性面板设置"V 网格-固定距离"为 0,"V 网格-起始偏移"为 4150,见图 12.24。点击对勾,效果如图 12.25 所示。

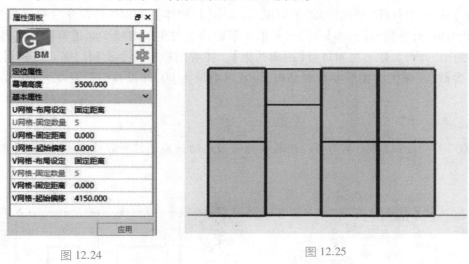

图 12.24　　　　　　　　　　　图 12.25

⑦选中左边第 3 个幕墙,点击【编辑划分方案】,在属性面板设置"V 网格-固定距离"为 0,"V 网格-起始偏移"为 1375,见图 12.26。点击对勾,效果如图 12.27 所示。

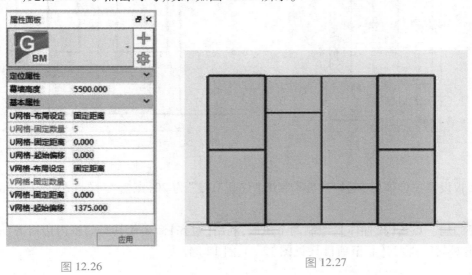

图 12.26　　　　　　　　　　　图 12.27

⑧选中左边第 4 个幕墙,利用"Tab"键选中嵌板,点击右上角【编辑构件】,弹出广联达参数化构件编辑器,打开三维视图,选中现有形体,将其删除,并将文件另存为"系统嵌板-双开门"。点击"族类型",在

弹出的对话框中点击新建"族类型"，将其命名为"系统嵌板-双开门"，点击确定，将"宽度"设置为2050，"高度"设置为2750，点击确定。见图 12.28、图 12.29。

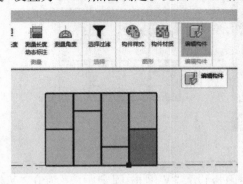

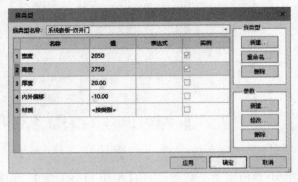

图 12.28          图 12.29

⑨先绘制门框，双击打开"基础标高"平面视图，点击【拉伸体】，利用矩形命令绘制长度为2050，高度为2750的一个大矩形，并利用【对齐】命令将矩形4条边分别与4条参照平面进行锁定。再利用矩形命令绘制两个小矩形，并与大矩形之间进行【距离约束】。接着用矩形命令绘制门框，并进行【距离约束】。选中所有距离参数，在弹出的关联参数对话框，设置其数值为60，即设置门框宽度为60，见图12.30、图12.31。

**【注意】**

点击"EQ"等分按钮，将中间两条门框与参照平面间的距离进行等分处理，参照平面在门框左右对称位置处。

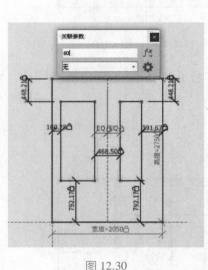

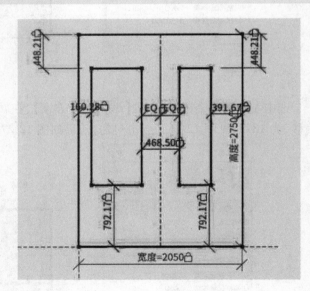

图 12.30          图 12.31

在属性面板设置拉伸体的"起始高度"为0，"终止高度"为20，点击"对勾"，完成门框的创建，见图12.32。

⑩再创建门扇。点击【拉伸体】，绘制两个矩形，利用【对齐】命令使其与门框内边对齐。并设置其厚度为20。点击对勾后，将其【载至项目】，见图12.33、图12.34。

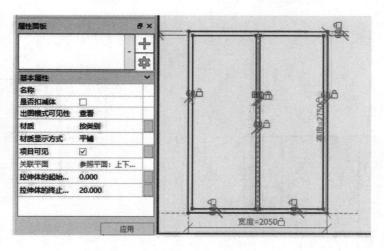

图 12.32

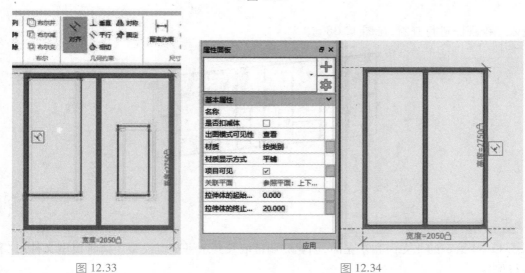

图 12.33　　　　　　　　　　　　　　　　　　图 12.34

⑪选中左边第四个幕墙的嵌板,利用属性面板将其更换为刚创建的"系统嵌板-双开门",见图 12.35。

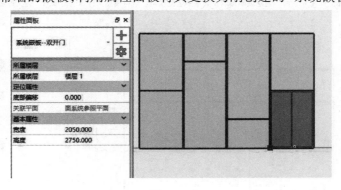

图 12.35

⑫利用 Tab 键选中第二个幕墙的上部嵌板,在属性面板将其类型参数调整为"嵌板窗",设置宽度为 2050,高度为 1375,见图 12.36。

⑬利用 Ctrl 键选中 4 个幕墙,点击【镜像】→绘制轴,绘制一条轴线(第 4 个幕墙右侧竖梃的中心线),完成镜像,见图 12.37。

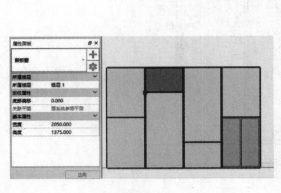

图 12.36

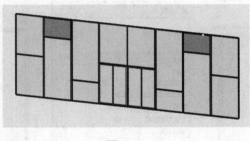

图 12.37

⑭进入三维视图进行查看，见图 12.38。

图 12.38

### 12.3.3　真题实训

根据图 12.39 给定的北立面和东立面，创建玻璃幕墙及其水平竖梃模型。请将模型文件以"幕墙"为文件名进行保存。

3.根据下图给定的北立面和东立面，创建玻璃幕墙及其水平竖梃模型。请将模型文件以"幕墙.rv"为文件名保存到考生文件夹中。(20分)

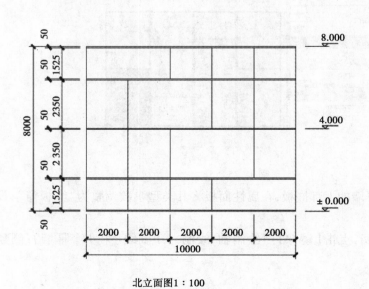

北立面图 1：100

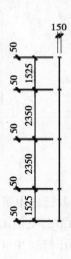

东立面图 1：100

图 12.39

## 12.4　楼板、台阶和幕墙构件试题分析

### 12.4.1　考点说明

**1）考评大纲解析**

| 考评内容 | 技能要求 | 相关知识 |
|---|---|---|
| 楼板 | 创建并编辑楼板 | 1.识读示例项目图纸,了解项目所包含的楼板类型。<br>2.编辑楼板的属性信息,完成楼板的创建及屋顶轮廓编辑,掌握楼板的修改技巧。 |
| 台阶 | 创建并编辑台阶 | 1.识读示例项目图纸,了解项目所包含的台阶信息。<br>2.熟悉台阶的基本属性,完成台阶的创建和编辑,掌握台阶的修改技巧。 |
| 幕墙 | 创建并编辑幕墙 | 1.识读示例项目图纸,了解项目所包含的幕墙信息。<br>2.熟悉幕墙的基本属性,完成幕墙创建和编辑,掌握幕墙的修改技巧。 |

**2）知识点讲解**

（1）楼板

①楼板概念。楼板是分隔建筑竖向空间的水平承重构件,基本组成可划分为结构层、面层和顶棚 3个部分。

②操作步骤:

a.点击"主体结构→楼板→绘制楼板"工具,进入编辑轮廓模式,绘制封闭楼板轮廓线,点击"√"完成绘制。编辑模式绘制方式支持直线、弧线、矩形和拾取线绘制;

b.选择绘制坡度线可以绘制斜板。点击后在楼板中绘制倾斜方向和坡度值。

（2）台阶

①台阶概念。台阶多在大门前或坡道,是用砖、石、混凝土等筑成的阶梯型供人上下的建筑物,起到室内外地坪连接的作用。

②操作步骤:在 BIMMAKE 软件中,室外台阶可以使用楼板绘制方式来拼凑组建台阶。

（3）幕墙

基本概念和操作前文已述。

### 12.4.2　例题解析

在了解了楼板、台阶和幕墙的基础操作和考评要求之后,接下来就结合例题讲解楼板、台阶和幕墙的创建和编辑。

（1）例题

按要求建立地铁站入口模型,包括墙体（幕墙）、楼板、台阶,尺寸外观与图 12.40 所示一致,幕墙需表示网格划分,竖梃直径为 50 mm,屋顶边缘见节点详图,其他见标注。

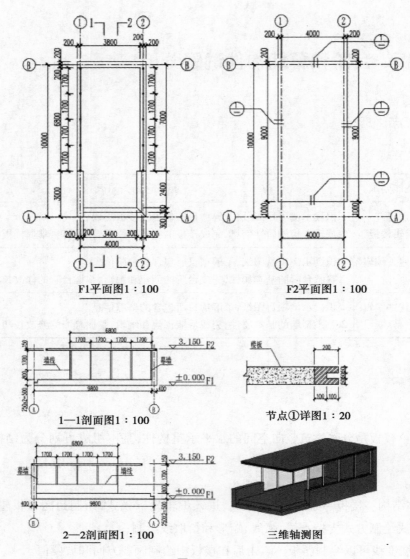

图 12.40

（2）建模思路( 见图 12.41 )

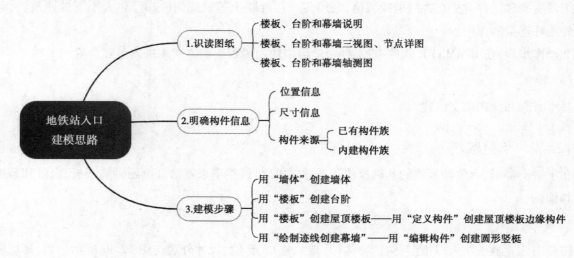

图 12.41

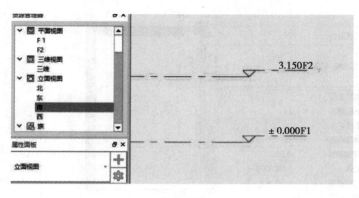

图 12.42

（3）具体操作

①选择新建项目，打开"南立面视图"，修改其标高，如图 12.42 所示。

②打开"F1 平面视图"，单击【定位】中的【轴网】，选择"直线"命令绘制定位轴线，见图 12.43。

③选择【主体结构】→墙体，新建 400 mm 厚的墙体，绘制 3 个墙体，其位置如图 12.44 所示，其中水平墙体属性参数如图，垂直墙体属性参数如图 12.45、图 12.46。

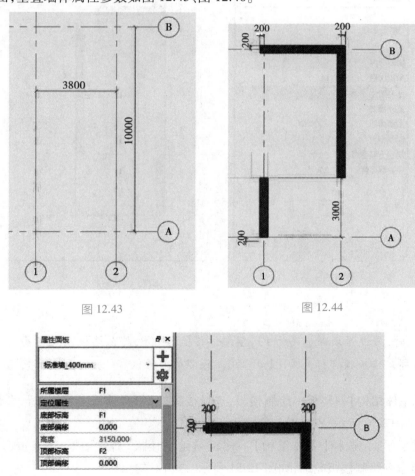

图 12.43　　　　　　　　　　　图 12.44

图 12.45

④选择【主体结构】→楼板→绘制楼板，新建 250 mm 厚的楼板，设置其顶部偏移250 mm，其轮廓如图 12.47、图 12.48 所示，点击对勾完成楼板绘制。

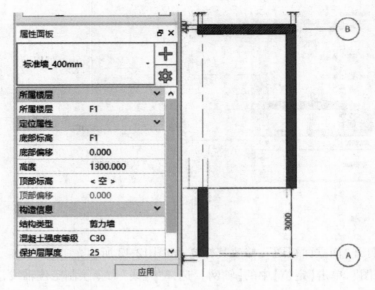

图 12.46

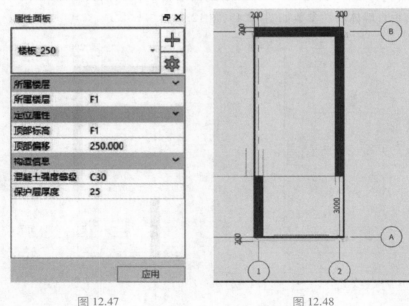

图 12.47                    图 12.48

【注意】

在创建楼板时,若设置顶部标高为 F1,顶部偏移值为 250,那么楼板顶部标高为 F1+0.250;顶部偏移值为-250,那么楼板顶部标高为 F1-0.250。底部约束的偏移值含义同顶部约束。

⑤再次选择【主体结构】→楼板→绘制楼板,选择楼板类型为"楼板-250 mm",属性参数如图 12.49 所示,绘制轮廓如图 12.50 所示,点击对勾完成楼板绘制。

⑥打开 F2 楼层平面,选择【主体结构】→楼板→绘制楼板,新建楼板-150 mm,并设置其厚度为 150 mm,选用矩形命令绘制楼板轮廓,如图 12.51 所示,点击对勾。

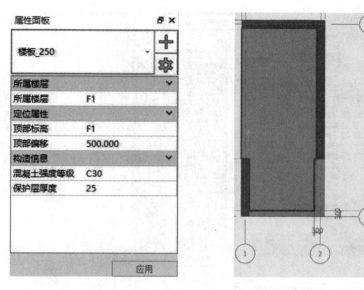

图 12.49　　　　　　　　　　　　图 12.50

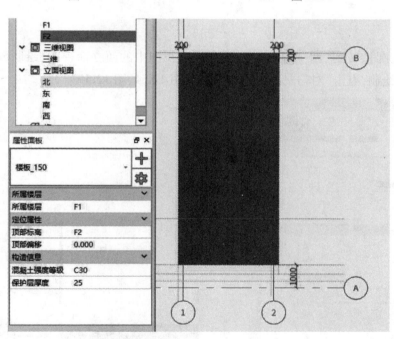

图 12.51

⑦点击【定义构件】→创建构件,创建新构件 1→点式族,点击绘图区中端点作为插入点,见图 12.52,弹出广联达参数化构件编辑器,单击【放样体】→绘制路径,绘制路径如图 12.53 所示,点击对勾。

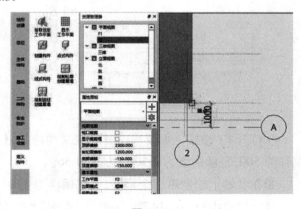

图 12.52

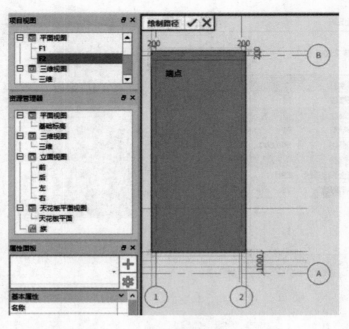

图 12.53

⑧点击【绘制轮廓】，转到"西"立面视图，打开项目视图中的西立面视图，绘制放样体的轮廓，点击"对勾"完成放样体绘制，点击"对勾"完成在位编辑，见图 12.54、图 12.55。

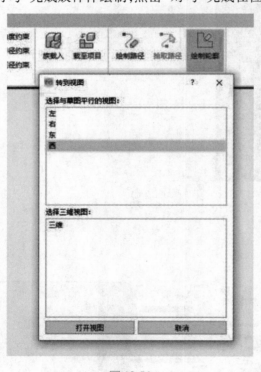

图 12.54

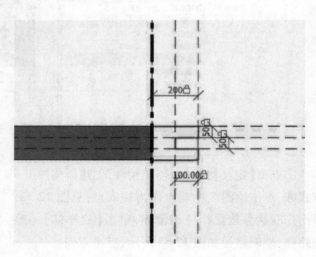

图 12.55

⑨打开 F1 楼层平面视图，选择【定义构件】→【绘制迹线创建幕墙】，在①轴上绘制第一个幕墙，底部偏移为 500，幕墙高度为 2 500，见图 12.56。

⑩在②轴上绘制第二个幕墙，底部偏移为 1300，幕墙高度为 1700，见图 12.57。

⑪分别选中第一个和第二个幕墙，点击【编辑划分方案】，在属性浏览器，设置"U 网格固定距离"为 1700，"V 网格固定距离"为 0，见图 12.58。

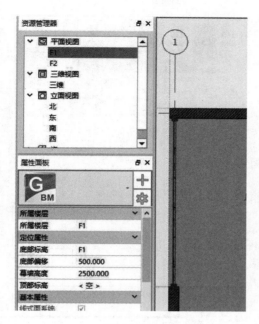

图 12.56

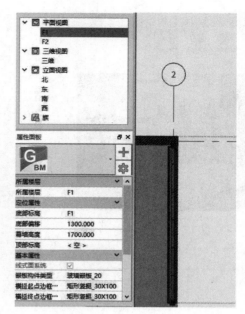

图 12.57

图 12.58

⑫选中幕墙上的一个竖梃,点击【编辑构件】,弹出广联达参数化构件编辑器,将文件另存为"圆形竖梃-50 直径"。点击新【族参数】→新建族类型,将其命名为"圆形竖梃-50 直径",点击确定,见图 12.59、图 12.60。

【注意】

　　如果没有新建"族类型",则会将原有的族进行覆盖。

⑬打开左立面视图,选中形体,点击【编辑形体】,将拉伸体的矩形轮廓修改为圆形,直径为 50 mm,并设置关联参数直径=50,点击确定,完成拉伸体编辑,【载至项目】,见图 12.61、图 12.62。

图 12.59

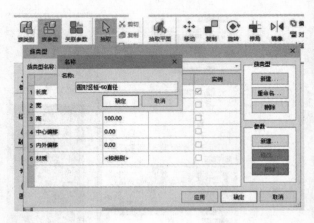

图 12.60

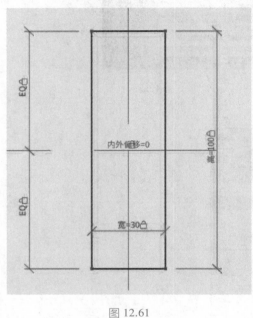

图 12.61

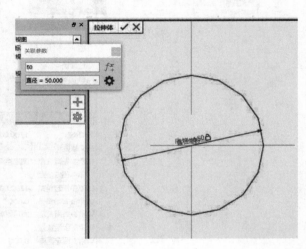

图 12.62

⑭打开资源管理器→竖梃→圆形竖梃-50 直径,点击右键创建实例,利用属性面板,逐一将模型中所有的竖梃调整为圆形竖梃-50 直径,见图 12.63。进入三维视图进行查看,见图 12.64。

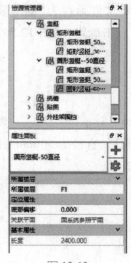

图 12.63

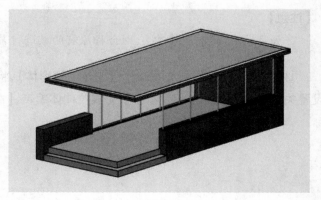

图 12.64

### 12.4.3　真题实训

按要求建立模型,包括墙体、幕墙、楼板、台阶,尺寸外观与图示一致,幕墙需表示网格划分,竖梃为矩形竖梃 30×100 mm,屋顶檐槽尺寸见图 12.65—图 12.68,其他见标注,请将模型文件以"拐角楼"为文件名进行保存。

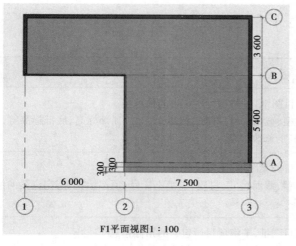

F1平面视图1:100

图 12.65

檐槽细部尺寸

图 12.66

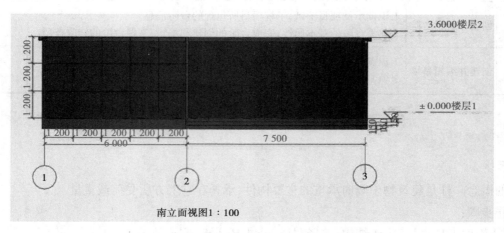

南立面视图1:100

图 12.67

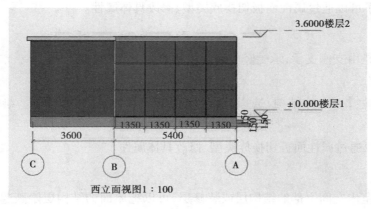

西立面视图1:100

图 12.68

## 12.5 柱、梁、顶棚、台阶和幕墙构件试题分析

### 12.5.1 考点说明

1）考评大纲解析

| 考评内容 | 技能要求 | 相关知识 |
|---|---|---|
| 柱 | 创建并编辑柱 | 1.识读示例项目图纸，了解项目所包含的柱种类。<br>2.编辑柱的类型、截面尺寸、材质、混凝土标号、顶部标高、底部标高等，完成柱的绘制和编辑，并掌握柱的修改技巧。 |
| 梁 | 创建并编辑梁 | 1.识读示例项目的梁图纸，了解梁种类。<br>2.编辑梁的类型、截面尺寸、材质、混凝土标号、顶部标高等，完成梁的绘制和编辑，掌握梁的修改技巧。 |
| 顶棚 | 创建并编辑顶棚 | 1.识读示例项目图纸，了解项目所包含的顶棚信息。<br>2.熟悉顶棚的基本属性，完成顶棚创建和编辑，掌握顶棚的修改技巧。 |
| 台阶 | 创建并编辑台阶 | 1.识读示例项目图纸，了解项目所包含的台阶信息。<br>2.熟悉台阶的基本属性，完成台阶的创建和编辑，掌握台阶的修改技巧。 |
| 幕墙 | 创建并编辑幕墙 | 1.识读示例项目图纸，了解项目所包含的幕墙信息。<br>2.熟悉幕墙的基本属性，完成幕墙创建和编辑，掌握幕墙的修改技巧。 |

2）知识点讲解

（1）柱

①柱的概念。柱是建筑物中竖向承重的主要构件，承托在它上方所受荷载重量。

②操作步骤：

a.点击【构件工具栏】→主体结构，选择"柱"，点击插入点，完成放置；

b.创建出来的柱子可以通过属性面板切换族类型、修改具体属性。

（2）梁

①梁的概念。梁是由支座支承，承受竖向荷载以弯曲为主要变形的构件。

②操作步骤：

a.点击【构件工具栏】→主体结构，选择"梁"，点击起点和终点，完成绘制。绘制方式支持直线、弧线、矩形；

b.创建后的梁可以通过属性面板切换族类型、修改具体属性。

（3）顶棚

①顶棚的概念。室内空间上部的结构层或装修层，可以把屋面的结构层隐蔽起来，以满足室内使用要求。又称天花、天棚、平顶。

②操作步骤：

在 BIMMAKE 中，可以选用楼板或屋顶命令创建顶棚。

a.点击【构件工具栏】→主体结构，选择"楼板"或"屋顶"，完成轮廓绘制。绘制方式支持直线、弧线、矩形；

b.创建后的顶棚可以通过属性面板切换族类型、修改具体属性。

（4）台阶、幕墙

基本概念和操作前文已述。

### 12.5.2　例题解析

在了解了柱、梁、顶棚、台阶和幕墙的基础操作和考评要求之后，接下来就结合例题讲解其创建和编辑。

（1）例题

按要求建立钢结构雨棚模型（包括标高、轴网、楼板、台阶、钢柱、钢梁、幕墙及玻璃顶棚），尺寸、外观与图 12.69 所示一致，幕墙和玻璃雨棚表示网格划分即可，见节点详图，钢结构除图中标注外均为 GL2 矩形钢，图中未注明尺寸自定义。

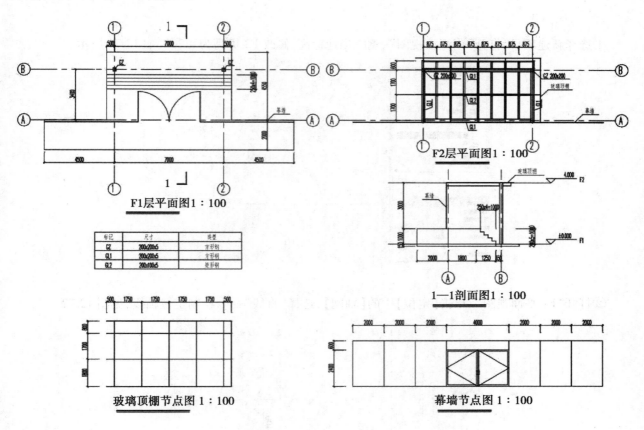

图 12.69

(2) 建模思路

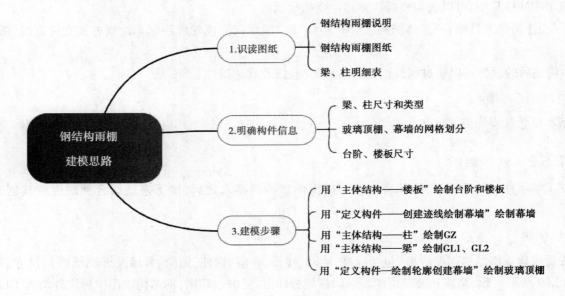

图 12.70

(3) 具体操作

①选择新建项目,打开"南立面视图",删除场地标高,修改 F2 标高为 4.200,如 12.71 所示。

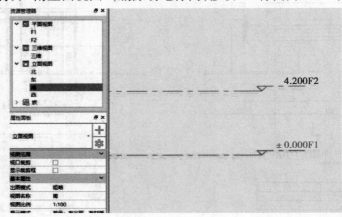

图 12.71

②打开"F1 平面视图",单击【定位】中的【轴网】,选择"直线"命令绘制定位轴线,见图 12.72。

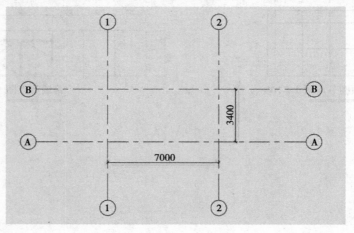

图 12.72

③选择【主体结构】→楼板→绘制楼板,新建"楼板-150 mm",绘制第一个楼板,如图 12.73、图 12.74 所示。

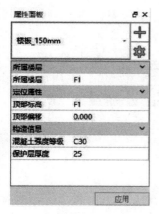

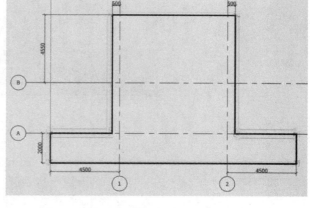

图 12.73

图 12.74

④选择【主体结构】→楼板→绘制楼板,新建"楼板-200 mm",绘制第二个楼板,设置顶部标高 F1,顶部偏移 200,轮廓如图 12.75、图 12.76 所示。

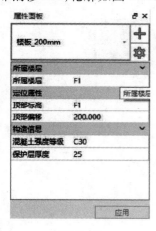

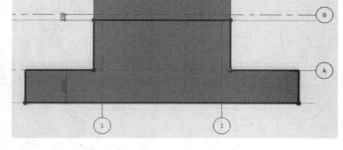

图 12.75

图 12.76

⑤选择【主体结构】→楼板→绘制楼板,选择"楼板-200 mm",分别绘制第三个楼板,设置顶部标高 F1,顶部偏移 400;第四个楼板,设置顶部标高 F1,顶部偏移 600;第五个楼板,设置顶部标高 F1,顶部偏移 800;第六个楼板,设置顶部标高 F1,顶部偏移 1000;轮廓如图 12.77—图 12.80 所示。

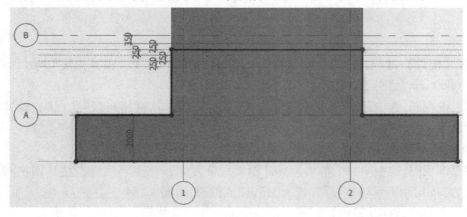

图 12.77

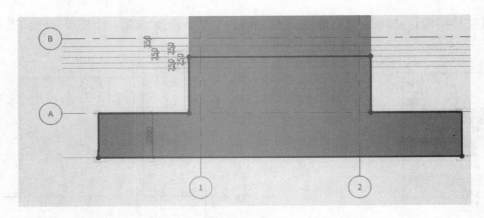

图 12.78

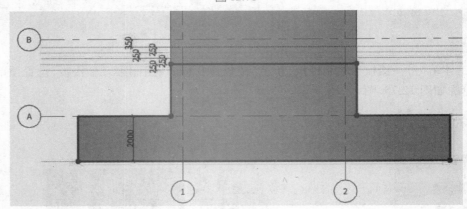

图 12.79

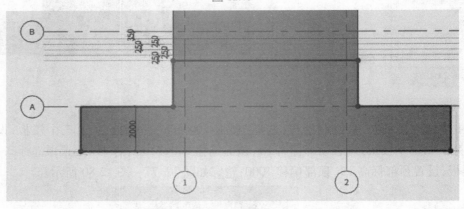

图 12.80

⑥选择【定义构件】→【绘制迹线创建幕墙】，设置幕墙底部标高 F1，底部偏移 1000，顶部标高 F2，绘制幕墙长度为 6000 mm，见图 12.81。

⑦切换到三维视图，选中幕墙，点击【编辑划分方案】，设置"U 网格布局"为"固定距离 = 2000"，"V 网格布局"为"无"，点击"对勾"，完成绘制，见图 12.82。

⑧打开 F1 楼层平面，绘制第二个幕墙，参数设置和位置如图 12.83 所示。

⑨切换到三维视图，选中第二个幕墙，点击【编辑划分方案】，选中幕墙，设置"U 网格布局"为"无"，"V 网格布局"为"固定距离 = 2400"，点击"对勾"，完成绘制，见图 12.84。

⑩选中第一个幕墙，点击【镜像】，以第二个幕墙的中线为对称轴，将其进行镜像。

⑪通过"Tab"键，选中第二块幕墙的下部嵌板，将其替换为"系统嵌板-双开门"。效果如图 12.85 所示。"系统嵌板-双开门"的创建方法见"12.3 幕墙构件试题分析"节。

图 12.81

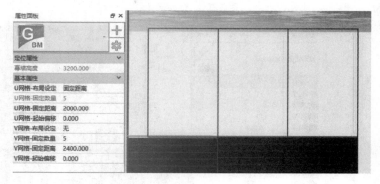

图 12.82

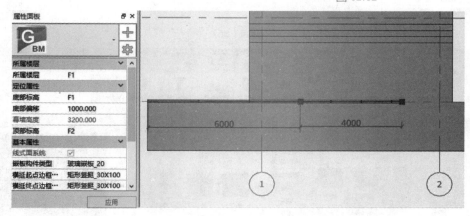

图 12.83

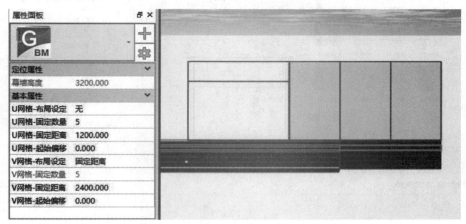

图 12.84

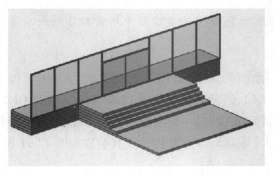

图 12.85

⑫打开"F1 楼层平面"，选择【主体结构】→柱→绘制柱，选择"矩形柱−200 mm×200 mm"，底部标高为 F1，顶部标高为 F2，位置如图 12.86 所示。再次选中柱，点击【构件材质】，设置其材质信息如图 12.87 所示。

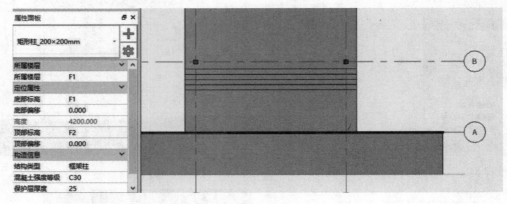

图 12.86

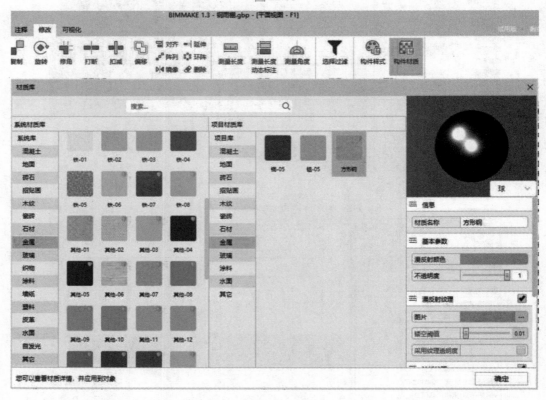

图 12.87

【注意】

【材质库】中并不一定能够找到模型创建过程中所需的各种材质资源，可以搜索选择同类材质进行替换编辑。

⑬选择【主体结构】→梁→绘制梁，新建梁 GL1，截面高度为 200，宽度为 200；再新建梁 GL2，截面高度为 200，宽度为 100。选择梁 GL1，绘制其位置如图 12.88 所示。选择 GL2，绘制其位置如图 12.89 所示。

⑭打开 F2 平面视图，点击【定义构件】→绘制轮廓创建幕墙，绘制幕墙轮廓如图 12.90 所示，点击"对勾"，完成编辑。选中幕墙，点击【编辑划分方案】，设置其参数如图 12.91 所示。再次选中幕墙，设置竖梃参数，如图 12.92 所示。

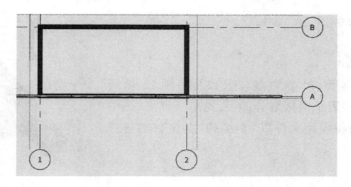

图 12.88

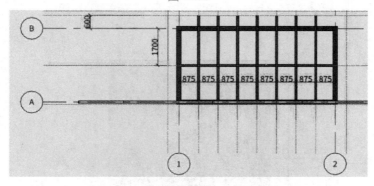

图 12.89

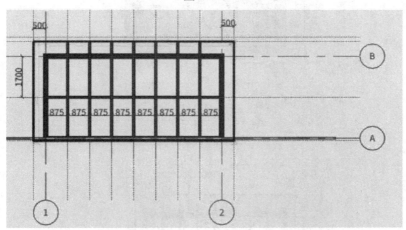

图 12.90

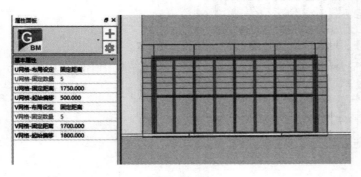

图 12.91

图 12.92

⑮最终效果如图 12.93 所示。

### 12.5.3 真题实训

按要求建立钢结构模型,尺寸、外观与图 12.94—图 12.98 所示一致,幕墙和玻璃雨棚表示网格划分即可,见节点详图,图中未注明尺寸自定义。请将模型文件以"钢结构"为文件名进行保存。

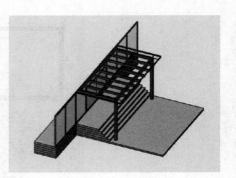

图 12.93

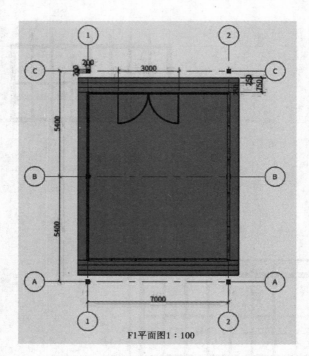

图 12.94

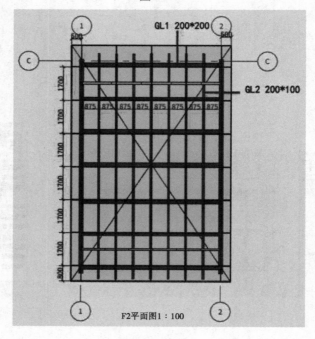

图 12.95

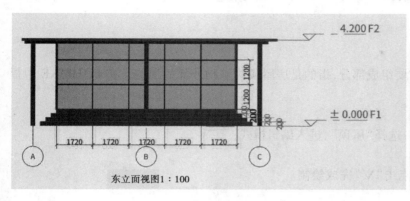

东立面视图1：100

图 12.96

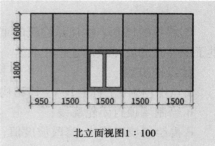

北立面视图1：100

图 12.97

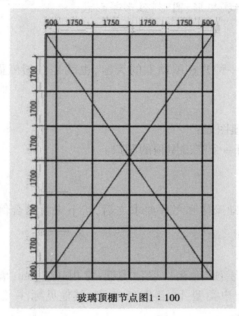

玻璃顶棚节点图1：100

图 12.98

## 12.6 屋顶与老虎窗构件试题分析

### 12.6.1 考点说明

1）考评大纲解析

| 考评内容 | 技能要求 | 相关知识 |
| --- | --- | --- |
| 屋顶 | 创建并编辑屋顶 | 1.识读示例项目图纸，了解项目所包含的屋顶类型。<br>2.编辑屋顶的属性信息，完成屋顶的创建及屋顶轮廓编辑，掌握屋顶的修改技巧。 |
| 老虎窗 | 创建并编辑老虎窗 | 1.识读示例项目图纸，了解项目所包含的老虎窗位置信息。<br>2.熟悉老虎窗的基本属性，完成创建和编辑，掌握老虎窗的修改技巧。 |

2）知识点讲解

（1）屋顶

①屋顶的概念。屋顶是建筑的重要组成部分,指的是房屋或构筑物外部的顶盖。在 BIMMAKE 中提供了平屋顶和坡屋顶的建模工具。

②操作步骤:

a.点击【构件工具栏】→主体结构,选择"屋顶",进入编辑模式;

b.绘制屋顶封闭轮廓线;

c.再绘制坡度箭头,修改坡度值,点击"√"完成绘制。

【注意】
编辑模式绘制方式支持直线、矩形、圆形、弧形等形式。

（2）老虎窗

①老虎窗的概念。老虎窗是一种开在屋顶上的天窗,也就是在斜屋面上凸出的窗,用作房屋顶部的采光和通风。

②操作步骤:

a.创建构成老虎窗的墙和屋顶图元;

b.在添加老虎窗后,为其剪切一个穿过屋顶的洞口。

### 12.6.2 例题解析

在了解了屋顶和老虎窗的基础操作和考评要求之后,接下来就结合例题讲解屋顶和老虎窗的创建和编辑。

（1）例题

创建屋顶模型,并以"老虎窗屋顶"命名。屋顶类型:常规-125 mm,墙体类型:基本墙-常规 200 mm。老虎窗墙外边线齐小屋顶际线,窗户类型:固定-0915 类型,其他见标注,如图 12.99 所示。

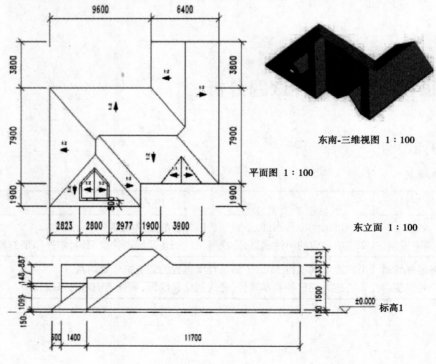

东南-三维视图 1∶100

平面图 1∶100

东立面 1∶100

图 12.99

（2）建模思路（见图 12.100）

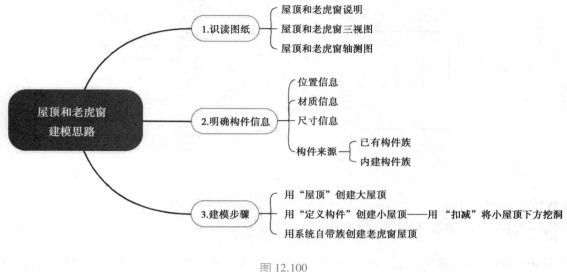

图 12.100

（3）具体操作

①选择新建项目，单击【主体结构】中的"屋顶"，选择"直线"命令绘制屋顶轮廓线。

②在绘图区域合适位置单击鼠标左键，确定屋顶左下角点的位置，垂直向上移动光标，输入 9800；再水平移动光标，输入 9600；然后按照图纸，交替在垂直方向和水平方向输入 3800,6400,11700，单击"Esc"键退出。将光标移动至屋顶左下角的起点处，单击鼠标左键，之后交替在水平方向和垂直方向输入 8600,1900,7400，完成屋顶封闭轮廓绘制，双击"Esc"键退出，如图 12.101 所示。

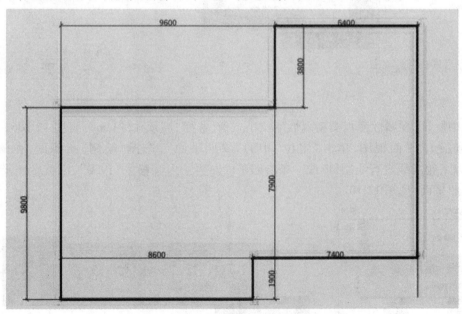

图 12.101

③按住鼠标左键，自右下角向左上角框选全部线段。因为右上方的轮廓线无坡度，所以按住 Shift 键，单击那条线，对其进行减选，见图 12.102。

④勾选属性面板"定义坡度"，将坡度改为 28.65，点击编辑轮廓线"对勾"，见图 12.103。

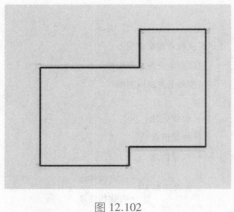

图 12.102 图 12.103

【注意】

每一度坡度换算角度为 57.3,1∶2 坡度换算角度为 1/2×100%×57.3＝28.65。

⑤选中屋顶,在属性面板点击"加号",将其命名为"屋顶-125 mm",点击确定,见图 12.104,在弹出的对话框"类型参数"中,将其厚度修改为"125",点击确定,见图 12.105。

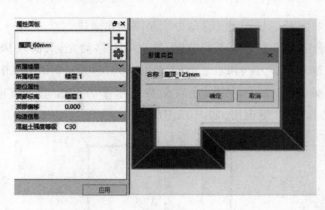

图 12.104 图 12.105

⑥再次选中屋顶,在属性面板类型属性下拉小三角,选择"屋顶-125 mm",见图 12.106。

⑦打开"楼层 1"平面视图,单击"定位"中的"参照平面",选择"绘制"参照面,在偏移量中输入"1900",沿着以下轮廓线进行绘制,形成一条参照平面。再输入偏移量"1950",沿着参照平面进行绘制,形成第二条参照平面,见图 12.107。

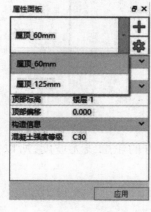
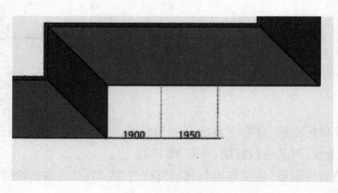

图 12.106 图 12.107

⑧单击"定义构件"中的"创建构件",在弹出的对话框"创建构件"中将构件命名为"小屋顶",点击确定。其命名为选中屋顶,点击"编辑构建",再单击图示交点处,进入"在位编辑"模式。

⑨进入前立面视图,点击"拉伸体",绘制图 12.108 中的封闭轮廓线,点击"对勾",完成拉伸体创建,再次点击"对勾",完成在位编辑。

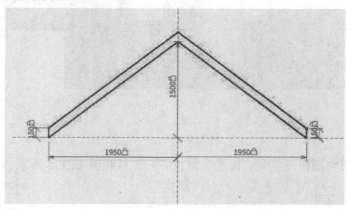

图 12.108

⑩选中屋顶,进入三维模式,选中"小屋顶",点击"在位编辑构件",修改其位置,见图 12.109。

⑪单击"小屋顶",点击"在位编辑构件",打开项目视图下的南立面视图,单击"拉伸体",用直线命令绘制如图 12.110 所示三角形轮廓线,轮廓线与小屋顶内侧轮廓线重合,点击对勾,完成拉伸体编辑。进入三维视图,调整三棱柱的位置,如图 12.111 所示,并在属性面板,勾选"是否为扣减体",点击对勾。

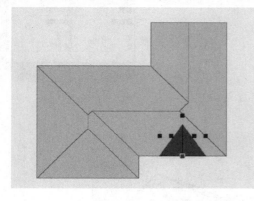

图 12.109

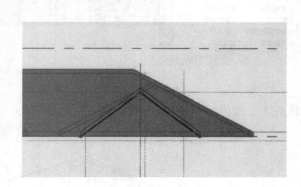

图 12.110

⑫打开三维视图,点击"扣减",先点击小屋顶,再点击屋顶,完成小屋顶下方挖洞,见图 12.112。

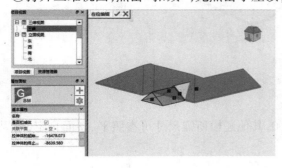

图 12.111

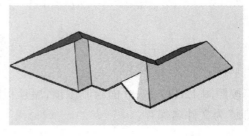

图 12.112

⑬创建老虎窗。打开"楼层 1"平面视图,单击"定位"中的"参照平面",绘制 3 条参照平面,用以确定老虎窗的插入位置,见图 12.113。点击资源管理器→族→点式族,选择老虎窗,点击鼠标右键,创建实例,将老虎窗插入设定的位置。

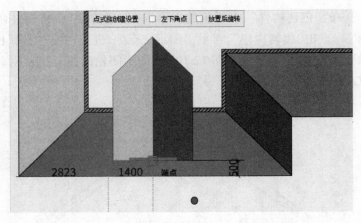

图 12.113

⑭选择老虎窗，在属性面板设定老虎窗的参数，如图 12.114、图 12.115 所示，点击应用。

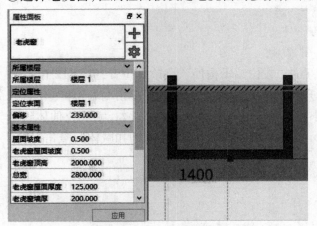

图 12.114

图 12.115

⑮进入三维模式，查看最终效果图，见图 12.116。

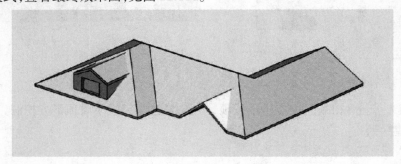

图 12.116

### 12.6.3　真题实训

按照图 12.117 平、立面绘制屋顶，屋顶板厚均为 400，其他建模所需尺寸可参照平、立面自定，结果以"屋顶"为文件名保存。

150

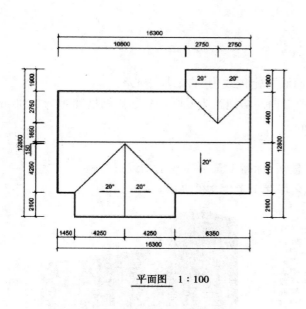

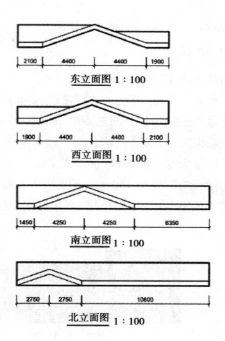

图 12.117

## 12.7 幕墙、屋顶、楼板、墙构件的试题分析

### 12.7.1 考点说明

1）考评大纲解析

| 考评内容 | 技能要求 | 相关知识 |
| --- | --- | --- |
| 幕墙 | 创建并编辑幕墙 | 1.识读示例项目图纸，了解项目所包含的幕墙类型；<br>2.熟悉幕墙的基本属性，完成创建和编辑，掌握幕墙的修改技巧。 |

2）知识点讲解

（1）幕墙概念

幕墙是建筑物的外墙围护，不承受主体结构荷载，像幕布一样挂上去，故又称为悬挂墙，是现代大型和高层建筑常用的带有装饰效果的轻质墙体。在 BIMMAKE 中提供了创建迹线幕墙、自定义幕墙等画法，直线幕墙和弧形幕墙的创建方法差异较大。

（2）操作步骤

①直线幕墙：使用【绘制迹线创建幕墙】命令绘制，修改幕墙网格尺寸进行绘制。

②弧形幕墙：使用【创建构件】命令绘制。分别用【拉伸体】绘制玻璃和竖梃，用【放样体】绘制横梃。

【注意】
　　编辑模式绘制方式支持直线、矩形、圆形、弧形等形式。

### 12.7.2  例题解析

（1）例题

创建如图 12.118 所示模型：

①面墙为厚度 200 mm 的"常规-200 mm 厚面墙"，定位线为"核心层中心线"。

②幕墙系统为网格布局 600 mm×1000 mm（即横向网格间距为 600 mm，竖向网格间距为 1000 mm），网格上均设置竖挺，竖挺均为圆形竖挺半径 50 mm。

③屋顶为厚度为 400 mm 的"常规-400 mm"屋顶。

④楼板为厚度为 150 mm 的"常规-150 mm"楼板，标高 1 至标高 6 上均设置楼板。

请将该模型以"体量楼层+考生姓名"为文件名保存至考生文件夹中。

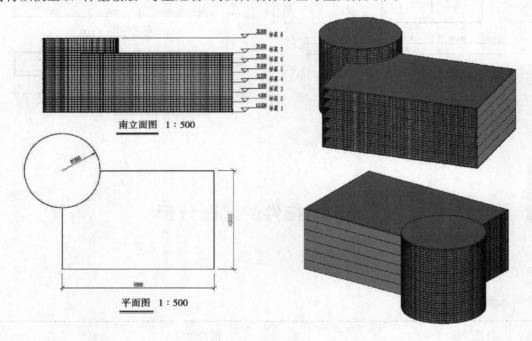

图 12.118

（2）建模思路（见图 12.119）

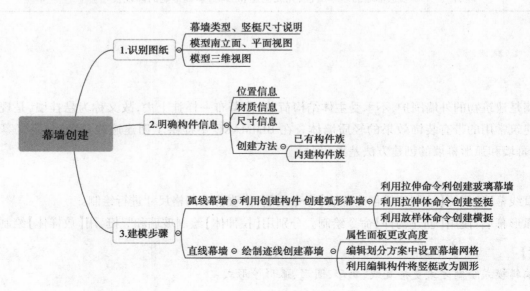

图 12.119

(3)具体操作

①选择新建项目,根据题目要求将标高轴网、楼板、屋顶、面墙创建完成,见图 12.120—图 12.122。

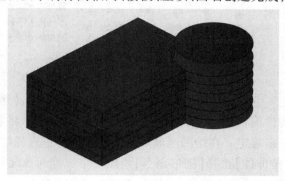

图 12.120

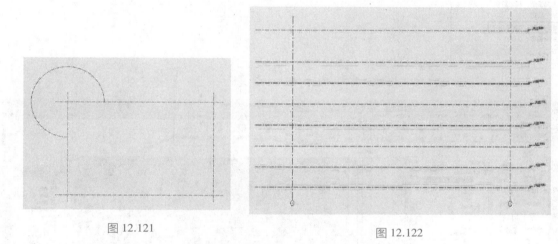

图 12.121　　　　　　　　　　　　　图 12.122

②进入【标高 1】平面视图,【定义构件】中的【绘制迹线创建幕墙】,绘制幕墙路径。

在绘图区域左侧轴网与弧形轴网相交处单击左键,确定幕墙起点,垂直向下移动光标,在左侧轴网与下部轴网交点处单击左键,再向右移动光标,在轴网交点处单击左键,确定幕墙终点,完成两面幕墙创建,双击 Esc 键退出,见图 12.123。

③按住 Ctrl 键,选择两面幕墙,将【属性面板】最底部"顶部标高"设置为"标高 7",见图 12.124。

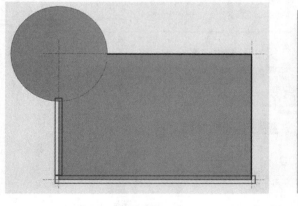

图 12.123　　　　　　　　　　　　　图 12.124

④选中左侧幕墙,单击上部菜单栏中的【编辑划分方案】,再将【属性面板】中的:"U 网格-固定距离"数值修改为"600";"V 网格-固定距离"数值修改为"1000"。修改完成后,单击绘图区域左上角绿色"√"

完成编辑。下侧幕墙按照同样操作进行修改,网格数值也相同,见图 12.125、图 12.126。

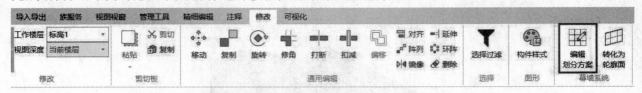

图 12.125

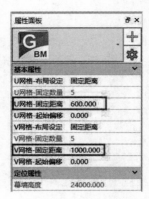

图 12.126

⑤使用"Tab"键选择一根幕墙竖梃,点击【编辑构件】进入广联达参数化构件编辑器,再点击【族参数】,点击"重命名"将名称修改为"圆形竖挺 100",点击确定。在绘图区域双击原有拉伸体进入轮廓编辑,删除矩形轮廓,并使用【拉伸体】选择【圆形命令】绘制一个半径为 50 的圆,点击绿色"√"完成创建,再点击【载至项目】,见图 12.127—图 12.129。

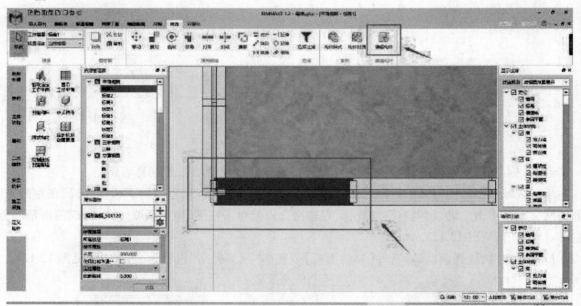

图 12.127

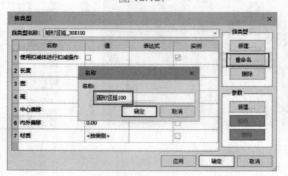

图 12.128

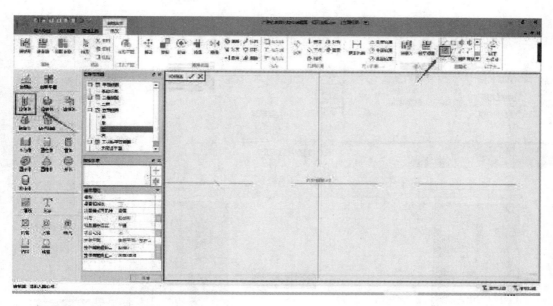

图 12.129

⑥单击定义构件中的【创建构件】,将"构件名称"修改为"弧形幕墙",选择【点式族】,点击确定,见图 12.130。

⑦点击弧形轴网与上部轴网交点指定构件插入点,进入【参数化构件编辑器】,见图 12.131。

图 12.130

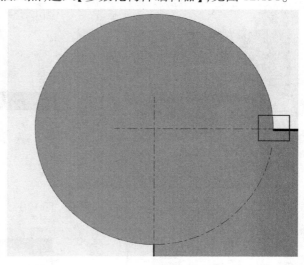

图 12.131

⑧选择工具栏中的【拉伸体】,在上部菜单栏中找到【草图线】选项卡,点击其中的【圆心-起点-终点弧】命令,点击圆心,输入"15000",任意画一道弧线,选中弧线拖拽两端夹点与轴线相交,见图 12.132、图 12.133。

⑨使用【偏移】命令,将"偏移值"修改为"5",点击上一步绘制的弧线,在左右两边分别偏移一条弧线,而后删除中间的弧线,见图 12.134。

⑩在上部菜单栏中找到草图线,选择【直线】命令,将弧线两端封口,见图 12.135。

⑪在【属性面板】中,点击【材质】选择"更多材质",进入材质库在搜索框中输入"玻璃"点击搜索,左键双击系统库中的"普通玻璃-01",再选择项目库中"普通玻璃-01",点击确定。再将"拉伸体的终止高度"修改为"30000",然后点击绘图区域左上角绿色"√",完成"拉伸体",见图 12.136、图 12.137。

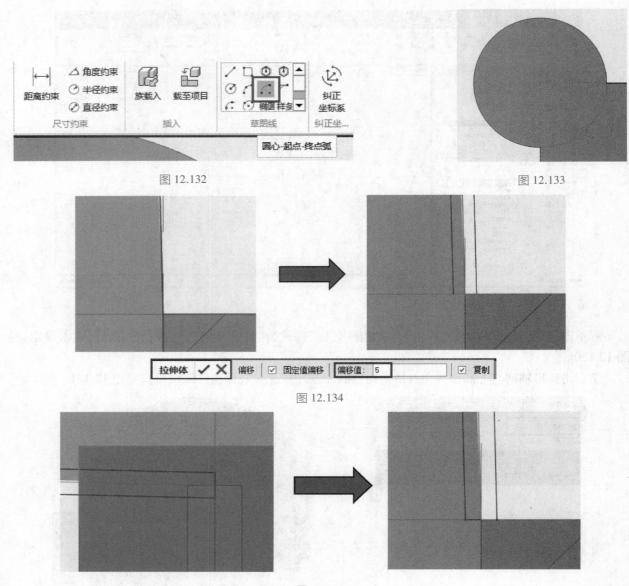

图 12.132                                                    图 12.133

图 12.134

图 12.135

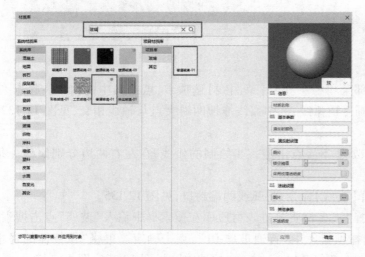

图 12.136

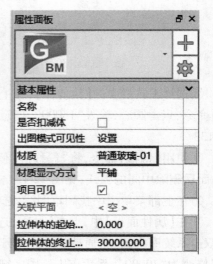

图 12.137

⑫使用【拉伸体】命令,选择【草图线】中的【圆】命令,在上部轴线与弧形轴线交点处绘制半径为 50 的圆,将"属性面板"中的"拉伸体的终止高度"修改为"30000",点击绘图界面左上角绿色"√"完成拉伸体,见图 12.138、图 12.139。

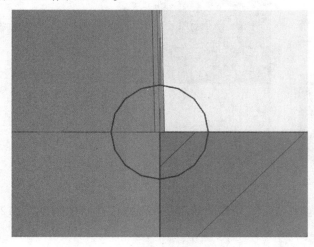

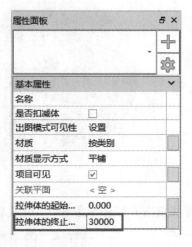

图 12.138　　　　　　　　　　　　　　　　图 12.139

⑬选中上一步中的拉伸体,在上部菜单栏中的【通用编辑】中点击【环阵】命令。

点击"指定中心",然后点击圆中点,再"整体角度",将"阵列个数"改为 118、"角度"改为 270,点击 Enter 键,即可生成竖挺,见图 12.140。

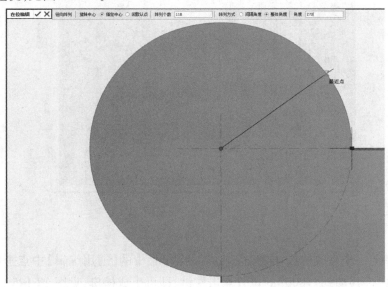

图 12.140

⑭使用【放样体】命令,在上部选项卡中找到【放样体】,点击其中的【绘制路径】,选择【草图线】中的"圆心-起点-终点弧",点击圆心,输入"15000",任意画一道弧线,选中弧线拖拽两端夹点与轴线相交,点击绘图区域左上角绿色"√",完成路径绘制,见图 12.141、图 12.142。

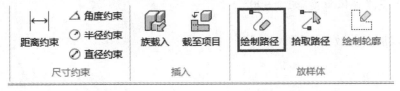

图 12.141

⑮点击上部选项卡【放样体】中的【绘制轮廓】,选择"前"立面,使用【草图线】中的【圆】命令在蓝色线条交点处绘制半径为 50 的圆,完成后点击绘图区域左上角绿色"√"完成轮廓绘制,见图 12.143。

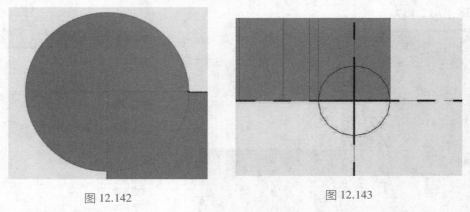

图 12.142        图 12.143

⑯再次点击放样体绿色"√",完成放样模型。点击"资源管理器"中的"前"立面视图,见图 12.144。

图 12.144

⑰在最下部选择上一步完成的放样模型。在上部菜单栏中的【通用编辑】中点击【阵列】命令。点击十字参照线交点处,鼠标移动到"1000"的位置点击左键,即可生成横梃,见图 12.145。

⑱使用步骤⑥—⑰相同操作绘制屋顶位置的幕墙(见图 12.146)。

【注意】

该部分幕墙所处标高为"标高 7(24 000)—标高 8(30 000)"。在使用"环阵"命令布置竖梃时,"阵列个数"为 40 个,"整体角度"应为-90°。

⑲整体模型完成后整体效果,见图 12.147。

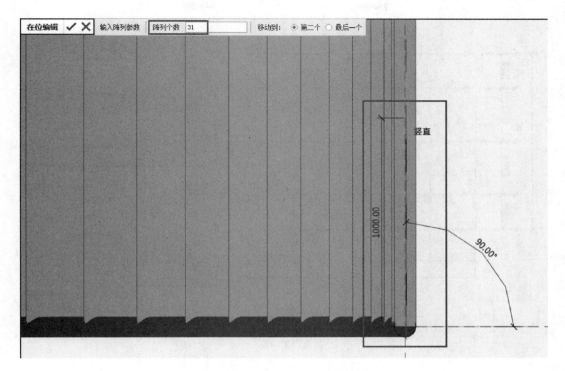

图 12.145

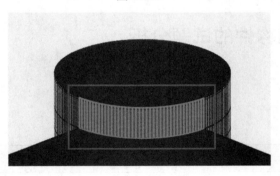

图 12.146

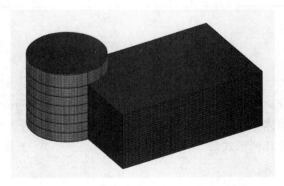

图 12.147

### 12.7.3　真题实训

根据图 12.148 给定的北立面和东立面视图,创建玻璃幕墙及其水平竖梃模型。并将模型文件以"幕墙+考生姓名"为文件名保存到考生文件夹中。

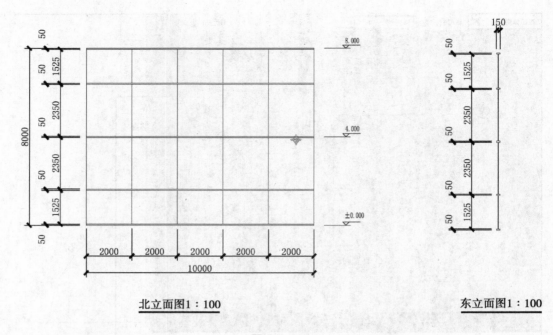

北立面图1∶100　　　　　　　　　　　　　　　东立面图1∶100

图 12.148

## 12.8　楼板、坡道构件的试题分析

### 12.8.1　考点说明

1）考评大纲解析

| 考评内容 | 技能要求 | 相关知识 |
|---|---|---|
| 楼板 | 创建并编辑楼板 | 1.识读示例项目图纸，了解项目所包含的楼板位置、标高、坡度等信息；<br>2.熟悉楼板的尺寸信息，完成创建，掌握坡度线的创建技巧。 |

2）知识点讲解

（1）楼板的概念

楼板是一种分隔承重构件。楼板层中的承重部分，它将房屋垂直方向分隔为若干层，并把人和家具等竖向荷载及楼板自重通过墙体、梁或柱传给基础。按其所用的材料可分为木楼板、砖拱楼板、钢筋混凝土楼板和钢衬板承重的楼板等几种形式。

（2）操作步骤

①点击【构件工具栏】→主体结构，选择"楼板"，进入编辑模式。

②绘制楼板封闭轮廓线。

③再绘制坡度箭头，修改坡度值，点击"√"完成绘制。

【注意】

　　编辑模式绘制方式支持直线、矩形、圆形、弧形等形式。

### 12.8.2　例题解析

在了解楼板的基础操作和考评要求之后,接下来就结合例题讲解楼板的创建和编辑。

(1) 例题

根据如图 12.149 所示的参数及默认尺寸,建立圆形混凝土坡道模型样板,混凝土型号取 C30。

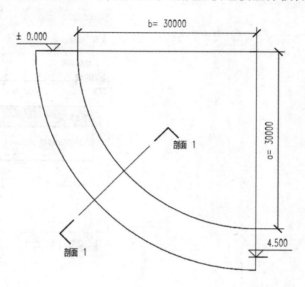

俯视图1：400

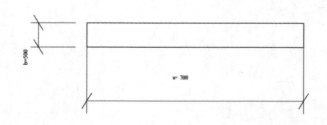

1—1断面图1：400

图 12.149

(2) 建模思路 ( 见图 12.150)

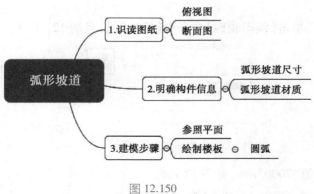

图 12.150

（3）具体操作

①选择新建项目，单击【定位】中的【参照平面】命令，绘制两条长度为 30000 mm 相互垂直的参照平面，见图 12.151。

②单击【主体结构】中的【楼板】命令，点击"属性面板"中的"+"号，复制一个楼板出来，将名字改为"弧形坡道−500 mm"，见图 12.152。绘制一条半径为 30000 mm 的 1/4 圆弧，见图 12.153。

图 12.151

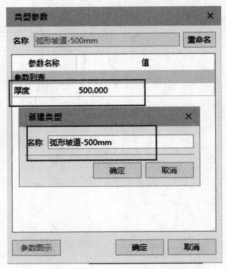

图 12.152

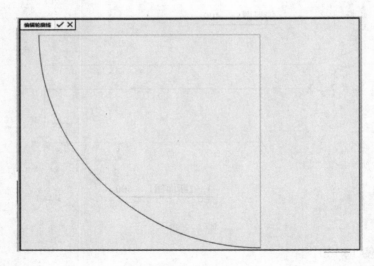

图 12.153

③在"编辑轮廓线"下，单击【编辑轮廓】命令中【拾取线】，见图 12.154。

图 12.154

④在偏移量中输入数值"7000"mm，见图 12.155。

⑤点击上一步已经绘制完成的 1/4 半圆弧，见图 12.156。

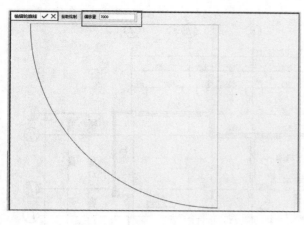

图 12.155

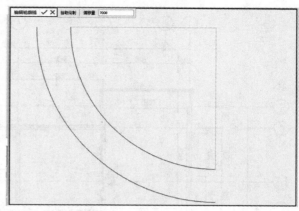

图 12.156

⑥利用【直线】命令,将两条轮廓线封闭,见图 12.157。

⑦再绘制坡度线,点击坡度线的起点和终点,见图 12.158。

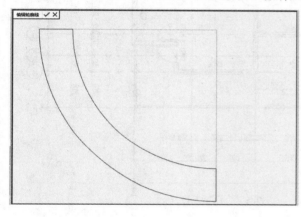

图 12.157

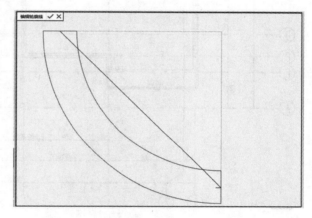

图 12.158

⑧点击坡度线,在【属性面板】下修改坡度线的箭头终点偏移值为"4500"mm,见图 12.159。

⑨点击"√"完成绘制,三维效果图,见图 12.160。

图 12.159

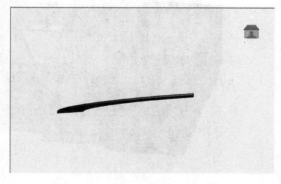

图 12.160

## 12.8.3  真题实训

在提供的模型中,建立二层楼板模型。楼板信息如下:"楼板-150-混凝土",结构厚150 mm,材质"混凝土,现场浇筑-C30",顶部均与各层标高平齐,见图 12.161、图 12.162。

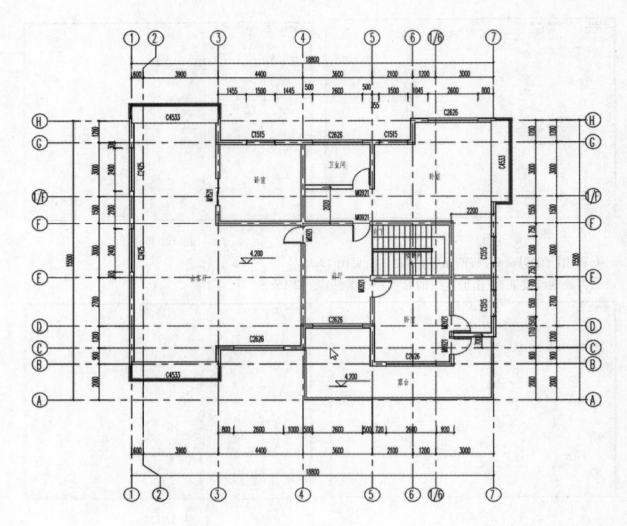

图 12.161

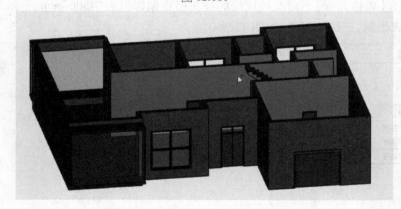

图 12.162

## 12.9　楼梯、栏杆扶手构件的试题分析

### 12.9.1　考点说明

1）考评大纲解析

| 考评内容 | 技能要求 | 相关知识 |
|---|---|---|
| 楼梯 | 创建并编辑楼梯 | 1.识读示例项目图纸,了解项目所包含的楼梯位置信息。<br>2.熟悉楼梯的尺寸信息,完成创建,掌握扶手栏杆的创建技巧。<br>3.掌握使用楼梯"整体浇筑 楼梯"命令创建楼梯。<br>4.掌握"楼梯"参数修改。<br>5.掌握使用"旋转"命令。<br>6.掌握使用"镜像"命令。<br>7.掌握使用"参照平面"命令。 |

2）知识点讲解

（1）楼梯的概念

楼梯是建筑物中作为楼层间垂直交通用的构件。用于楼层之间和高差较大时的交通联系。

（2）操作步骤

①点击【构件工具栏】→主体结构,点击【楼梯】选中【整体浇筑 楼梯】进入放置状态。

②再在属性面板中点击右上角的"加号"对楼梯进行复制。

【注意】

　　楼梯名称要修改正确。

③将复制出来的楼梯进行尺寸参数修改,并放置在正确的位置。

【注意】

　　修改的尺寸参数跟题目上面的参数要一致,如楼梯宽度、梯段宽度、平台宽度、踏板深度、踏板前缘、梯段结构深度、平台结构深度。

④点击【构件工具栏】→主体结构,点击【栏杆扶手】选中【楼梯放置栏杆】进入放置状态。

⑤点击创建好的楼梯,就能自动生成栏杆扶手。

### 12.9.2　例题分析

（1）例题

根据给定尺寸,画出如图 12.163 所示楼梯,梯板厚、平台厚及栏杆扶手不做要求。

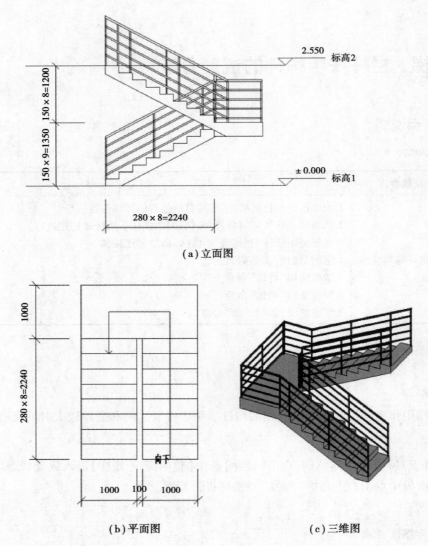

图 12.163

（2）建模思路（见图 12.164）

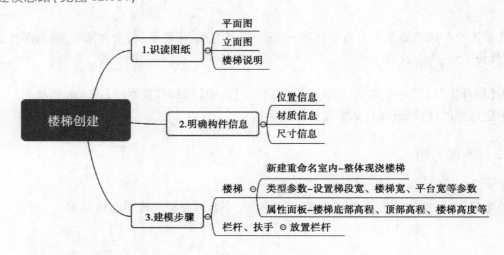

图 12.164

（3）具体操作

①选择新建项目，单击【主体结构】中的【楼梯】选中【整体浇筑 楼梯】进入放置状态。

②再在【属性面板】中点击右上角的"加号"对楼梯进行复制，见图 12.165。

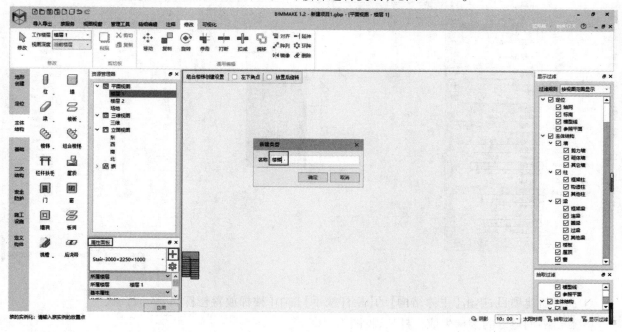

图 12.165

③最后将复制出来的楼梯进行尺寸参数修改，将"楼梯宽度"改为 2100、"梯段宽度"改为 1000、"平台宽度"改为 1000、"踏板深度"改为 280、"踏板前缘"改为 0、"梯段结构深度"改为 150、"平台结构深度"改为 150。改好后点击"确定"，再在"属性面板"中选择刚刚复制出来的楼梯，并修改"定位属性"和尺寸属性，将"底部标高"改为标高一、"楼梯高度"改为 2550、"踢面总数"改为 17、"下段踢面数"改为 9，改好后将楼梯放置在正确位置，见图 12.166、图 12.167。

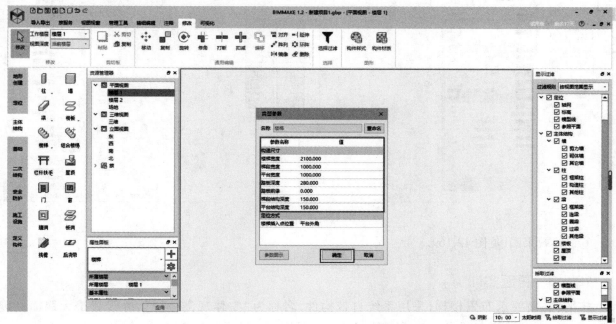

图 12.166

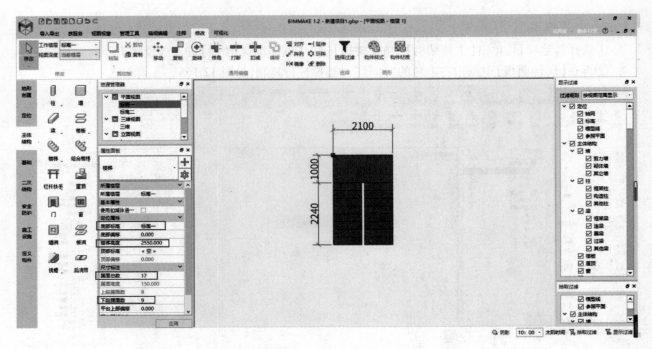

图 12.167

④选择新建项目，单击【主体结构】的【栏杆扶手】选中【楼梯放置栏杆】进入放置状态。

⑤点击刚创建好的楼梯生成栏杆扶，见图 12.168。

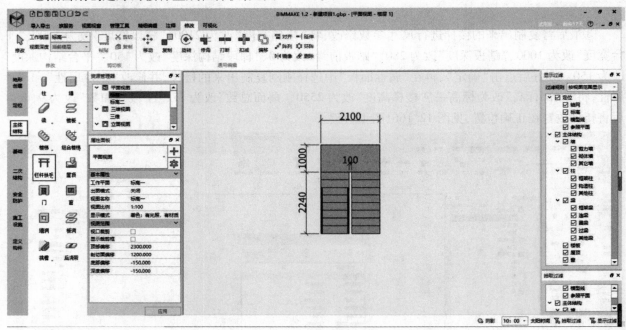

图 12.168

⑥最终效果图，见图 12.169。

### 12.9.3 真题实训

按平、立面要求布置楼梯，采用系统自带构件，名称为"整体现浇楼梯"，并设置最大踢面高度 210 mm，最小踏板深度 280 mm，梯段宽度 1305 mm，见图 12.170、图 12.171。

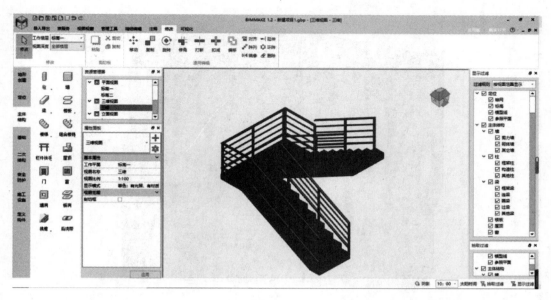

图 12.169

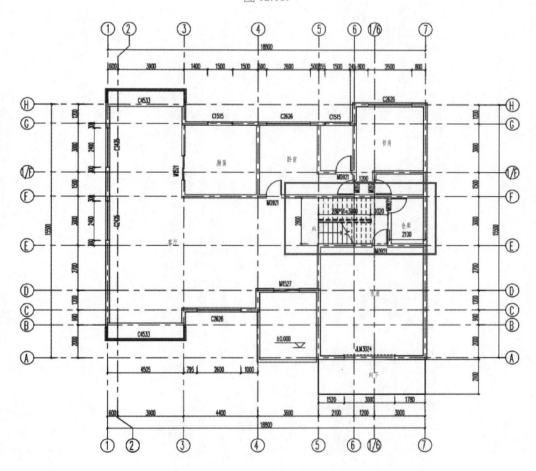

图 12.170

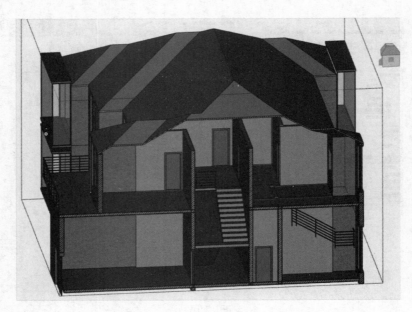

图 12.171

# 第 13 章 构件族绘制技巧专题讲解

## 13.1 局部构件建模题目说明

根据《大纲》中的要求,这部分内容会出现在实操题中第一或者第二题,主要是针对项目中重复出现的构件进行族的建模与细化,主要范围包括:工程零件、设备构件、建筑构件、场地构件、体量等。我们将利用具体案例进行族构件的操作演示,提炼考点,掌握建模方法,属性定义与参数设置,详细描述做题思路,提高做题效率。

## 13.2 点式族试题分析

### 13.2.1 考点说明

| 考评内容 | 技能要求 | 具体考点 |
|---|---|---|
| 点式族 | 点式族在项目通常为基础、装饰、家具、场地构件等,考试要求熟悉建模流程,掌握构件的建模方法。 | 1.识读示例项目图纸。<br>2.选择合适的族模板及建模方法。<br>3.准确完成点式族构件的建模及细化。 |

### 13.2.2 例题解析

在了解了点式族的基础操作和考评要求之后,接下来就结合工程零件例题讲解点式族的创建和编辑。

(1)题目

根据图 13.1 给定的尺寸创建球形喷口模型;要求尺寸准确,并对球形喷口材质设置为"不锈钢",请将模型以文件名"球形喷口+考生姓名"保存至本题文件夹中。

(2)建模思路(见图 13.2)

(3)具体操作

①点击【新建】→族,选择"点式构件"→打开,进入参数化构件编辑器,坐标交点即为点式族插入点(见图 13.3)。

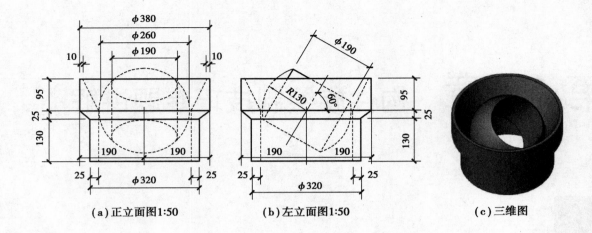

图 13.1

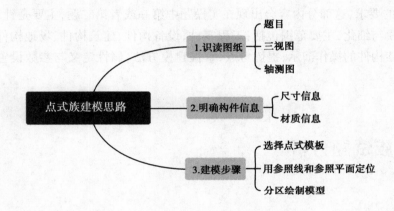

图 13.2

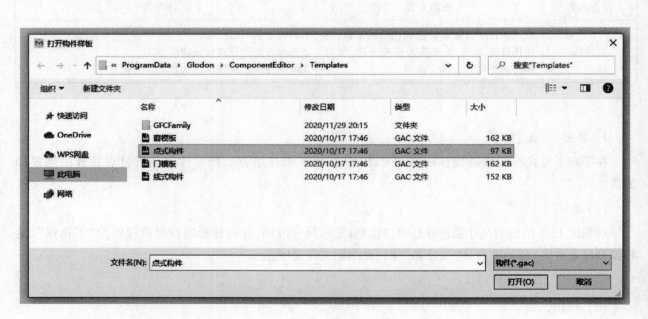

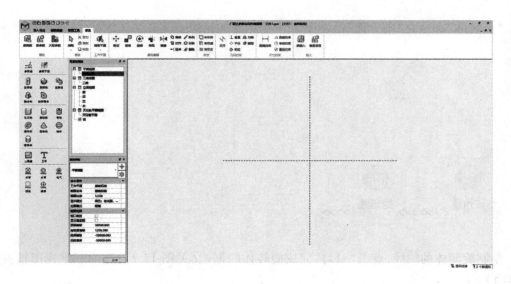

图 13.3

②结合参照平面及参照线,绘制构件:

a.根据族构件正立面图,在"前立面"视图绘制参照平面帮助正确定位构件(见图 13.4);

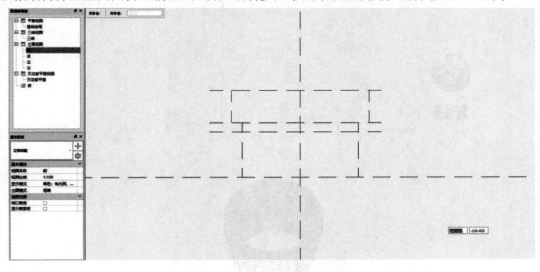

图 13.4

b.由下至上绘制零件外部,注意:在需要时右键选择"平铺视窗"辅助绘制(见图 13.5);

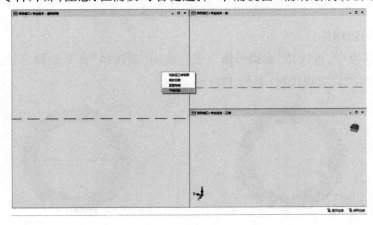

图 13.5

首先，"旋转体"命令在"前立面"绘制图 13.6 中的封闭轮廓。

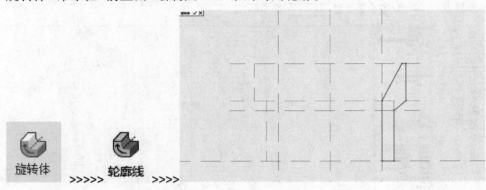

图 13.6

然后，绘制旋转体的轴线，点击"对勾"完成旋转体的创建（见图 13.7）；返回三维视图检查建模是否正确（见图 13.8）。

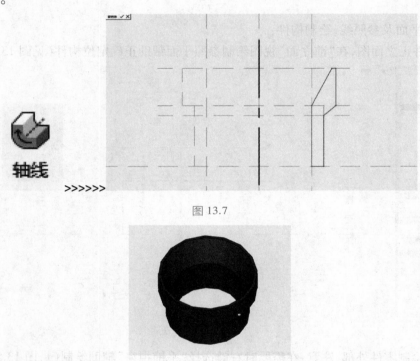

图 13.7

图 13.8

③绘制零件内部剪切球体：

a.首先选择"球体"命令，再选择"编辑形体"，或直接用"旋转体"命令绘制半径为 130 的半圆为轮廓线，并确定轴线，点击"对勾"完成绘制（见图 13.9）；

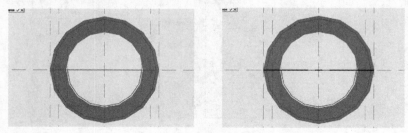

图 13.9

b.用"移动"命令选择圆心,移动球体至图示高度(见图 13.10);

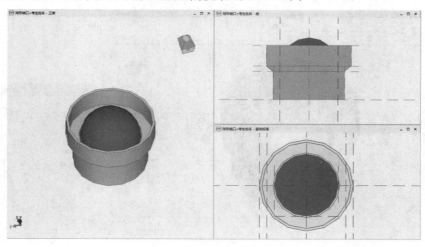

图 13.10

c.隐藏零件外部,创建直径为 190 和高超过球体的圆柱"拉伸体",顺时针旋转圆柱体 60°,之后选择"布尔减"命令使圆柱剪切球体(见图 13.11);

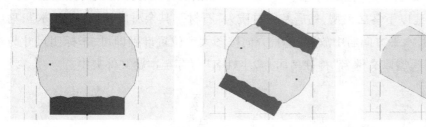

图 13.11

d.在属性面板中点击"材质"的下拉栏选择"更多材质",在材质库中选择金属材质,双击加入项目库,将其命名为"不锈钢",点击确定赋予构件材质(见图 13.12)。

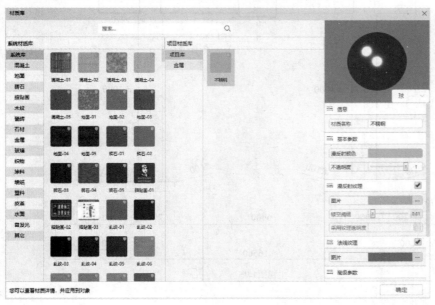
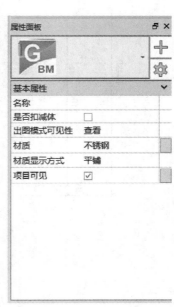

图 13.12

④切换到三维视图确认构件无误,保存并命名文件。

可以修改族类别为风管附件方便后续在项目中分类查找（见图 13.13）。

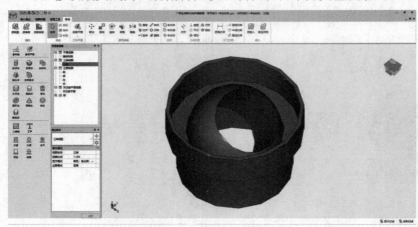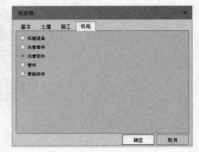

图 13.13

### 13.2.3　真题实训

下文为 2020 年第四期"1+X"建筑信息模型（BIM）职业技能等级考试初级实操试题二。

根据给定尺寸，创建以下鸟居模型，鸟居基座材质为"石材"，其余材质均为"胡桃木"；鸟居额束厚度 150 mm，尺寸见图详图，水平方向居中放置，垂直方向按图大致位置准确即可，未标明尺寸与样式不做要求（见图 13.14）。请将模型以文件名"神社鸟居+考生姓名"保存至本题文件夹中。

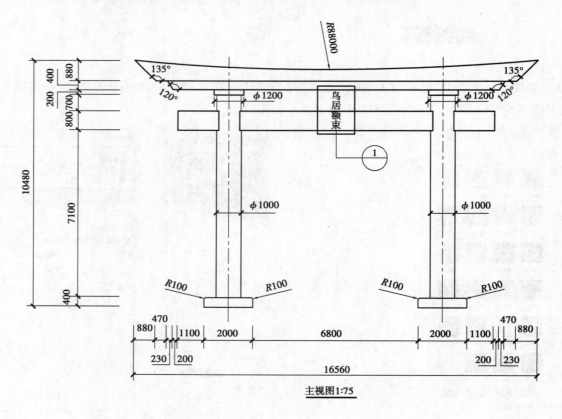

主视图1:75

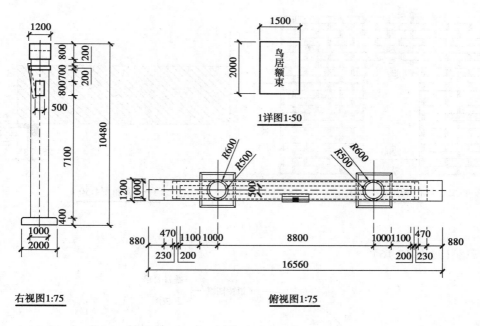

图 13.14

## 13.3 门窗族试题分析

### 13.3.1 考点说明

| 考评内容 | 技能要求 | 具体考点 |
|---|---|---|
| 门窗族 | 门窗是建筑工程中必不可少出现的族构件,考试要求熟悉建模流程,掌握构件门窗的建模,及导入项目的方法。 | 1.识读示例项目图纸。<br>2.准确完成门窗族构件的建模及细化。<br>3.完成后导入项目中并应用。 |

### 13.3.2 例题解析

在了解了门窗族的基础操作和考评要求之后,接下来就结合装饰门洞例题讲解门窗族的创建和编辑。

(1)题目

绘制如图 13.15 所示墙体,墙体类型、墙体高度、墙体厚度及墙体长度自定义,材质为灰色普通砖,并参照图中标注尺寸在墙体上开一个拱门洞。创建门构件,沿洞口生成装饰门框,门框轮廓材质为樱桃木,样式见 1—1 剖面图。创建完成后导入项目中,以"拱门墙+考生姓名"为文件名保存至考生文件夹中。

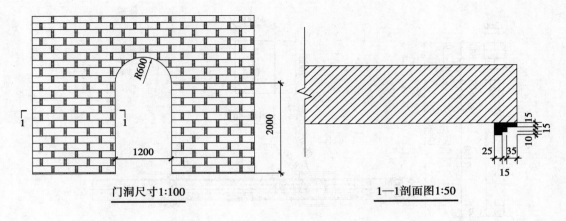

图 13.15

（2）建模思路（见图 13.16）

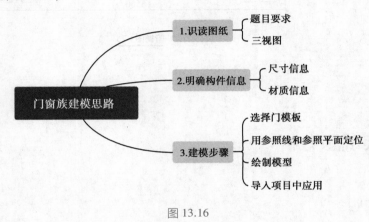

图 13.16

（3）具体操作

①点击【新建】→族，选择"门模板"→打开，进入参数化构件编辑器，坐标交点即为门族插入点，黄色为扣减体剪切墙（见图 13.17）。

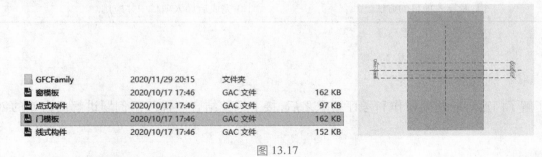

图 13.17

②结合参照平面及参照线，绘制构件：

a.根据门构件尺寸，在"前立面"视图双击修改宽度为 1200（见图 13.18）；在上方绘制半径为 600 的半圆形拉伸体，同样在属性面板中设为扣减体（见图 13.19）。

b.用"放样体"命令创建门框，首先进入"前立面"拾取路径；在"平面视图"绘制图 13.20 中的封闭轮廓，点击"对勾"完成编辑；点击对勾完成放样体创建。

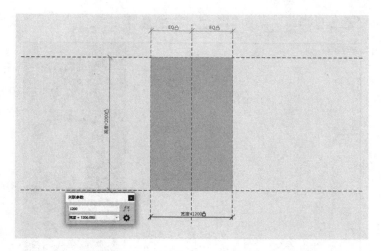

图 13.18

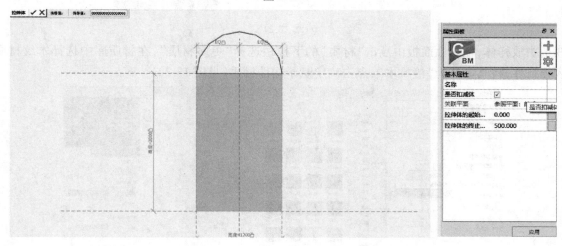

图 13.19

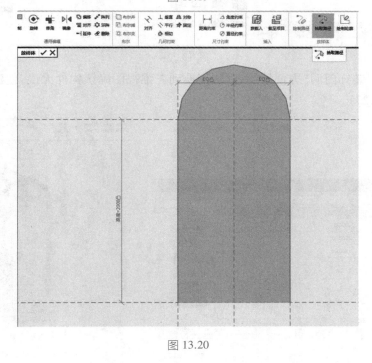

图 13.20

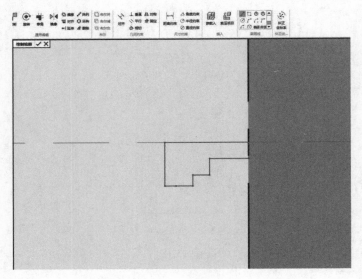

图 13.21

③选中放样体，在属性面板中点击"材质"的下拉栏选择"更多材质"，在材质库中选择木纹材质，双击加入项目库，将其命名为"樱桃木"，点击确定赋予构件材质（见图 13.22）。

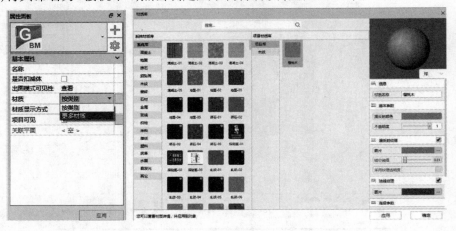

图 13.22

④新建族类型为"装饰门洞"方便后续查找，切换到三维视图确认构件无误，创建保存并命名文件为"装饰门洞"（见图 13.23）。

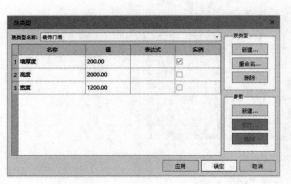

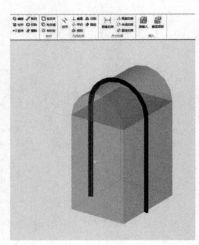

图 13.23

⑤新建项目,绘制一段砌体墙,最后根据题目要求将"装饰门洞"载入至项目中;在资源管理器中找到装饰门洞族,右键创建实例,放置于墙上,保存并命名文件"拱门墙"(见图 13.24)。

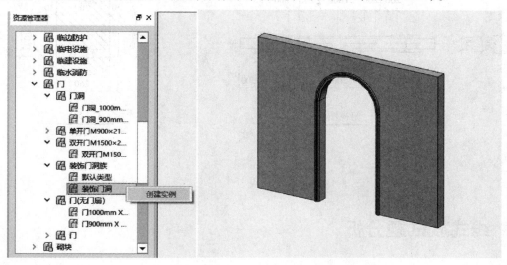

图 13.24

### 13.3.3　真题实训

下文为 2020 年第四期"1+X"建筑信息模型(BIM)职业技能等级考试初级实操试题一。

根据给定尺寸,创建路边装饰门洞模型,门洞内框及中间拉杆材质为"不锈钢",其余材质为"混凝土",拉杆半径 $R=15$ mm(见图 13.25)。请将模型以"装饰门洞+考生姓名"保存至本题文件夹中。

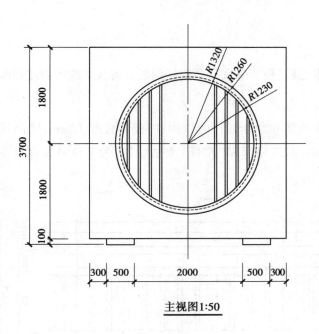

主视图1:50

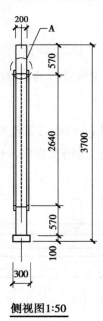

侧视图1:50

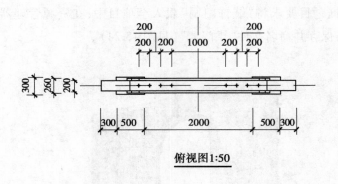
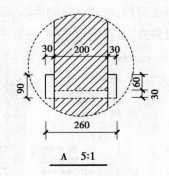

俯视图1:50

A  5:1

图 13.25

## 13.4　线式族试题分析

### 13.4.1　考点说明

| 考评内容 | 技能要求 | 具体考点 |
|---|---|---|
| 线式族 | 线式族在项目中根据给定方向线性复制,通常为栏杆,考试要求熟悉建模流程,掌握线式族的建模。 | 1.识读示例项目图纸。<br>2.准确完成线式构件的建模及细化。 |

### 13.4.2　例题解析

在了解了线式族的基础操作和考评要求之后,接下来就结合栏杆例题讲解线式族的创建和编辑。

（1）题目

如图 13.26 所示为某栏杆。请按图要求新建并制作栏杆的族构件,竖向板厚 12 cm,竖向杆件直径 40 mm,材质为"钢",横向杆件尺寸如图所示。最终结果以"栏杆+考生姓名"为文件名保存至本题文件夹中。

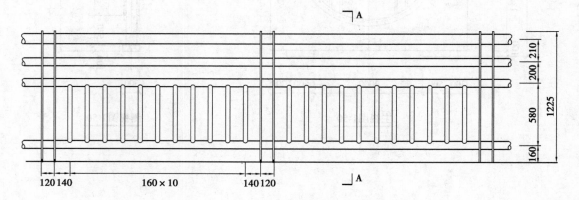

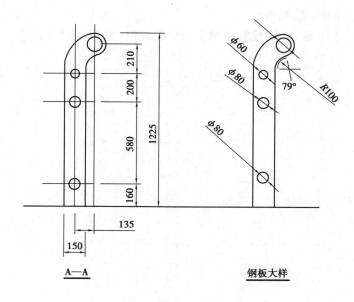

A—A　　　　　　　　钢板大样

图 13.26

（2）建模思路（见图 13.27）

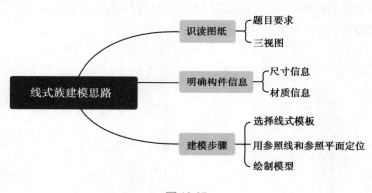

图 13.27

（3）具体操作

①点击【新建】→族，选择"线式构件"→打开，进入参数化构件编辑器，模板默认 2 m，左右中心线与横坐标交点为线式族插入点（见图 13.28）。

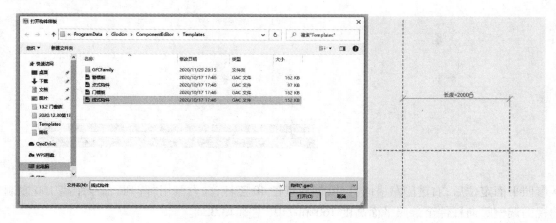

图 13.28

②结合参照平面及参照线，绘制构件：

a.根据栏杆尺寸，在"左立面"视图绘制参照平面帮助定位（见图 13.29）；

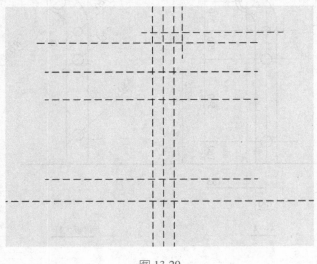

图 13.29

b.用"拉伸体"命令完成建模：

● 在"左立面"绘制图中的封闭轮廓，点击对勾完成放样体创建；回到平面视图，复制多个物体至要求距离，修改长度为 2100（见图 13.30）。

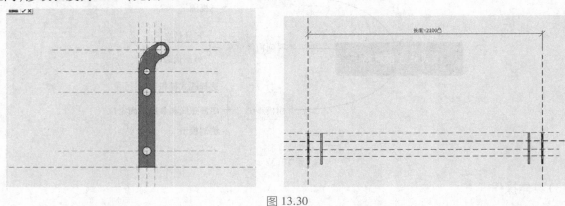

图 13.30

● 在"左立面"绘制横向栏杆，点击对勾完成放样体创建；回到平面视图调整横向杆件的长度（见图 13.31）。

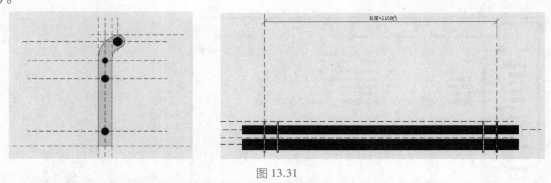

图 13.31

● 参照平面定位后，右键隐藏横向杆件，创建直径 40 竖杆；向右侧用"阵列"命令距离 160 复制 9 个；回到前视图调整竖向杆件至参照平面高度 160 和 740（见图 13.32）。

③选中放样体，在属性面板中点击"材质"的下拉栏选择"更多材质"，在材质库中选择金属材质，双击加入项目库，将其命名为"钢"，点击确定赋予构件材质（见图 13.33）。

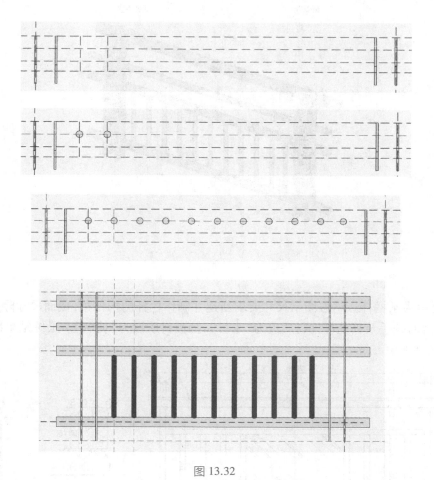

图 13.32

图 13.33

④到此完成的一个栏杆单元的建模,切换到三维视图确认构件无误(见图 13.34),保存并命名文件为"栏杆+考生姓名"。由于栏杆作为线性族会载入项目中按给定方向复制,完成一个模块即可。

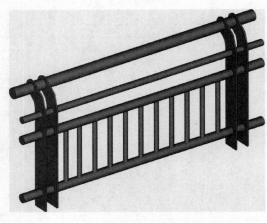

图 13.34

### 13.4.3　真题实训

图 13.35 所示为某栏杆。请按图示尺寸要求新建并制作栏杆的构件集，截面尺寸除扶手外其余杆件均相同。材质方面，扶手及其他杆件材质设为"木材"，挡板材质设为"玻璃"。最终结果以"栏杆"为文件名保存在考生文件夹中。

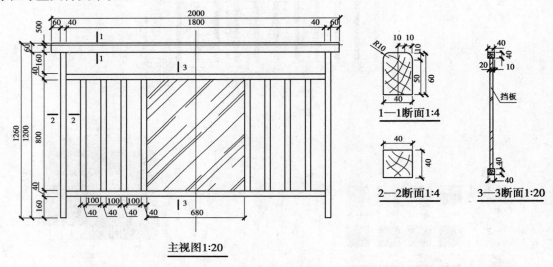

图 13.35

## 13.5　异型族试题分析

### 13.5.1　考点说明

| 考评内容 | 技能要求 | 具体考点 |
|---|---|---|
| 异形建模 | 工程建模中通常用拉伸、旋转命令创建模型，有时会遇到不规则形体，此时要注意灵活使用拉伸、旋转、放样、融合、放样融合等创建方式。 | 1.识读示例项目图纸。<br>2.选择合适的建模方法。<br>3.准确完成建模及细化。 |

### 13.5.2　例题解析

在了解了异形的基础操作和考评要求之后,接下来就结合异形体的例题讲解异形的创建和编辑。

(1)题目

按照下面平、立面绘制坡道,请根据给定尺寸建立模型(见图 13.36),请将模型文件以"坡道+考生姓名"保存在考生文件夹中。

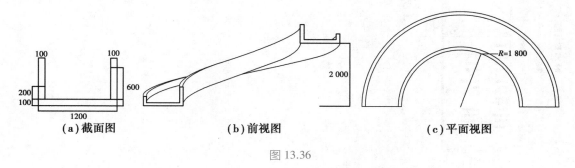

(a)截面图　　　(b)前视图　　　(c)平面视图

图 13.36

(2)建模思路(见图 13.37)

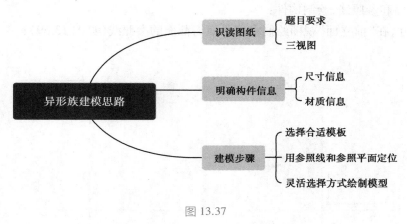

图 13.37

(3)具体操作

①点击【新建】→族,选择"点式构件"→打开,进入参数化构件编辑器(见图 13.38)。

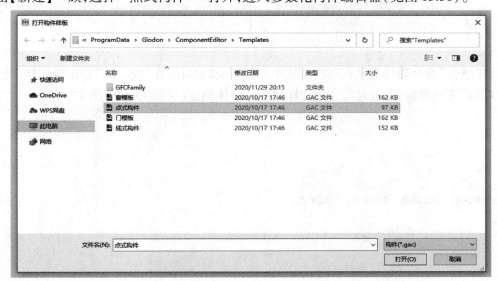

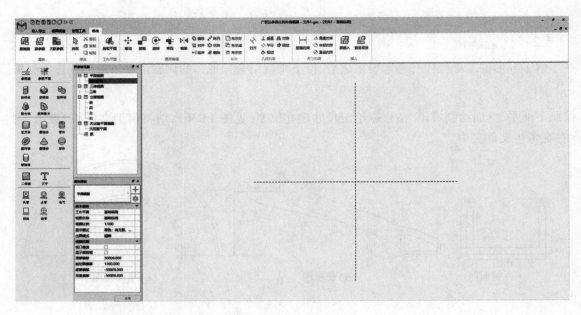

图 13.38

②结合参照平面和参照线，绘制构件：

a.根据构件尺寸，在"前立面"视图绘制参照平面与截面的参照线（见图 13.39）；

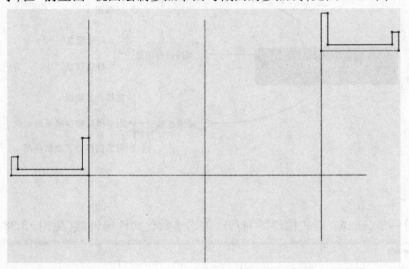

图 13.39

b.用"放样融合"命令创建形体；首先，进入平面视图绘制路径；在"前立面"依次绘制封闭轮廓 1 和轮廓 2，点击"对勾"完成编辑；点击对勾完成放样融合的形体创建（见图 13.40—图 13.43）。

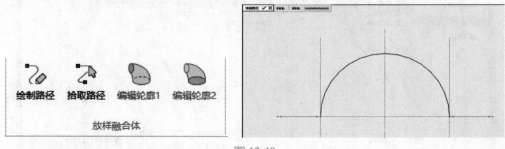

绘制路径　拾取路径　编辑轮廓1　编辑轮廓2

放样融合体

图 13.40

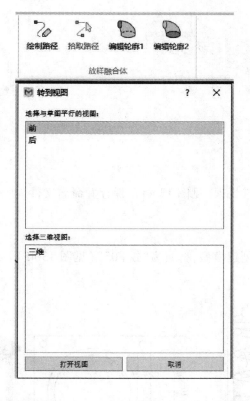

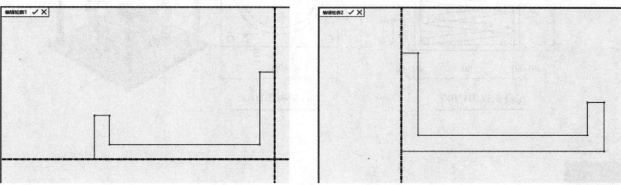

图 13.41

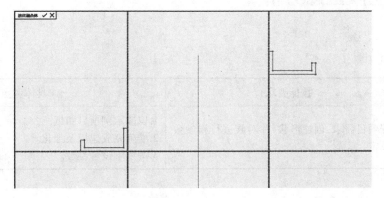

图 13.42

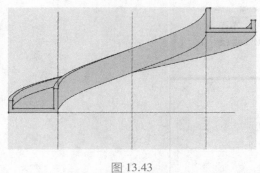

图 13.43                                                          图 13.44

③切换到三维视图确认构件无误（见图 13.44），保存并命名文件为"栏杆+考生姓名"。

### 13.5.3　真题实训

根据以下要求和给定图纸创建模型，材质为"铁-05"（见图 13.45）。请将模型文件以"弹簧减震器+考生姓名"保存在考生文件夹中。

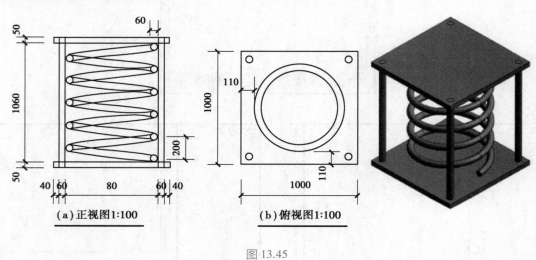

（a）正视图1:100　　　　（b）俯视图1:100

图 13.45

## 13.6　参数化族试题分析

### 13.6.1　考点说明

| 考评内容 | 技能要求 | 具体考点 |
| --- | --- | --- |
| 参数化族 | 根据项目需求，创建形状，并对族进行族参数的设定。 | 1.识读示例项目图纸。<br>2.准确完成建模及细化。<br>3.按要求设置参数。 |

### 13.6.2　例题解析

在了解了参数化族的基础操作和考评要求之后，接下来就结合防火卷帘门例题讲解参数化族的创建和编辑。

(1)题目

项目中有款式相同,但长和高为参数的特级防火卷帘门 6 扇,卷帘厚度 5 mm,根据左视图建模,材质为"铁-05"(见图 13.46)。请将模型文件以"特级防火卷帘+考生姓名"保存在考生文件夹中。

| 门 | JLM1 | 特级防火卷帘 | 7800 | 2800 | 1 | | |
|---|---|---|---|---|---|---|---|
| | JLM2 | 特级防火卷帘 | 6700 | 2800 | 1 | | |
| | JLM3 | 特级防火卷帘 | 6600 | 2800 | 1 | | |
| | JLM4 | 特级防火卷帘 | 7500 | 3400 | 1 | | |
| | JLM5 | 特级防火卷帘 | 6700 | 3400 | 1 | | |
| | JLM6 | 特级防火卷帘 | 6450 | 3400 | 1 | | |

图 13.46

(2)建模思路(见图 13.47)

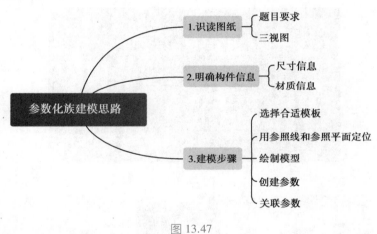

图 13.47

(3)具体操作

①点击【新建】→族,选择"门模板"→打开,进入参数化构件编辑器,坐标交点即为门族插入点,黄色为扣减体剪切墙(见图 13.48)。

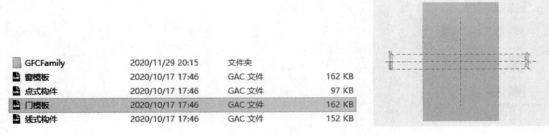

图 13.48

②创建形状和材质:

a.在"前立面"用"拉伸"命令创建门的两个部件,点击"对勾"完成编辑;在属性面板通过修改拉伸体的终止高度,定义拉伸体厚度(见图 13.49)。

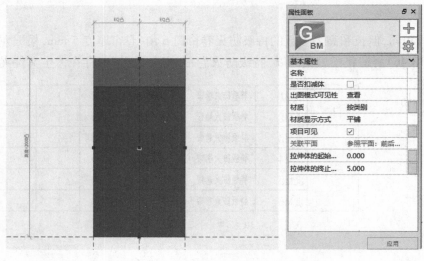

图 13.49

b.由于材质库中没有与要求类似材质，需要自行定义，寻找相似的材质图片；选择相似金属类反射材质，将图片替换为自定义，点击确定完成新材质设定；在属性面板将材质替换为"卷帘门"（见图 13.50—图 13.52）。

图 13.50

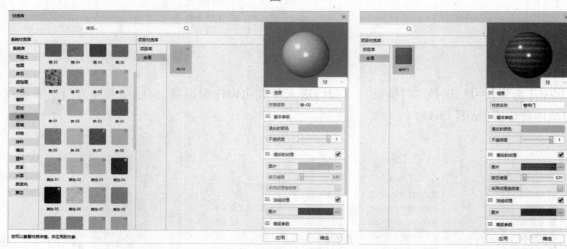

图 13.51

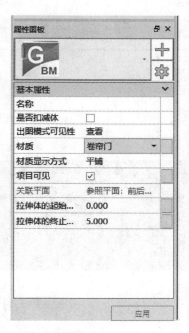

图 13.52

③在门模板下,参数宽和高已设定好,现在需要将模型同参数关联(见图 13.53)。

a.添加几何约束。用"对齐"命令将门的底部与底参照平面,门的顶部与顶参照平面对齐(见图 13.54)。注意:用 Tab 键切换选择。

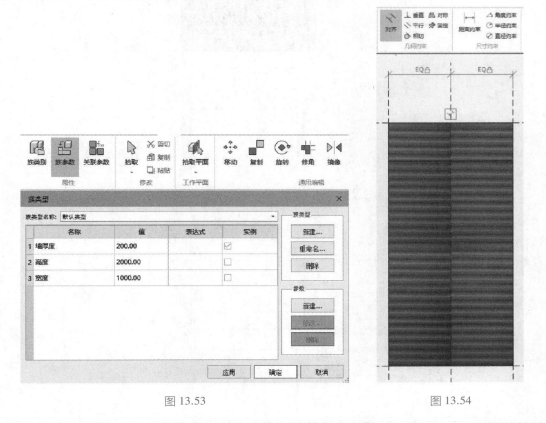

图 13.53

图 13.54

b.添加尺寸约束。首先,双击进入编辑模式,将门头的高度用"距离约束"命令锁定为 400,将门头的宽度用"距离约束"标记后,单击弹出"关联参数"面板,下拉选择"宽度";用同样方法标记门扇的高度和宽度并关联参数(见图 13.55、图 13.56)。

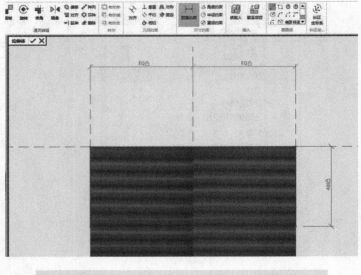

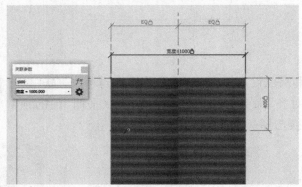

图 13.55

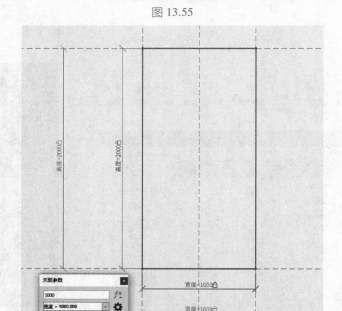

图 13.56

④切换到三维视图,重置参数,确认参数可驱动高和宽的改变无误（见图 13.57）。保存并命名文件为"特级防火卷帘+考生姓名"。

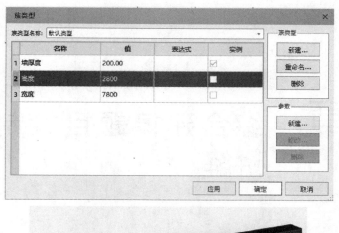

图 13.57

### 13.6.3 真题实训

下文来自图学会第一期 BIM 技能一级考试试题 4。

请用基于墙的公制常规模型族模板,创建符合图 13.58 要求的窗族,各尺寸通过参数控制,该窗窗框断面尺寸为 60 mm×60 mm,窗扇边框断面尺寸为 40 mm×40 mm,玻璃厚度为 6 mm,墙、窗框、窗扇边框、玻璃全部中心对齐,并创建窗的平、立面表达。请将模型文件以"双扇窗+考生姓名"保存到考生文件夹中。

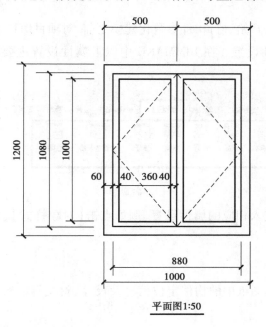

平面图1:50

图 13.58

# 第 14 章 综合建模题目绘制技巧专题讲解

## 14.1 综合建模题目说明

根据《大纲》的要求,综合建模内容一般会作为第 3 道题目出现,此类题目考核内容多,考核用时长,分值占比高,需要大家重点关注。综合建模主要考核内容一般为根据题目给出的一套小型建筑图纸,按照图纸给出的构件定位信息及参数要求,进行该建筑包括标高、轴网、柱、墙体、门、窗、楼板、屋顶、台阶、散水、坡道、楼梯、栏杆、扶手等主要构件在内的完整信息模型创建并进行相应的成果输出。综合建模主要构件的基本创建操作我们在之前的章节已经做过介绍,在本章我们将以 1+X 真题以及一些典型案例为讲解基础,提炼考点,解析建模思路,演示建模操作,总结绘制技巧,提高做题效率。

1+X 综合建模的主要建模类型为小型别墅建模,考评内容一般包括 BIM 建模环境设置、BIM 参数化建模、创建图纸、模型渲染、模型文件管理等 5 部分。

### 1)建模环境设置

建模环境设置是指在项目开始进行构件参数化建模之前,对项目信息、用户选项设置、捕捉、线型、对象样式按需求进行的相关属性设置。在 BIMMAKE 中以上属性设置主要在【管理工具】面板中。如图 14.1 所示。

图 14.1

点击相应的子选项即可进入相应的属性设置,例如点击【对象样式】,即可进入对象样式设置模式。如图 14.2 所示。

### 2)BIM 参数化建模

BIM 参数化建模是指识读图纸中的构件定位信息及尺寸、材质等参数要求,输入参数进行构件创建及项目综合建模的过程。

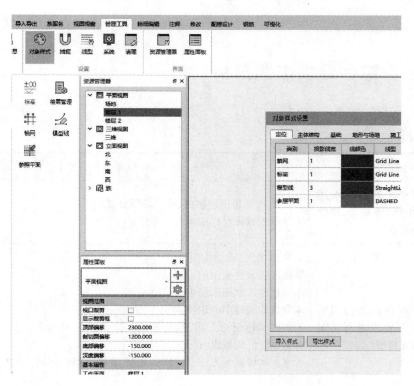

图 14.2

一般而言,在 1+X 考试中我们按照标高、轴网、柱、墙、门、窗、楼板、屋顶、楼梯以及台阶、散水、坡道、其他装饰构件为内容来进行建模。其中标高、轴网、柱、墙、门、窗、楼板、屋顶、楼梯一般用【定位】【主体结构】中的相应工具,按照图纸要求修改相关参数来完成建模。台阶、散水、坡道、零星构件利用【定义构件】工具中的【创建构件】工具进行,在项目内建族完成建模。

### 3）BIM 成果输出

BIM 成果输出指的是将创建好的 BIM 模型根据实际需要输出相应的成果文件,以展示相应的 BIM 信息内容。根据考评《大纲》,主要考核成果输出的形式包括:门窗明细表、材料明细表等明细表的创建输出,平面、立面、剖面等工程图纸的创建输出,模型三维渲染图片及模型漫游动画视频的创建输出,以及按规定格式保存输出文件等四大类。

在 BIMMAKE 中,主要通过【导入导出】选项板中的【导出 DWG】【导出 XML】【导出 IGMS】等工具以及【可视化】选项板中的【渲染设置】【导出图片】【导出动画】等工具来实现以上四类成果输出。

(1)创建图纸

创建门窗明细表,门明细表要求包含:类型标记、宽度、高度、合计字段;窗明细表要求包含:类型标记、底高度、宽度、高度、合计字段;并计算总数。

创建项目某图纸,创建 A3 公制图纸,将图纸插入,并将视图比例调整为 1∶100。

(2)模型渲染

一般要求对房屋的三维模型进行渲染:质量设置为"中";背景设置为"天空:少云",照明方案为"室外:日光和人造光",其他未标明选项不做要求。结果以"别墅渲染.JPG"为文件名保存至本题文件夹中。

(3)模型文件管理

将模型文件命名为"别墅+考生姓名",并保存项目文件。

## 14.2 小别墅综合建模试题分析

### 14.2.1 考点说明

| 考评内容 | 技能要求 | 对应考评大纲要求 |
|---|---|---|
| BIM 建模环境设置 | 能够根据题目要求进行 BIM 建模软件、硬件环境设置 | 1.掌握 BIM 建模的软件、硬件环境设置。<br>2.熟悉参数化设计的概念与方法。 |
| BIM 参数化建模 | 能够根据提供的图纸及题目要求进行 BIM 参数化建模 | 1.掌握建筑平面图的识读。<br>2.掌握建筑立面图的识读。<br>3.掌握建筑剖面图的识读。<br>4.掌握建筑详图的识读。<br>5.掌握实体创建方法,如墙体、柱、梁、门、窗、楼地板、屋顶与天花板、楼梯、管道、管件、机械设备等。<br>6.掌握实体编辑方法,如移动、复制、旋转、偏移、阵列、镜像、删除、创建组、草图编辑等。<br>7.掌握实体属性定义与参数设置方法。 |
| BIM 成果输出 | 能根据题目要求对建好的 BIM 模型进行相应的成果输出 | 1.掌握明细表创建方法。<br>2.掌握图纸创建方法,包括图框、基于模型创建的平、立、剖、三维视图、表单等。<br>3.掌握视图渲染与创建漫游动画的基本方法。<br>4.掌握模型文件管理与数据转换方法。 |

### 14.2.2 例题分析

在了解了 1+X 综合建模考评内容及技能要求之后,接下来就以 2020 年第四期"1+X"建筑信息模型(BIM)职业技能等级考试初级实操题为例,讲解解题步骤。

1) BIM 综合建模环境设置

(1)题目要求

设置项目信息:①项目发布日期:2020 年 11 月 26 日;②项目名称:别墅;③项目地址:中国北京市。

(2)具体操作

①新建项目,在打开的项目界面里,点击【管理工具】面板,选择【项目信息】,进入项目信息编辑模式,如图 14.3 所示。

②在项目信息编辑模式下,在【项目名称】后面的空白处输入"别墅"。

③在项目信息编辑模式下,在【项目日期】后面的空白处输入"2020 年 11 月 26 日"。

④在项目信息编辑模式下,在【项目地址】后面的空白处输入"中国北京市"。

⑤点击【确定】,完成编辑,如图 14.4 所示。

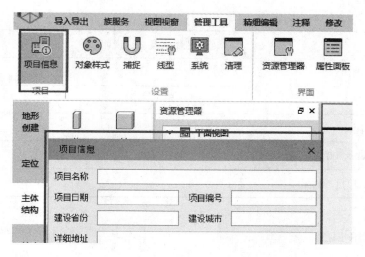

图 14.3

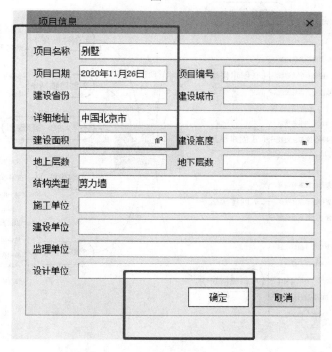

图 14.4

**2）BIM 参数化建模**

**（1）题目要求**

①根据给出的图纸创建标高、轴网、柱、墙、门、窗、楼板、屋顶、台阶、散水、楼梯等，阳台栏杆尺寸及类型自定。门窗需按门窗表尺寸完成，窗台自定义，未标明尺寸不做要求（图纸见附录 1）。

②主要建筑构件参数要求如表 14.1 所示。

表 14.1　主要建筑构件参数要求

| 内容 | 构造做法及参数说明 |
| --- | --- |
| 外墙 | 350 mm（10 mm 厚灰色涂料、30 mm 厚泡沫保温板、300 mm 厚混凝土砌块、10 mm 厚白色涂料） |
| 内墙 | 240 mm（10 mm 厚白色涂料、220 mm 厚混凝土砌块、10 mm 厚白色涂料） |

续表

| 内容 | 构造做法及参数说明 |
|---|---|
| 女儿墙 | 120 mm 厚砖砌体 |
| 楼板 | 150 mm 厚混凝土 |
| 屋顶 | 125 mm 厚混凝土 |
| 柱子 | 尺寸为 300 mm×300 mm |
| 散水 | 宽度 600 mm,厚度 50 mm |

（2）建模思路（见图 14.5）

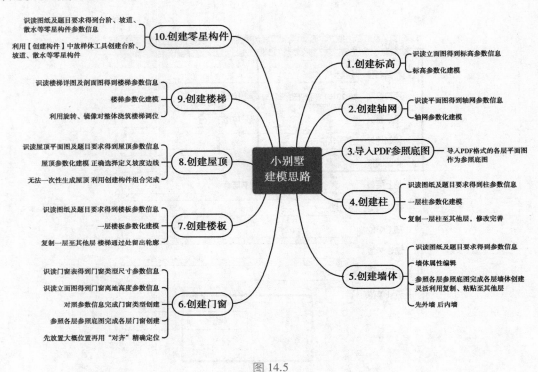

图 14.5

（3）具体操作

①创建标高

识读①—⑦轴立面图,得知室外地坪（场地）标高为 −0.450 m,首层标高为 ±0.000 m,二层标高为 3.000 m,三层标高为 6.000 m,屋顶标高为 9.500 m,场地、首层、二层、三层层高分别为 0.450 m,3.000 m,3.000 m,3.500 m。

在前面的章节,我们学习了用【标高】工具绘制单一标高的方法。这里我们学习用【楼层管理】工具批量创建标高的方法。

单击【定位】中的【楼层管理】,进入楼层管理编辑页面,如图 14.6 所示。

选中楼层管理编辑页面中"楼层 2"一行,点击楼层管理编辑页面【向上插入】选项,如图 14.7 所示。

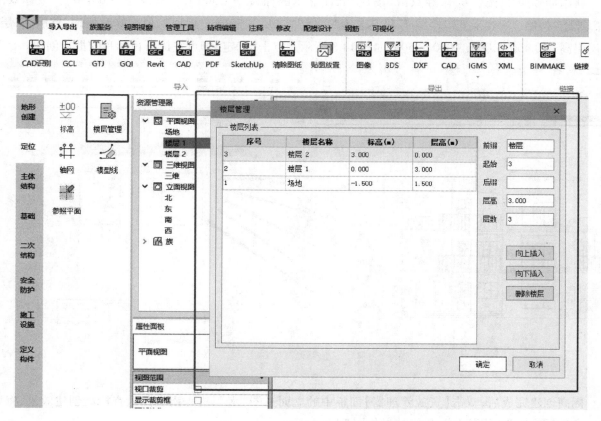

图 14.6

图 14.7

新添加楼层 3、楼层 4，鼠标双击"场地"后面显示的标高"−1.500"，将其改为"−0.450"。鼠标双击"楼层 1""楼层 2""楼层 3""楼层 4"将其改为"首层""二层""三层""屋顶"，依次修改场地、首层、二层、三层层高为 0.450，3.000，3.000，3.500，如图 14.8 所示。点击【确定】即可完成项目标高的批量创建。

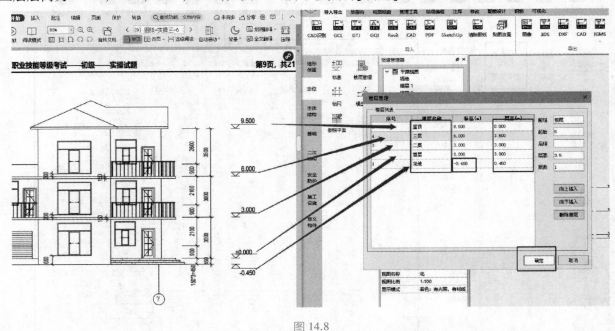

图 14.8

标高创建完成后，双击【资源管理器】面板中的立面视图"南"，进入南立面检查标高创建效果，将场地标高的标头改为"下标头"，最终效果如图 14.9 所示。

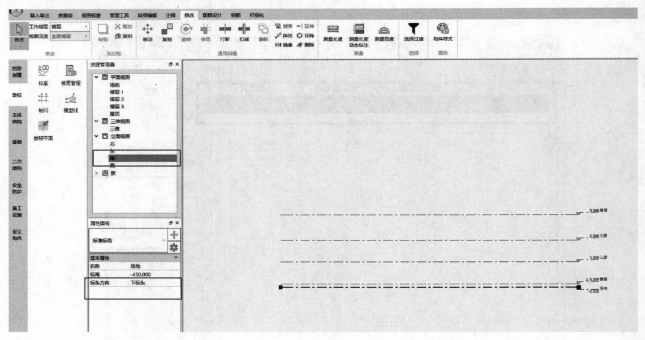

图 14.9

②创建轴网

识读一层平面图，得知纵向轴线①—⑦号轴线之间的轴间距分别为 2445，1455，2400，4800，2400，1200，横向轴线 A—G 号轴线之间的轴间距分别为 2850，1800，3300，2100，2700，1200。

双击【资源管理器】面板中的平面视图"首层",进入首层平面视图,点击【定位】中的【轴网】工具,之后用【批量创建】工具批量创建轴网,如图 14.10 所示。

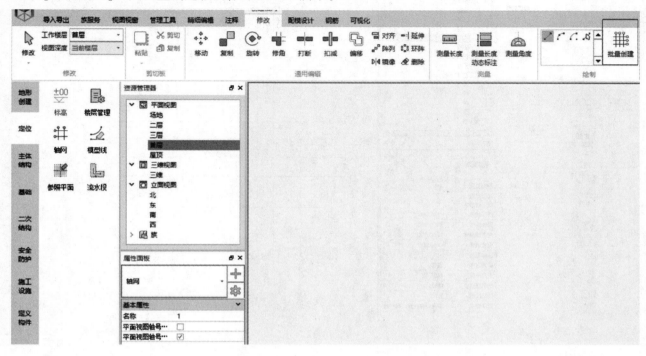

图 14.10

点击【批量创建】编辑页面的"向下添加行",分别添加横向轴间距、纵向轴间距至 6 个。鼠标双击各轴间距,按照识读得到的轴间距信息修改参数,如图 14.11 所示。核对无误后,点击确定,在绘图区插入轴网,如图 14.12 所示。

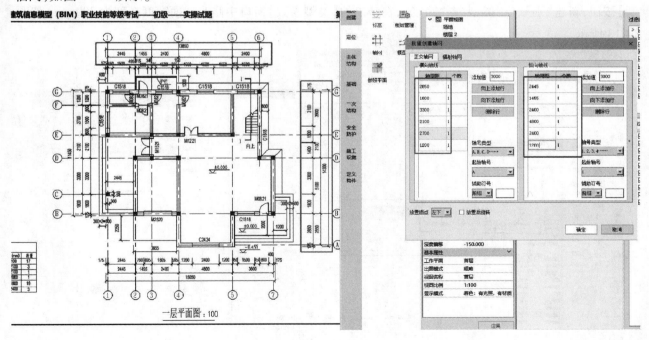

图 14.11

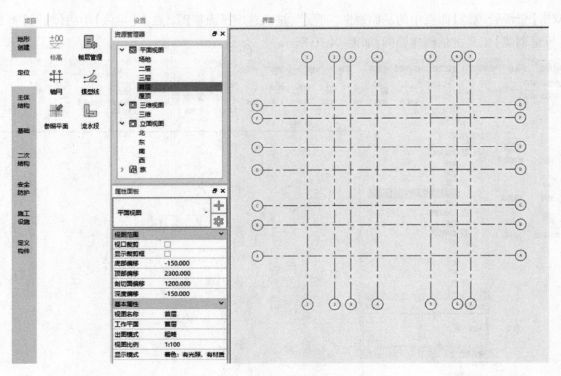

图 14.12

③创建柱

阅读题目说明及识读一层平面图，得知本项目中所有柱体尺寸均为 300 mm×300 mm，柱中心定位于各轴网交点。

点击【主体】结构中【柱】工具，点击下拉三角选择"绘制柱"。在属性面板中，点击十字状【新建类型】按钮，新建"别墅柱"类型，点"确定"，在弹出的【类型参数】窗口中修改截面宽度高度为 300 mm，如图 14.13 所示。

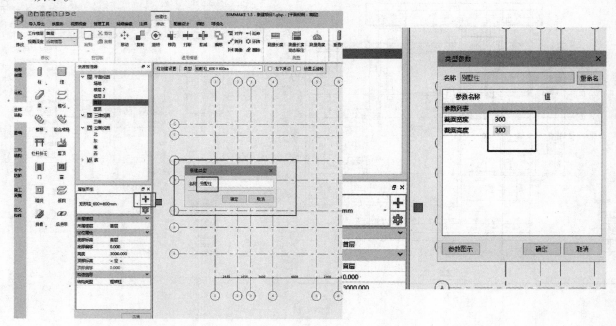

图 14.13

点击属性面板下拉箭头,选择新建的【别墅柱】,设置底部标高为首层,设置顶部标高为二层。依次根据图纸中的柱所在的轴网交点单击放置柱,完成一层所有柱体的创建,如图 14.14 所示。

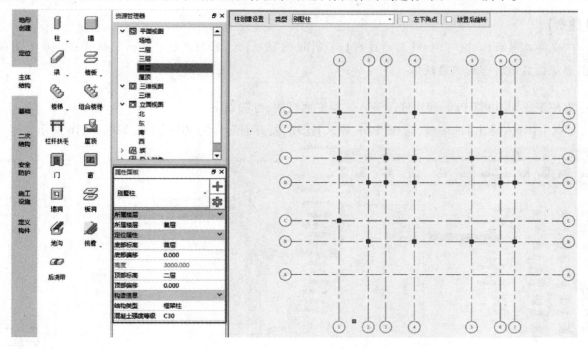

图 14.14

利用鼠标采用框选的方式选中一层所有柱图元,使用【修改】菜单中的【复制】与【对齐粘贴】工具,将柱对齐粘贴至二层标高,结果如图 14.15 所示。

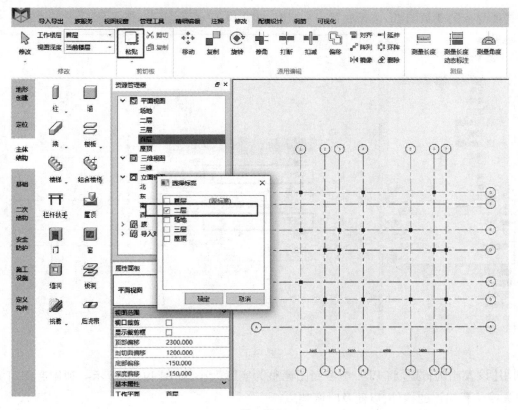

图 14.15

鼠标双击【资源管理器】中平面视图"二层"，切换至二层平面视图，对照二层平面图纸，依次将多余柱体删除或增加柱体，完成二层柱体的创建。

【注意】

观察二层柱体时，可调整【显示过滤】面板【过滤规则】为"按所属楼层显示"，这样在二层平面视图中就仅显示所有的二层柱体。

为便于比对，可将 PDF 参照底图导入二层平面视图，方法如下：

a.点击【导入导出】选项板，选择【PDF 导入】选项，打开需导入的 PDF 图纸，如图 14.16 所示。

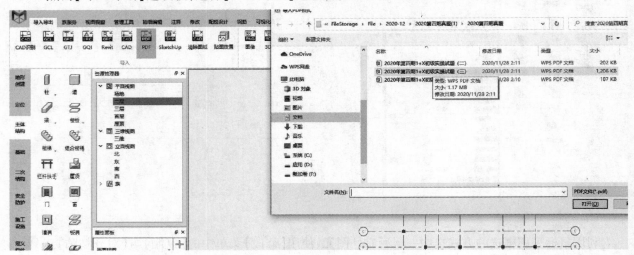

图 14.16

b.选择要导入第 3 页图纸，选择放置于"二层"如图 14.17 所示。

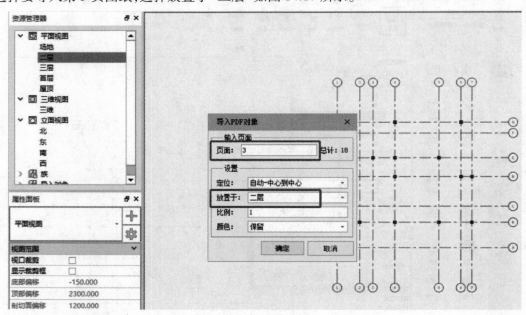

图 14.17

c. 利用【设置比例】选项将 PDF 参考底图调整为实际大小，如图 14.18 所示。利用底图可方便查看是否有缺失或位置错误的构件，以便及时调整。

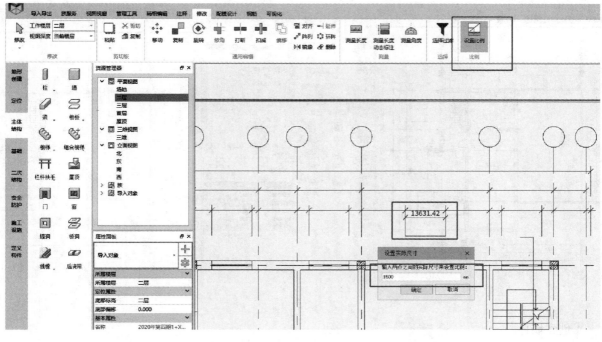

图 14.18

【注意】

在【修改】选项板,选择【移动】选项,可对 PDF 参考底图位置进行移动;在【显示过滤】面板里可勾选或取消勾选"导入对象"来控制显示底图和关闭底图;在【拾取过滤】面板里可勾选或取消勾选"导入对象"来控制是否选中底图,如图 14.19 所示。

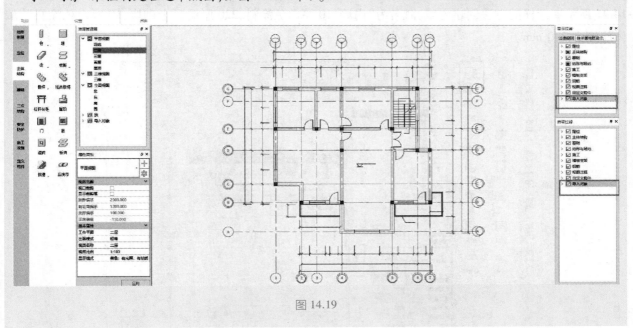

图 14.19

利用同样的方法,复制二层柱体至三层。对照底图进行修改,完成三层柱体的创建,见图 14.20。

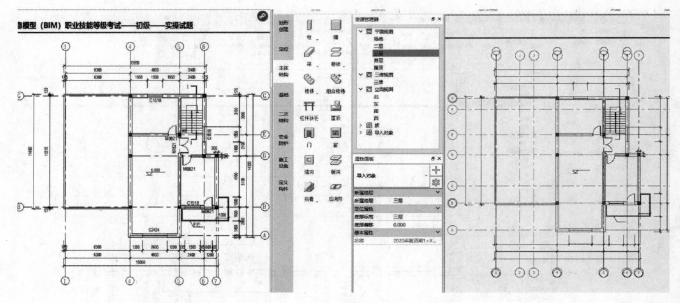

图 14.20

④创建墙体

识读题目说明及各层平面图，得知本项目中外墙为 350 mm 厚，墙体材料为 10 mm 厚灰色涂料、30 mm 厚泡沫保温板、300 mm 厚混凝土砌块、10 mm 厚白色涂料；内墙为 240 mm 厚，墙体材料为 10 mm 厚白色涂料、220 mm 厚混凝土砌块、10 mm 厚白色涂料。墙体均沿轴线对称。

点击【主体结构】中的【墙】工具，新建外墙，命名为"外墙:10 厚灰色涂料、30 厚泡沫保温板、300 厚混凝土砌块、10 厚白色涂料"，以此来解决题目中要求的墙体材质设置问题，墙体厚度设置为 350，如图 14.21 所示。同样的方法创建内墙，命名为"内墙:10 厚白色涂料、220 厚混凝土砌块、10 厚白色涂料"，墙体厚度为 240 mm。

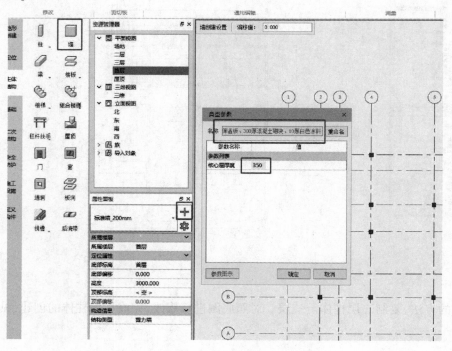

图 14.21

对照一层平面图,墙体结构类型修改为"砌体墙",绘制完成所有外墙,完成结果如图14.22所示。

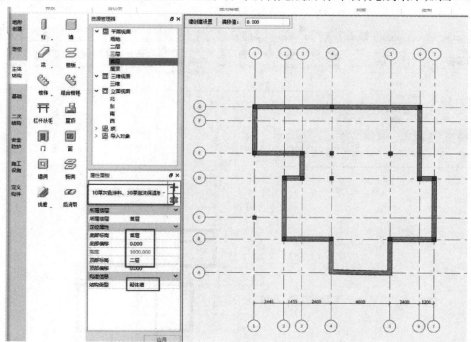

图 14.22

切换墙体类型为"内墙:10 厚白色涂料、220 厚混凝土砌块、10 厚白色涂料",对照一层平面图完成所有内墙绘制,绘制完成效果如图 14.23 所示。可参照绘制柱时,利用参照底图核对墙体绘制是否有多余或遗漏。

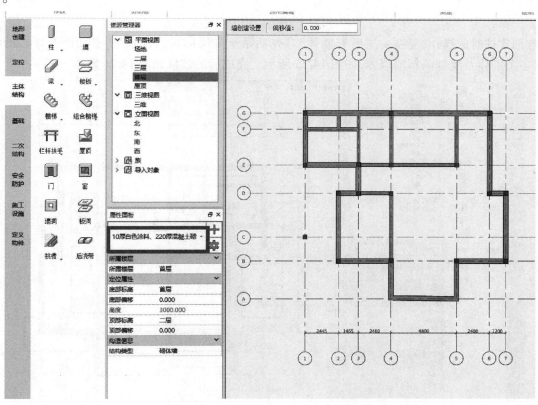

图 14.23

　　框选一层平面中的所有构件,利用【选择过滤】工具,在选择集中仅保留墙体类型图元,如图 14.24 所示。

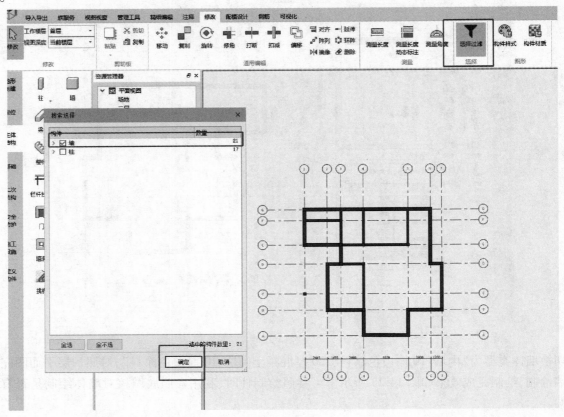

图 14.24

　　参考创建柱时的操作,复制一层所有墙体,对齐粘贴至二层标高,对照二层平面图及导入的参照底图,删除多余墙体及绘制需新增墙体,如图 14.25 所示。完成后的效果如图 14.26 所示。

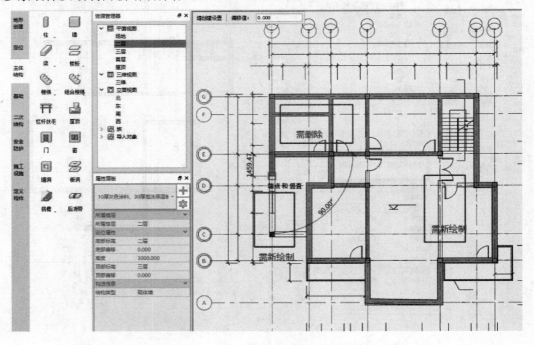

图 14.25

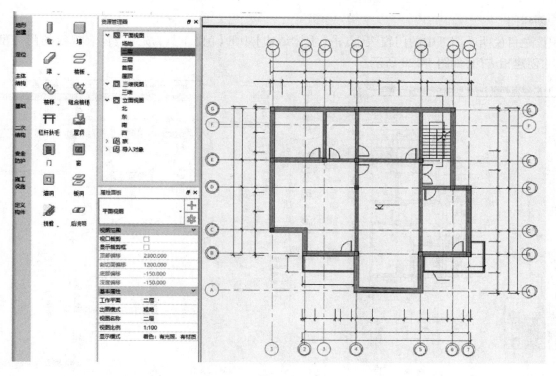

图 14.26

【注意】

观察二层墙体完成情况时，可调整【显示过滤】面板【过滤规则】为"按所属楼层显示"，这样二层平面视图中便仅显示二层墙体。

同样的方法，复制二层墙体至三层，并对照平面图，完成三层墙体修改，最终效果如图 14.27 所示。

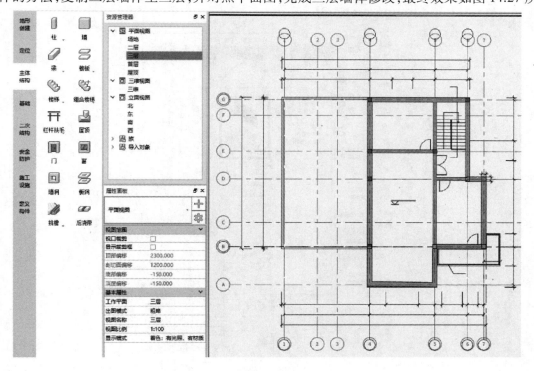

图 14.27

⑤创建门

识读题目说明及图纸中的门窗表，点击【主体结构】中的【门】工具，按照门窗表规定的门类型及编号、尺寸创建相应门，如图 14.28 所示。

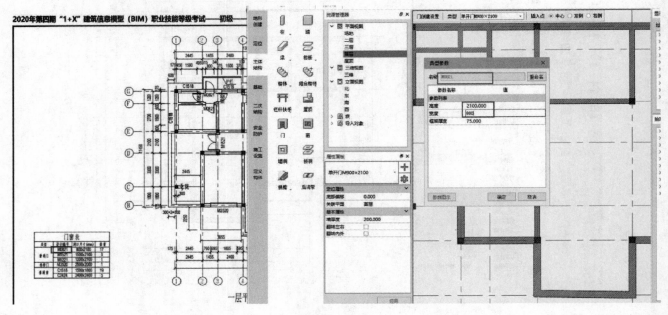

图 14.28

M0821 基于项目自带族"单开门"创建，M1221、M1521 基于项目自带族"双开门"创建，M2520 需基于"卷帘门"创建。需要注意的是，项目自带门族里没有"卷帘门"类型，需要选择【族服务】面板中的【公共构件】，载入构件坞中的"卷帘门"至项目中，如图 14.29 所示。

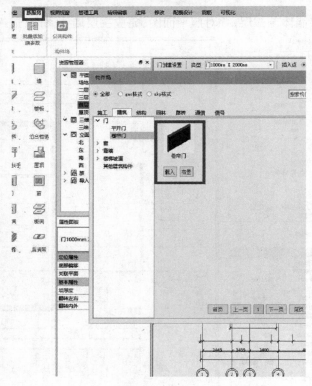

图 14.29

　　对照一层平面图,并利用导入的 PDF 参照底图,依次将普通门 M0821,M1521,M1221,M2520 放置在墙体相应位置,如图 14.30 所示。

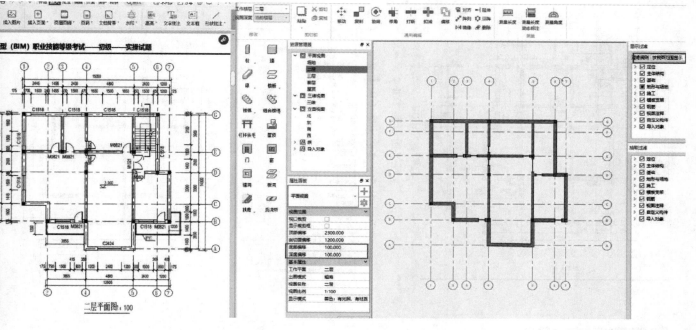

图 14.30

　　初步放置时只需保证位置近似即可,之后调整各门临时尺寸标注,将明确标注定位尺寸的门进行精确调位。例如,调整②号轴线及③号轴线间的 M0821 位置时,左键选中 M0821 就会出现相应的临时尺寸标注,之后拖动左侧临时尺寸标注夹点(若无法选中夹点,可用 Tab 键切换选择),使其与②号轴线重合,对照平面图将左侧临时尺寸标注修改为 315,如图 14.31 所示。

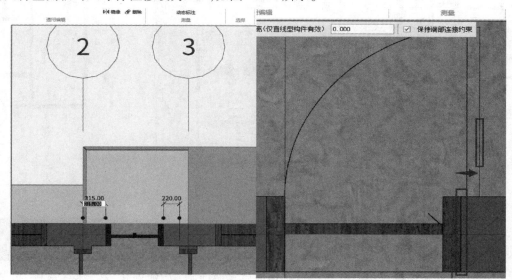

图 14.31

【注意】

　　除了利用临时尺寸标注进行门精确调位,还可以利用【修改】面板中的【对齐】工具,将构件门边线与参照底图中门边线对齐,提高效率。

利用同样的方法,完成二层平面视图及三层平面视图中的门创建,完成后的效果分别如图 14.32、图 14.33 所示。

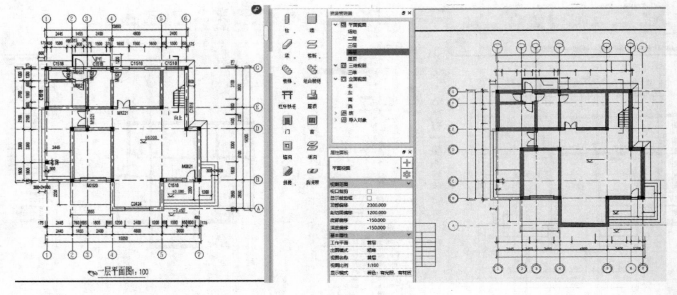

图 14.32

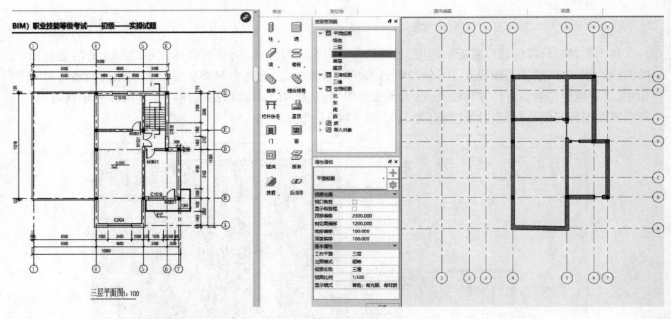

图 14.33

【注意】

在观察二层及三层平面视图时,若需要视图仅显示本层的墙体及门窗,需调整【显示过滤】面板【过滤规则】为"按所属楼层显示",并将平面视图属性面板中的"底部偏移"及"深度偏移"由"-150"修改为150。深度偏移表示在楼层当前剖切位置,向楼板方向能够显示的深度范围。

⑥创建窗

创建窗的方式与门类似。识读题目说明及图纸中的门窗表,点击【主体结构】中的【窗】工具,按照门窗表规定的窗类型及编号、尺寸创建相应窗。C1518 及 C2424 均基于项目自带的"窗 1000 mm×1500 mm"创建。

对照一层平面图,并利用导入的 PDF 参照底图,依次将普通窗 C1518、C2424 放置在墙体相应位置,如图 14.34 所示。

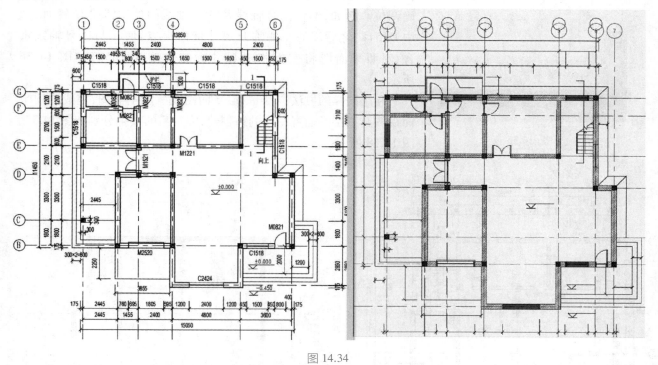

图 14.34

【注意】

可利用【视图视窗】想象中的【视图对象样式】工具将砌体墙的面透明度设为"0",以使图中的窗位置在平面视图中可以看见,如图 14.35 所示。

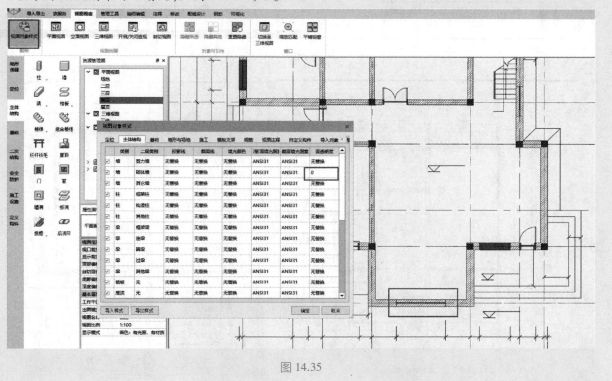

图 14.35

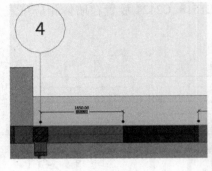

图 14.36

参考上一步创建门时的操作,利用调整【临时尺寸标注】或【修改】面板中的【对齐】工具,将明确标注定位尺寸的窗进行精确调位。例如,调整④号轴线及⑤号轴线间的 C1518 位置时,选中 C1518,之后拖动左侧临时尺寸标注夹点,使其与④号轴线重合,对照平面图将左侧临时尺寸标注修改为 1650,如图 14.36所示。

利用同样的方法,对照二层平面图及三层平面图,完成二层平面视图及三层平面视图中的窗创建,完成后的效果分别如图 14.37、图 14.38 所示。

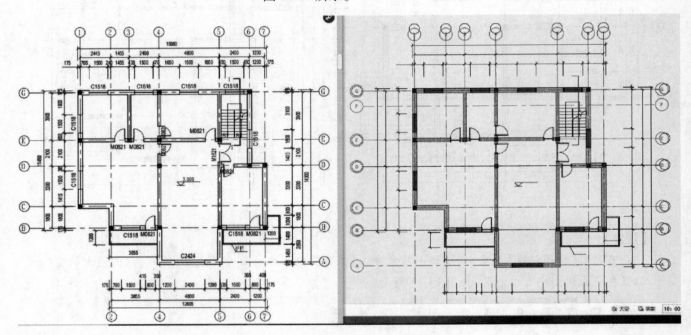

图 14.37

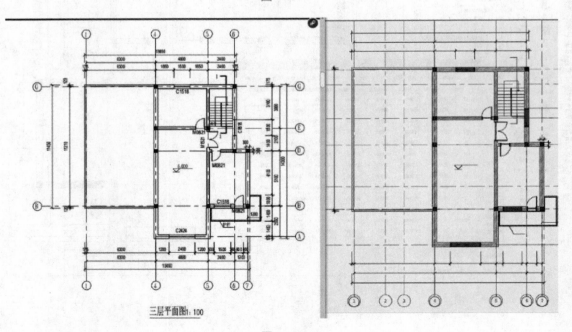

图 14.38

下面进行窗台高度批量修改。

切换至三维视图,鼠标框选项目所有构件,利用【选择过滤】工具筛选出所有窗构件,如图 14.39 所示。

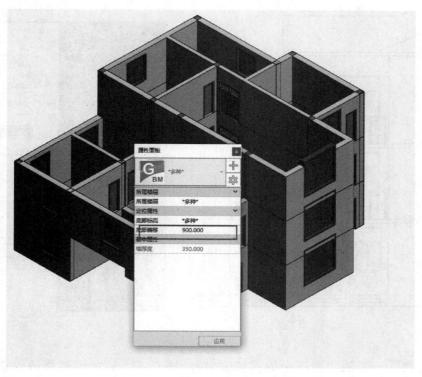

图 14.39

在【属性面板】中修改所有窗"底部偏移"为 900,如图 14.40 所示。

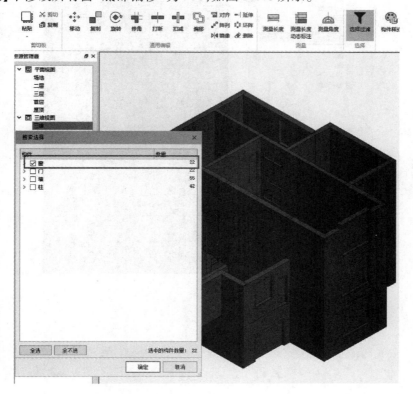

图 14.40

　　之后，结合立面图识读得知的窗离地高度信息，切换至相应立面视图，选中对应窗，修改底部偏移。将①—⑦轴立面图中的首层、二层、三层的窗 C2424 底部偏移应修改为 200，见图 14.41。

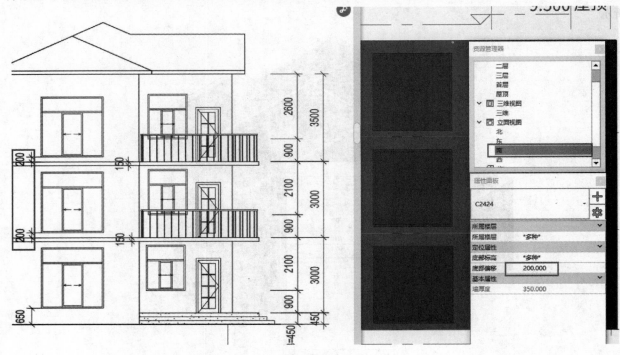

图 14.41

　　同样的方法，将⑦—①轴立面图中的首层、二层的窗 C1518 底部偏移修改为 2300，如图 14.42 所示。

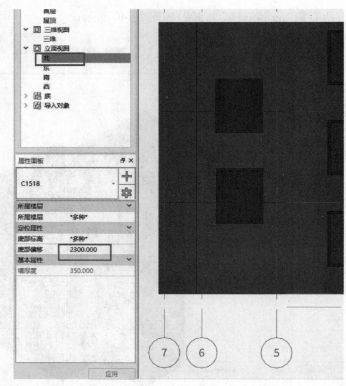

图 14.42

【注意】

对于修改底部偏移后嵌入其他层墙体的窗户,其嵌入部分会被墙体遮挡,需利用【主体结构】中的【墙洞】工具在嵌入墙体处插入墙洞,参数设置如图 14.43 所示。

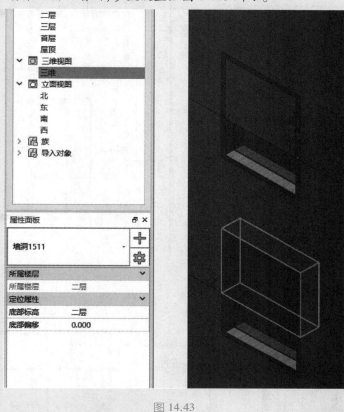

图 14.43

⑦创建楼板

点击【主体结构】中的【楼板】工具,点击"绘制楼板",新建楼板类型,命名为"楼板:150 厚混凝土",厚度参数设置为 150,以满足题目对材质设置的要求,如图 14.44 所示。

在编辑楼板轮廓线状态下,选择"拾取线",依次鼠标点击拾取外墙外边线,完成后效果如图 14.45 所示。

利用【修改】面板中的【修角】工具,对拾取的边线依次修角,形成楼板轮廓,如图 14.46 所示。点击"编辑轮廓线"后的对勾,完成一层楼板创建。

复制一层楼板,对齐粘贴至二层标高。选中二层楼板,点击【编辑楼板】工具,对照二层平面图,利用"直线""拾取线""修角""删除"等工具,将楼梯间处轮廓留出,修改楼板轮廓至图 14.47 所示形状,打钩确认,完成二层楼板创建。

复制二层楼板,对齐粘贴至三层标高。参照之前的操作,选中三层楼板,点击"编辑楼板",对照三层平面图,利用"直线""拾取线""修角""删除"等工具,修改楼板轮廓至图14.48所示形状,打钩确认,完成三层楼板创建。

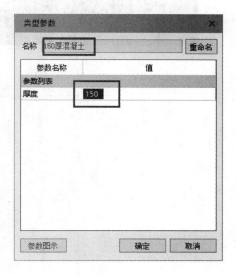

图 14.44

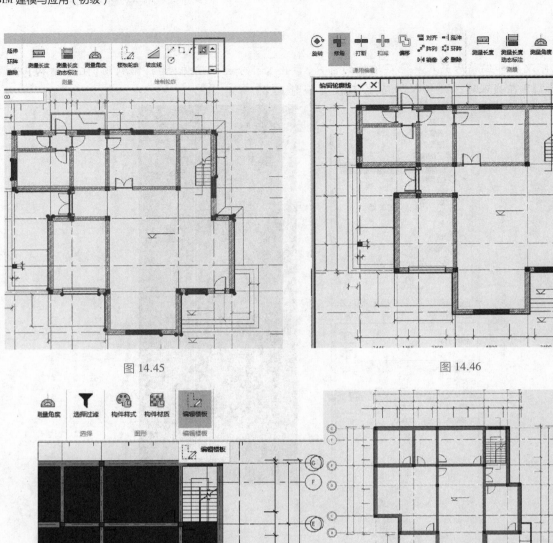

图 14.45

图 14.46

图 14.47

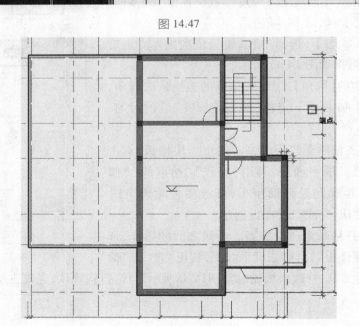

图 14.48

⑧创建屋顶

鼠标双击【资源管理器】中的【屋顶】,切换至"屋顶"平面视图。修改屋顶平面视图属性面板中的深度偏移至−600,使三层墙体显示在屋顶平面视图中,如图 14.49 所示。

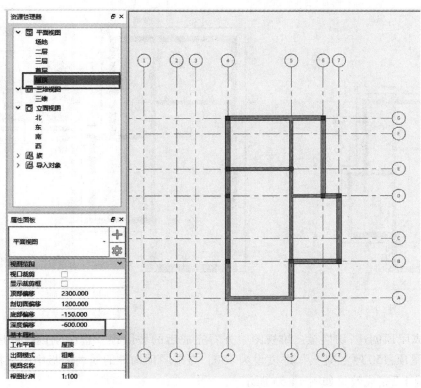

图 14.49

点击【主体结构】中的【屋顶】工具,进入屋顶轮廓编辑状态。识读屋顶平面图可知,屋顶轮廓距离 A 轴线为 275,距离其余尺寸定位轴线距离为 675,也就是距离外墙外边沿 500。使用【拾取线】工具,调整偏移量为 500,依次拾取相应外墙外边线,如图 14.50 所示。

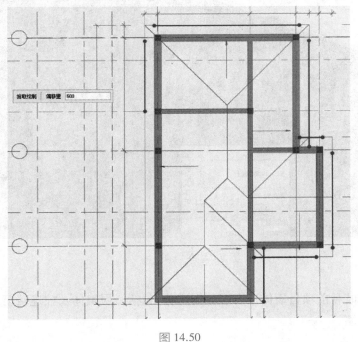

图 14.50

调整拾取线偏移距离为 100，拾取 A 轴线上外墙外边线。利用【修角】工具，完成屋顶轮廓编辑，如图 14.51 所示。

选中屋顶成坡的相应轮廓线，在属性面板中勾选"定义屋顶坡度"选项，坡度定义方式选择为"坡度比"，将题目中要求的 45∶100 坡度比填入"坡度比"后的空白处，如图 14.52 所示。

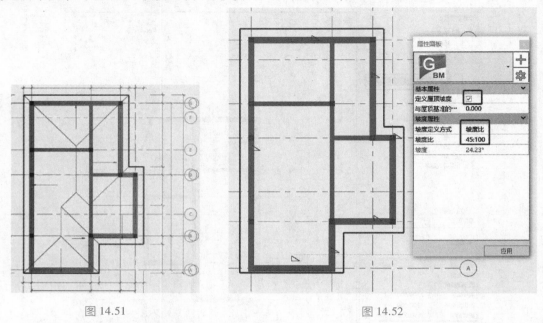

图 14.51                                          图 14.52

打钩确认完成屋顶创建，切换至三维视图中查看完成后的坡屋顶。选中刚创建的屋顶构件，新建屋顶类型，命名为"屋顶：150 厚混凝土"，厚度设为 150。点击屋顶构件的属性面板中的下拉箭头，将其改为"屋顶：150 厚混凝土"完成效果如图 14.53 所示。

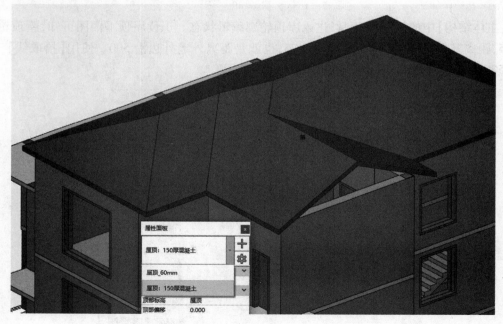

图 14.53

⑨墙体完善

观察三维模型可知，目前项目墙体还有多处需完善，包括三层墙体及柱连接至屋顶、首层外墙延伸至室外场地、新创建女儿墙。

首先,将三层墙体及柱连接至屋顶。切换至"三层"平面视图,鼠标框选三层所有构件,利用【选择过滤】工具筛选出所有三层墙体。切换至三维视图,选择【附着到顶】工具,选择延伸至"下表面",之后点击屋顶,使所有三层墙体连接至屋顶,如图 14.54 所示。

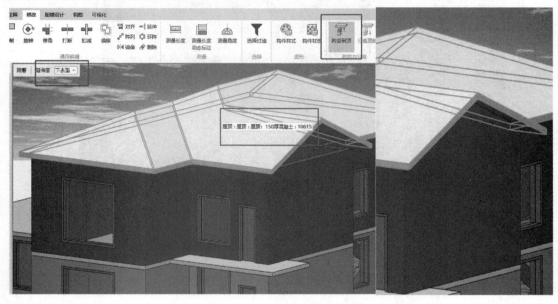

图 14.54

使用相同的操作,选中所有的三层柱,利用【附着到顶】工具,将所有三层柱连接至屋顶,效果如图 14.55 所示。

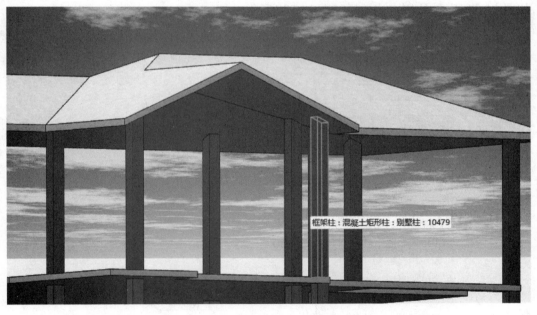

图 14.55

接下来将首层外墙延伸至室外地坪。

切换至首层平面视图,选择所有的"外墙:10 厚灰色涂料、30 厚泡沫保温板、300 厚混凝土砌块、10 厚白色涂料",将底部偏移改为-450,如图 14.56 所示。

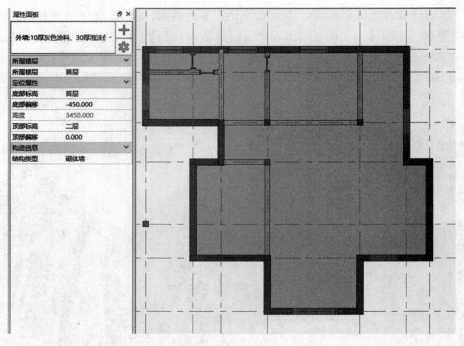

图 14.56

接下来进行女儿墙创建，方法同之前的墙体创建，识读①—⑦轴立面图可知女儿墙高度为 900 mm。

切换至三层平面视图，调用【墙体】工具，新建墙体命名为"女儿墙：120 厚砖砌体"，厚度参数设置为 120。设置墙体底部标高为"三层"，高度为 900，对照三层平面图，设置墙体偏移量为 60，沿楼板轮廓绘制女儿墙，如图 14.57 所示，绘制完成效果如图 14.58 所示。

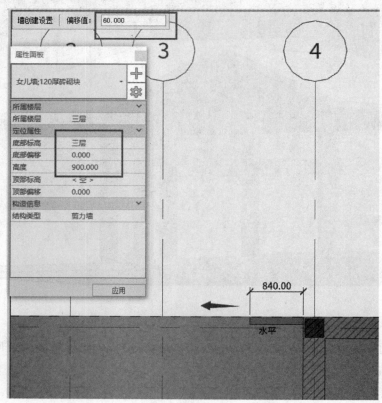

图 14.57

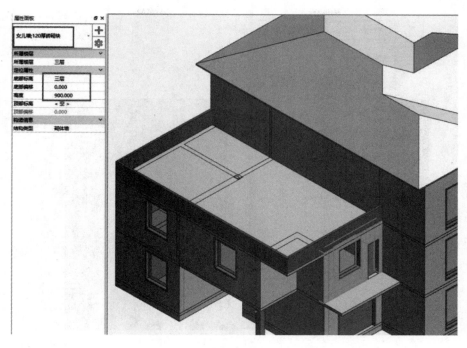

图 14.58

⑩创建楼梯

识读一层、二层、三层楼梯详图及①—①楼梯剖面图可知,本项目中楼梯总宽度为 2105,梯段宽度为 1030,踏板深度为 250,平台宽度为 1300,梯段结构深度为 150。

切换至"首层"平面视图,点击【主体结构】中的【楼梯工具】,选择【整体浇筑楼梯】。基于项目默认楼梯,新建楼梯类型,命名为"别墅楼梯",在类型参数选项板中,依次填入刚刚识读的参数,如图 14.59 所示。

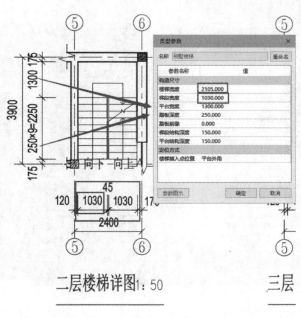

二层楼梯详图 1:50　　　三层

图 14.59

在属性面板中下拉选中刚刚创建的"别墅楼梯",设置底部标高为"首层",顶部标高为"二层",梯面总数为 20,上行段梯面数、下行段梯面数均为 10,点击墙角端点完成梯段创建,如图 14.60 所示。

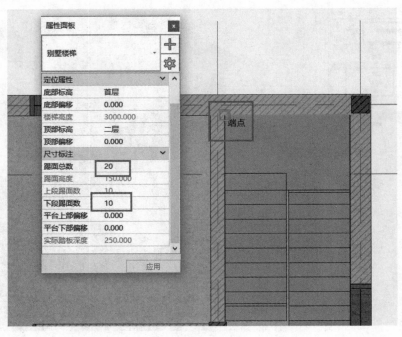

图 14.60

【注意】

　　由于整体浇筑楼梯默认为"左上右下"，因此还需利用【镜像】工具将楼梯沿中心线镜像，如图 14.61 所示。

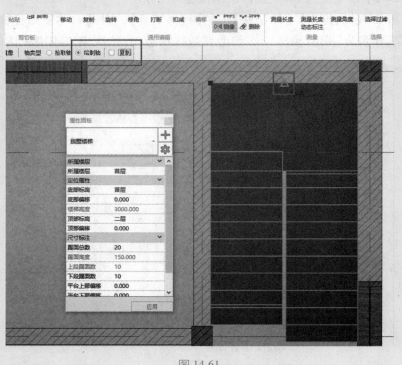

图 14.61

　　一层楼梯创建完成后，点击【主体结构】中的【栏杆扶手】工具，选择【楼梯放置栏杆】。点选刚创建的楼梯构件，即可沿楼梯自动生成栏杆扶手，如图 14.62 所示。选中靠墙侧的栏杆扶手，点击【Delete】键删除。

　　选中楼梯及栏杆扶手利用【复制】【对齐粘贴至标高】操作，复制一层至二层楼梯，粘贴至"二层"标高，完成二层至三层楼梯创建。

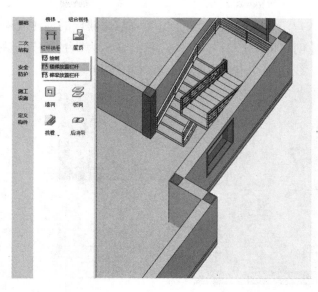

图 14.62

⑪创建台阶、散水、坡道

识读项目图纸可知,在别墅南侧入户门 M0821 及西侧入户门 M1521 处各有两个三级转角台阶,别墅南侧卷帘门 M2520 处及北侧入户门 M0821 处有两处坡道,如图 14.63 所示。其余外墙处均设有宽度为600,厚度为 50 的散水。以上构件均用项目内建族创建。

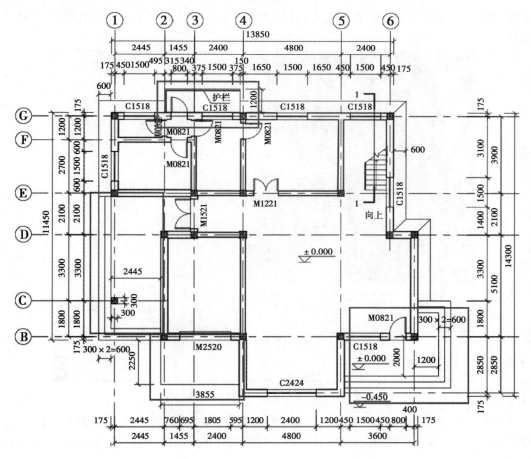

图 14.63

这里以创建别墅南侧入户门 M0821 台阶为例，介绍项目内建族的创建流程。

点击【定义构件】中的【创建构件】工具，新建点式族，命名为"台阶 1"，选择距离Ⓑ号轴线 2000 mm 的参照平面与东侧外墙外边线的交点作为构件插入点，如图 14.64 所示。

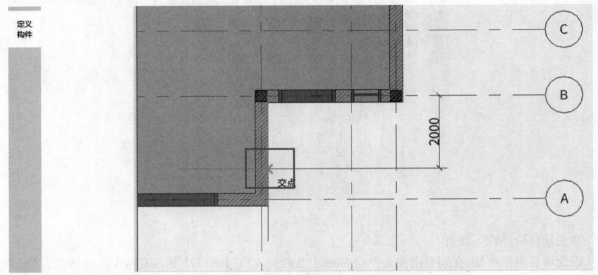

请指定构件插入点 | [砌体墙：基本剪力墙：外墙:10厚灰色涂料、30厚泡沫保温板、300厚混凝土砌块、10厚白色涂料] 和 参照平面的交点

图 14.64

进入族编辑器后，选择【放样体】工具，点击【绘制路径】，对照一层平面图，绘制如图14.65所示路径，并打钩确认。

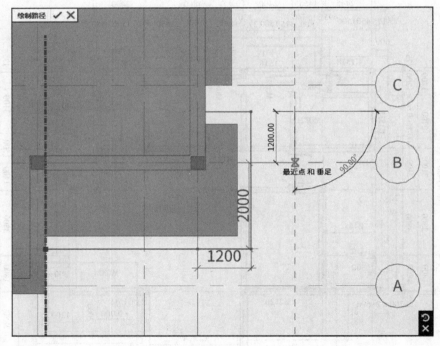

图 14.65

点击"绘制轮廓"，在弹出的"转到视图"面板中选择打开"右"视图。在打开的右视图中，鼠标双击【项目视图】面板中的"东"视图，显示出项目构件。对照别墅东立面图，绘制如图 14.66 所示轮廓，打钩确认，完成台阶创建。

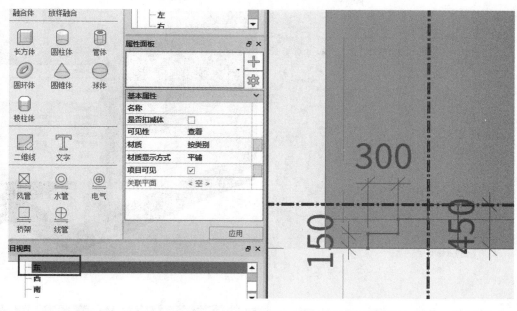

图 14.66

台阶创建完成后,利用【楼板】工具绘制楼板,将台阶与外墙间的空隙用楼板补全,如图 14.67 所示。

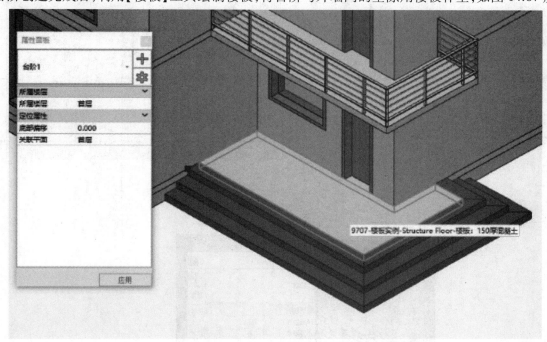

图 14.67

利用同样的方法,创建西侧入户门 M1521 处台阶,命名为"台阶2"。构件插入点、放样路径及完成效果如图 14.68 所示。绘制放样轮廓时打开"南"视图,参照"台阶1"尺寸绘制。台阶与外墙间空缺依然用楼板补全。

坡道与散水也利用内建族"放样体"创建。别墅南侧卷帘门 M2520 处坡道创建放样体时的路径、轮廓及完成效果如图 14.69 所示。

别墅北侧入户门 M0821 处坡道创建放样体时的路径及轮廓如图 14.70 所示。

本题目中散水的宽度为 600,厚度为 50,坡度未明确,我们按照一般常见的 3% 坡度绘制,也就是散水靠外墙一端比另一端高 600×3%=18。散水创建放样体时路径及轮廓如图 14.71 所示。

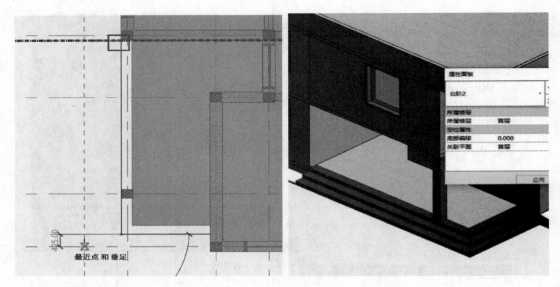

图 14.68

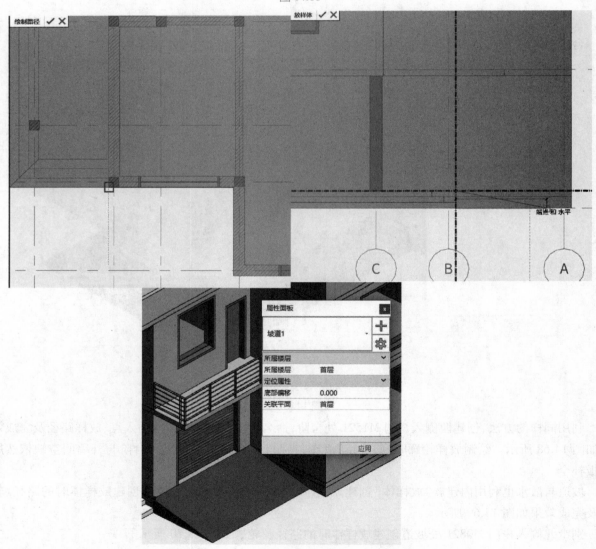

图 14.69

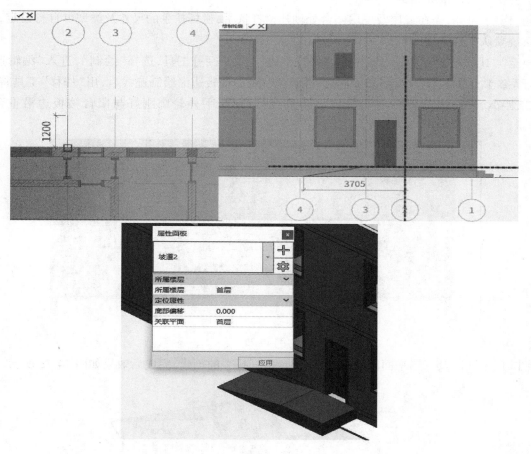

图 14.70

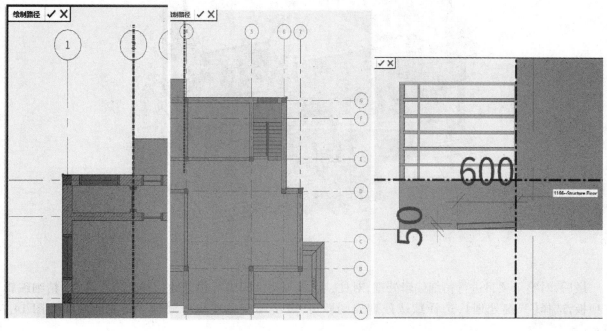

图 14.71

⑫栏杆扶手以及精细编辑

由题目要求可知，需在二层及三层阳台处创建栏杆扶手，栏杆扶手的尺寸及类型可自行设定，这里直接选择系统默认栏杆类型即可。

切换至"二层"平面视图，点击【主体结构】中的【栏杆扶手】工具，选择"绘制"，进入"编辑迹线"状态。由于系统默认的栏杆类型为 50 mm 直径圆管扶手，沿楼板边沿绘制迹线后，用"偏移"工具将迹线向内偏移 25 距离，并使用"修角"工具修剪多余迹线，以使扶手外轮廓刚好与阳台楼板边沿重合，如图 14.72 所示。

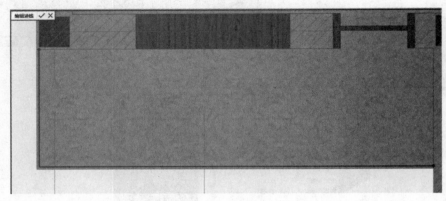

图 14.72

对照二层平面图及三层平面图，完成所有阳台栏杆扶手的创建，完成后效果如图 14.73 所示。

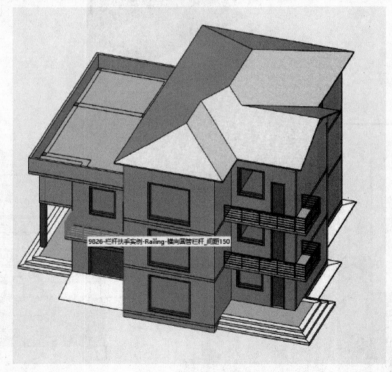

图 14.73

最后，对整个项目进行精细编辑处理，对柱、墙、板等构件间进行相应的扣减处理。点击【精细编辑】选项板，选择【一键处理】，选择默认处理规则即可，点击确定完成扣剪处理。完成后效果如图 14.74 所示。

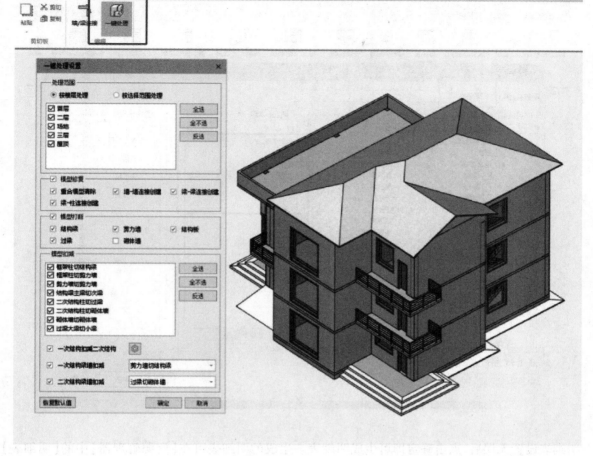

图 14.74

## 3）BIM 综合建模成果输出

### （1）题目要求

#### ①创建图纸

创建门窗明细表，门明细表要求包含：类型标记、宽度、高度、合计字段；窗明细表要求包含：类型标记、底高度、宽度、高度、合计字段；并计算总数。

创建项目一层平面图，创建 A3 公制图纸，将一层平面图插入，并将视图比例调整为1∶100。

#### ②模型渲染

对房屋的三维模型进行渲染：质量设置为"中"，背景设置为"天空：少云"，照明方案为"室外：日光和人造光"，其他未标明选项不做要求，结果以"别墅渲染.jpg"为文件名保存至本题文件夹中。

#### ③模型文件管理

将模型文件命名为"别墅+考生姓名"，并保存项目文件。

### （2）具体操作

#### ①创建项目门窗明细表

首先，创建"门明细表"。点击【视图视窗】选项板，选择【门窗明细表】工具。根据题目要求，在弹出的【明细表设置】界面中，修改"明细表名称"为"门明细表"；在"可选类别及字段"中仅勾选"门"；在明细字段中删除多余字段，保留类型名称、宽度、高度以及数量汇总；设置统计范围为"整个项目"，如图 14.75 所示。

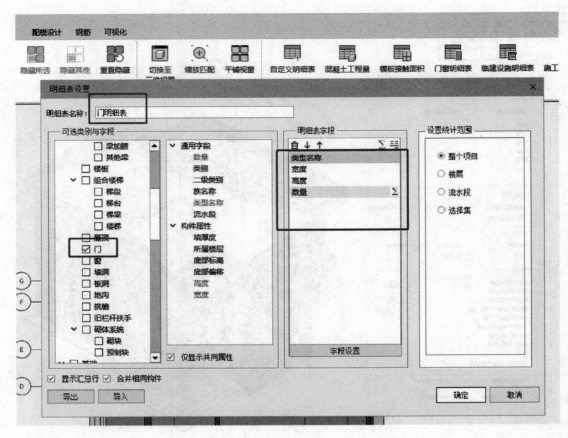

图 14.75

　　明细表设置无误后，点击确定即可生成明细表。生成的明细表可在【资源管理器】中的【明细表】一栏中查阅，也可导出 Excel 文件，如图 14.76 所示。

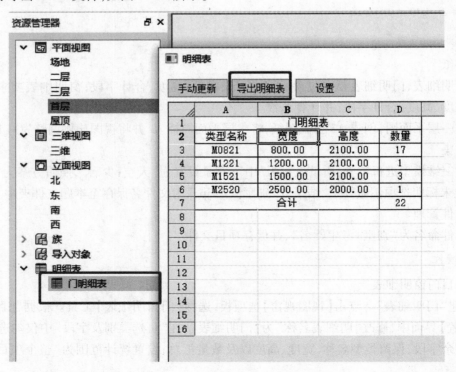

图 14.76

　　利用类似的方法创建"窗明细表"。根据题目要求,窗明细表要增加"底部偏移"字段,具体明细表设置见图 14.77。"窗明细表"结果如图 14.78 所示。

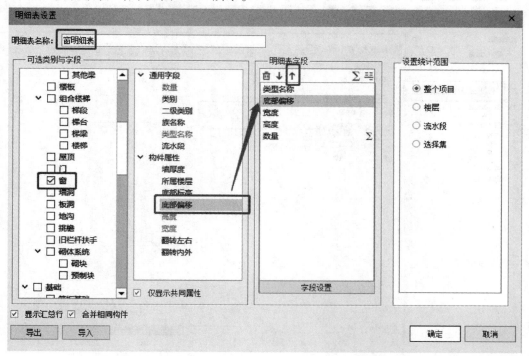

图 14.77

图 14.78

②创建图纸

　　在 BIMMAKE 中可以通过【导入导出】选项板中的【CAD】工具来导出项目对应视图的 CAD 图纸。例如,若要导出项目的一层平面图,我们切换至"首层"平面视图,点击【CAD】工具,选择"仅当前视图",即可导出本项目一层平面的 CAD 图纸,如图 14.79 所示。

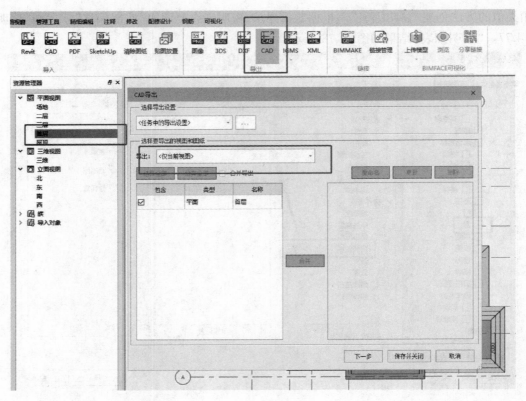

图 14.79

　　本题目中需要创建 A3 公制图纸，并将一层平面图插入后导出。针对此类问题，我们可以用模型线，在"首层"平面视图中绘制相应图纸的图幅和图框线来达到创建图纸的目的。

　　切换至平面视图，点击【定位】中的【模型线】工具，用直线绘制放大 100 倍的 A3 图幅 42000×29700，之后用【修改】中"偏移""工具，左、上、右、下分别偏移 2500，500，500，500 来形成图框，最后用【修改】中的"修角"工具，完成图框修剪，效果如图 14.80 所示。

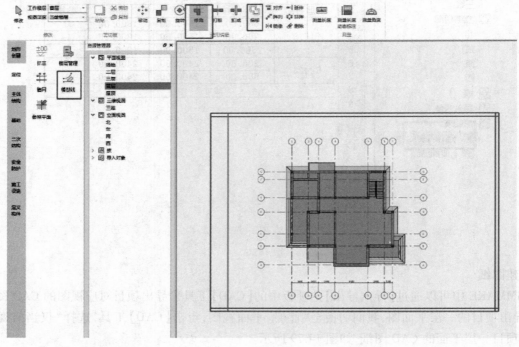

图 14.80

点击【导出 CAD】工具，选择"仅当前视图"，导出"别墅—首层.dwg"文件，导出效果如图 14.81 所示。

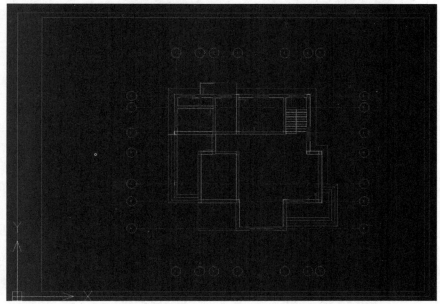

图 14.81

③模型渲染

在 BIMMAKE 中内置有默认渲染引擎并可以安装广联达建筑效果可视化设计平台 FalconV，可以通过【可视化】选项板中的【场景模式】【渲染设置】设置不同渲染场景，利用【导出图片】【导出全景图】【导出动画】及【在 FalconV 中浏览】来满足不同程度的项目可视化成果输出需要，包括导出项目所需的效果图、演示动画及实时观看建筑效果等，如图 14.82 所示。

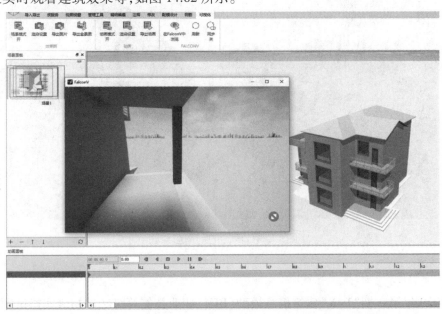

图 14.82

本题目中要求按照题目相关要求设置渲染参数，对模型进行渲染，并导出渲染图片。

首先，点击【可视化】工具中的【场景模式】选项，打开场景模式。接下来，点击【可视化】工具中的【渲染设置】工具，在打开的【场景渲染设置】页面中将【渲染引擎】选择为"FlaconV 渲染引擎"，之后按照题目要求依次修改相关参数并保存设置，如图 14.83 所示。最后点击【导出图片】，将其命名为"别墅渲染.jpg"，完成后效果如图 14.84 所示。

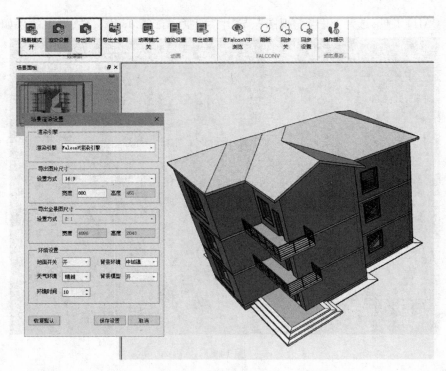

图 14.83　场景模式与渲染设置

图 14.84　导出的别墅渲染图

## 14.2.3　真题实训

下文来自 2020 年第一期"1+X"建筑信息模型（BIM）职业技能等级考试初级实操试题。

根据以下要求和给出的图纸，创建模型并将结果输出。在考生文件夹下新建名为"第三题输出结果"的文件夹，将结果文件保存至该文件夹中。

1）BIM 建模环境设置

项目发布日期：2020 年 2 月 20 日

2）BIM 参数化建模

根据给出的图纸创建标高、轴网、墙、门、窗、楼板、屋顶、台阶、坡道、散水、楼梯栏杆扶手等土建模型。要求参照结构表、门窗表和图纸，未明确部分考生可自行定义。

3）建立门窗明细表

门窗明细表均应包含"类型、类型标记、宽度、高度、标高、低高度、合计"字段，按类型和标高进行排序。

4）创建图纸

创建二层平面布置图及正（南）立面布置图两张图纸。

①图框类型：A3 公制图框；类型名称：A3 视图。

②对外部主要尺寸进行标注。

③标题要求：视图上的标题必须和考题图纸一致，图纸名称和考题图纸一致。

5）模型渲染

对房屋的三维模型进行渲染：照明方案设置为"仅日光"，背景设置为"天空：无云"，质量设置为"高"，其他未标明选项不做要求。结果以"小别墅渲染+考生姓名.jpg"为文件名保存至本题文件夹中。

文件以"小别墅+考生姓名"命名项目文件，保存至考生文件中。

结构表、门窗表如图 14.85 所示（图纸见附录 2）。

| | 结构表 | | 门窗表 | | |
|---|---|---|---|---|---|
| 构建名称 | 构建要求 | | 名　称 | 门窗尺寸 | 备　注 |
| 外墙-360 | 混凝土厚 360 mm，保温层厚 60 mm，内外面层 20 mm 厚白色涂料 | | C-1 | 3000×1500 | 双层单列组合窗 窗底高 900 |
| 内墙-240 | 砌块厚 240 mm，内外面层 20 mm 厚白色涂料 | | C-2 | 1200×1500 | |
| | | | C-3 | 900×1800 | |
| 楼地面-100 | 混凝土厚 90 mm，砂浆厚 10 mm | | M-1 | 1500×2400 | 双面嵌板门 |
| | | | M-2 | 900×2400 | 单扇门 |
| 屋顶-200 | 结构层厚 100 mm，上部保温板厚 60 mm，上下面层 20 mm 厚涂料 | | M-3 | 2400×2700 | 滑升门 |
| | | | M-4 | 2700×2400 | 四扇推拉门 |

图 14.85

# 14.3 　外廊式教学楼综合建模试题解析

## 14.3.1 　考点说明

本节通过外廊式教学楼综合建模例题解析，使大家更好地掌握综合建模的流程及建模技巧。

| 考评内容 | 技能要求 | 对应考评大纲要求 |
|---|---|---|
| 模型创建 | 能够根据提供的图纸进行 BIM 参数化建模 | 1.掌握建筑施工图的识读。<br>2.掌握实体创建方法，如柱、墙、门、窗、楼板、屋顶、台阶、散水、楼梯及屋顶水箱等。<br>3.掌握实体编辑方法，如移动、复制、旋转、偏移、阵列、镜像、删除等。 |

### 14.3.2 例题解析

**1）题目要求**

①根据给出的图纸创建标高、轴网、柱、墙、门、窗、楼板、屋顶、台阶、散水、楼梯及屋顶水箱等，门窗需按门窗表尺寸完成，未标明尺寸不做要求（图纸见附录3）。

②主要建筑构件参数要求如表 14.2 所示。

表 14.2　主要建筑构件参数要求

| 内　容 | 构造做法及参数说明 |
|---|---|
| 外墙 | 200 mm（10 mm 厚灰色涂料、30 mm 厚泡沫保温板、150 mm 厚混凝土砌块、10 mm 厚白色涂料） |
| 内墙 | 200 mm（10 mm 厚白色涂料、180 mm 厚混凝土砌块、10 mm 厚白色涂料） |
| 卫生间隔墙 | 120 mm（10 mm 厚白色涂料、100 mm 厚混凝土砌块、10 mm 厚白色涂料） |
| 走廊护栏 | 100 mm 厚混凝土 |
| 女儿墙 | 100 mm 厚混凝土 |
| 屋顶水箱 | 100 mm 厚混凝土 |
| 楼板 | 100 mm 厚混凝土 |
| 屋顶 | 100 mm 厚混凝土 |
| 柱子 | 尺寸为 400 mm×400 mm |
| 散水宽度 | 600 mm，厚度 50 mm |

门窗尺寸要求如表 14.3 所示。

表 14.3　门窗尺寸要求

| | 序号 | 门窗编号 | 洞口宽/mm | 洞口高/mm | 门窗数量 | | | | | 名称 |
|---|---|---|---|---|---|---|---|---|---|---|
| | | | | | 一层 | 二层 | 三层 | 屋顶 | 总计 | |
| 门 | 1 | M1 | 1000 | 2700 | 6 | 6 | 4 | | 16 | 夹板门 |
| | 2 | M2 | 1000 | 2400 | 2 | 2 | 2 | | 6 | 夹板门带百叶 |
| | 3 | FM3 | 1500 | 2400 | 2 | 2 | 2 | | 6 | 乙级防火门 |
| 窗 | 4 | C1 | 3000 | 1800 | 6 | 6 | 4 | | 16 | 铝合金推拉窗 |
| | 5 | C2 | 1800 | 1800 | 6 | 6 | 4 | | 16 | 铝合金推拉窗 |
| | 6 | C3 | 1800 | 1400 | | 2 | 2 | | 4 | 铝合金推拉窗 |
| | 7 | C4 | 1200 | 1500 | 3 | 3 | 3 | | 9 | 铝合金推拉窗 |

2）建模思路（见图 14.86）

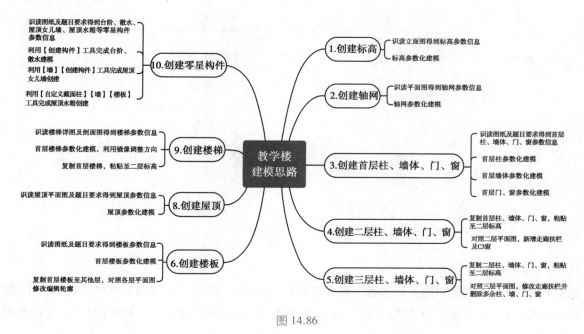

图 14.86

3）具体操作

（1）创建标高、轴网

参照之前项目建模中的相应操作，切换至立面视图，对照给出的"①—⑩立面图"图纸，利用【定位】中的【楼层管理】或【标高】工具依次创建场地、首层、二层、三层、屋顶对应的相关标高，并生成相应的平面视图，完成后效果如图 14.87 所示。

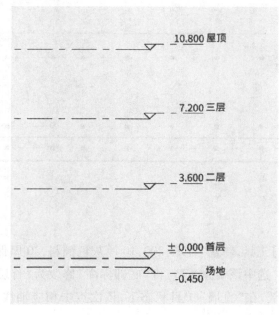

图 14.87

切换至"首层"平面视图，利用【定位】中的【轴网】工具，选择【批量创建】，完成轴网建模，完成后效果如图 14.88 所示。

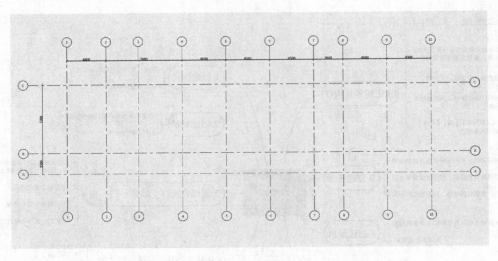

图 14.88

（2）创建首层柱、墙体、门、窗

观察图纸可知,本例题中的外廊式教学楼中首层与二层的柱、墙体、门、窗的定位尺寸区别较小,因此可以在完成首层柱、墙体、门、窗建模后,将其统一复制至二层。可在项目中导入相应的 CAD 或 PDF 参照图纸,方便各构件建模。

切换至"首层"平面视图,选择【主体结构】中的【柱】工具,新建"矩形柱 400mm×400mm"类型。在属性面板中下拉选中"矩形柱 400mm×400mm"类型,将"底部标高"修改为"首层",顶部标高为"二层"。对照给出的"一层平面图"图纸,依次点击Ⓐ号轴线与①—⑩号轴线的交点,完成Ⓐ号轴线上所有柱的初步放置。框选所有Ⓐ号轴线柱体,将其整体复制至Ⓑ号及Ⓒ号轴线,完成后效果如图 14.89 所示。

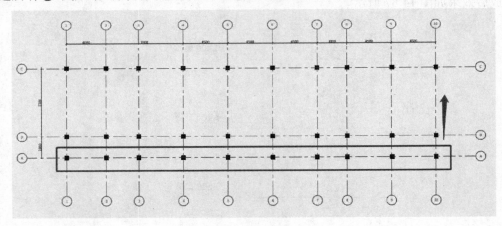

图 14.89

选择【主体结构】中的【墙】工具,新建"外墙:200,10 厚灰色颜料,30 厚保温泡沫板,150 厚混凝土砌块,10 厚白色涂料"墙体类型。选中该墙体类型,将"底部标高"修改为"首层",顶部标高为"二层"。修改结构类型为砌体墙,对照图纸,在"直墙"工具状态下,依次点击相应轴线交点完成一层外墙的创建。完成后效果如图 14.90 所示。

参考上述操作,新建"内墙:200,10 厚白色颜料,180 厚混凝土砌块,10 厚白色涂料"墙体类型以及"隔墙:200,10 厚白色颜料,180 厚混凝土砌块,10 厚白色涂料"。灵活运用"直墙""复制""移动"工具完成内墙及卫生间隔墙的创建。完成后效果如图 14.91 所示。

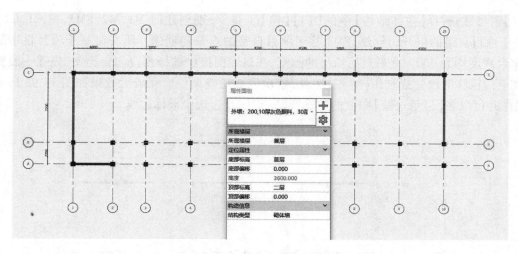

图 14.90

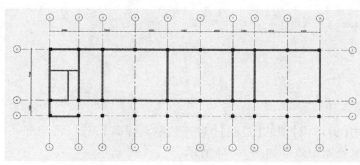

图 14.91

利用【选择过滤】以及【修改】中的"移动""对齐"工具,依次对Ⓐ号、Ⓑ号、Ⓒ号轴线柱体进行调位,完成后如图 14.92 所示。

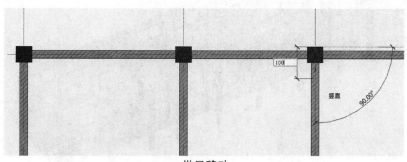

批量移动

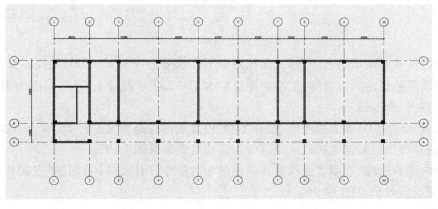

图 14.92

对照门窗参数，选择【主体结构】中的【门】【窗】工具，分别创建门 M1，M2，FM3，窗 C1，C2，C3，C4。M1、M2 基于项目自带的单开门创建，FM3 基于项目自带的双开门创建。所有窗基于项目自带的二分格窗创建，窗台高度均为 900。之后对照给出的图纸，在属性面板中选择相应门窗类型，先逐一放置在大致位置，再调整门窗临时尺寸或利用【对齐】工具，依次完成精确调位。完成后效果如图 14.93 所示。注意"对齐"操作时可以在【显示过滤】中取消勾选"墙"，以防止误选中墙体边线。

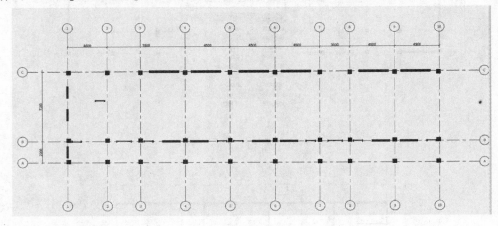

图 14.93

（3）创建二层柱、墙体、门、窗

框选所有构件，利用【剪切板】中的【复制】【对齐粘贴至标高】工具，将全部一层柱、墙、门、窗构件复制至二层，完成后在三维视图中效果如图 14.94 所示。

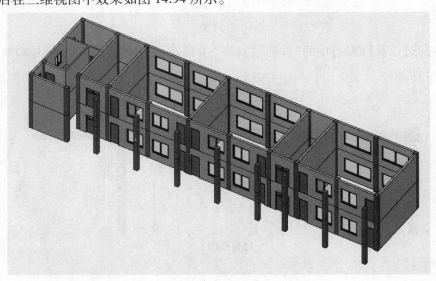

图 14.94

对照给出的图纸及门窗表信息，可知二层相对一层在Ⓐ号轴线与②—⑩号轴线相交处需新创建走廊扶栏。由题目要求及给出的图纸可知，二层走廊扶栏为 100 mm 厚混凝土墙体，高度为 1000 mm，压顶为 100 mm 厚，向外翻出 100 mm。

点击【墙】工具，新建"100 厚混凝土墙"墙体类型，设置底部标高为"二层"，高度为 1000 mm，设置偏移值为 50 mm，延柱外边线绘制走廊扶栏直墙部分。完成后效果见图 14.95。

扶栏压顶由内建族创建，参照之前项目建模中的相应操作，用【放样体】创建"点式构件"，命名为"二层扶栏压顶"。完成后效果见图 14.96。

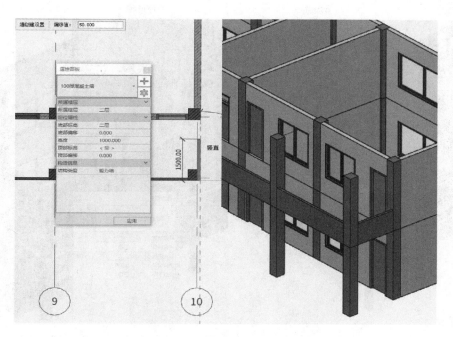

图 14.95

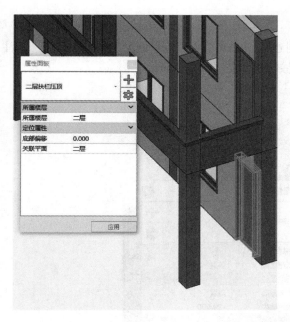

图 14.96

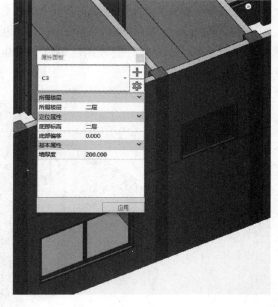

图 14.97

　　对照给出的图纸及门窗表信息,可知二层相对一层在Ⓒ号轴线与②—③号轴线、⑦—⑧号轴线相交处分别需新创建 C3,窗底部标高为二层,底部偏移为 0,完成后效果如图 14.97 所示。

　　(4)创建三层柱、墙体、门、窗

　　参照创建二层构件操作,将二层所有构件复制粘贴至三层平面视图。对照三层平面图,利用【修改】中的【打断】【删除】等工具将⑧—⑩号轴线间的外墙、内墙、门、窗及⑨—⑩号轴线间的柱体删除。完成后三维视图中效果如图 14.98 所示。

　　对照三层平面图及三层走廊扶栏详图,利用【直墙】【修角】工具补完三层扶栏墙,并修改底部标高为"三层",底部偏移为 1400。参照"二层扶栏压顶"创建"三层扶栏压顶",完成后效果如图 14.99 所示。

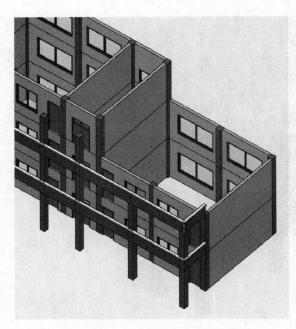
图 14.98

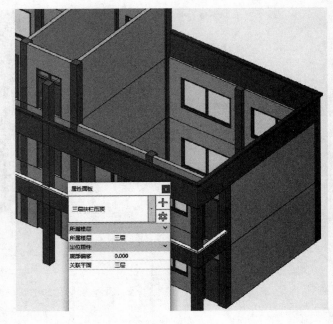
图 14.99

（5）创建楼板、屋顶

参照之前项目建模中的相关操作，绘制楼板轮廓，创建首层楼板，类型为"楼板：100 厚混凝土"。注意走廊处楼板应分开绘制，设置顶部偏移为−20。完成后效果如图 14.100 所示。

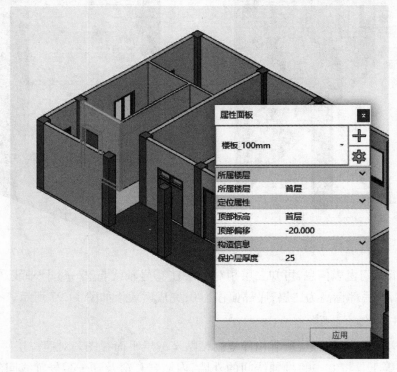
图 14.100

复制一层楼板至其他层。注意二层、三层楼板需向外出墙 100 mm，并应留出楼梯洞口。利用【直线】【对齐】【修角】修改编辑轮廓，完成其他层楼板创建。完成后效果如图 14.101 所示。

屋顶创建参照之前项目建模中的相关操作。切换至"屋顶"平面视图，选择【屋顶】工具，对照屋顶平面图，绘制屋顶轮廓。注意轮廓线应超出相应柱墙边 100 mm，完成后三维效果如图 14.102 所示。

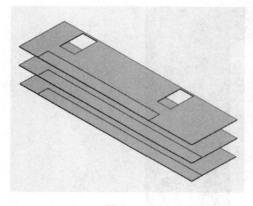

图 14.101

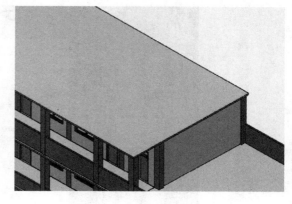

图 14.102

（6）创建楼梯

切换至"首层"平面视图,选择【楼梯】工具,对照给出的一层平面图中的楼梯标注,新建楼梯类型"1
号楼梯",楼梯宽度设置为 3100 mm,梯段宽度设置为 1475 mm,平台宽度设置为 1900 mm,踏板深度设置
为 280 mm,底部高度为"首层",顶部高度为"二层",梯面总数设置为 24,上下梯面数均为 12,选择合适位
置插入楼梯,利用【楼梯放置栏杆】工具创建楼梯栏杆。选中楼梯及栏杆,用【镜像】工具调整方向。完成
后三维效果如图 14.103 所示。

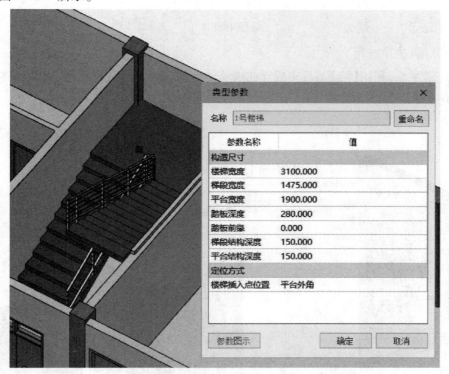

图 14.103

使用同样的方法,创建 2 号楼梯及相应栏杆扶手。利用【剪切板】复制一层的 1 号、2 号楼梯粘贴至
二层。

（7）台阶、散水创建

参照之前项目建模相应操作。利用【创建构件】工具,选择"放样体"依次完成教学楼依台阶及散水
创建。完成后三维效果如图 14.104 所示。

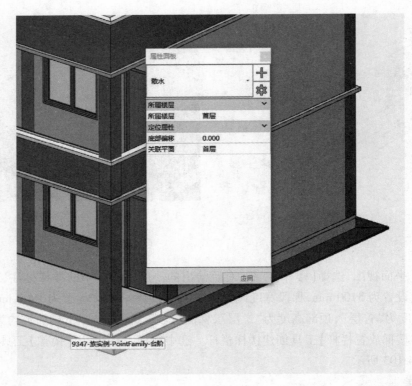

图 14.104

（8）创建女儿墙、屋顶水箱

切换至"屋顶"平面,利用【墙】工具完成女儿墙墙体部分创建,利用【创建构建】放样体完成女儿墙压顶创建。完成后效果如图 14.105 所示。

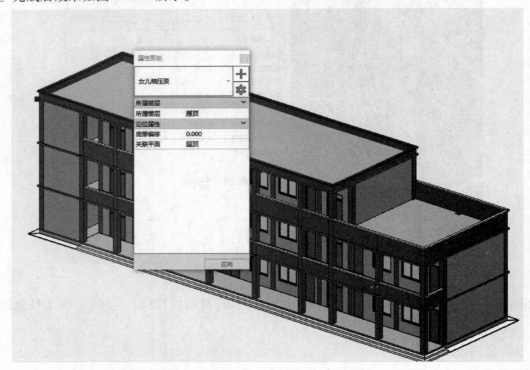

图 14.105

利用【自定义截面柱】【墙】【楼板】工具完成屋顶水箱创建。完成后效果如图 14.106 所示。

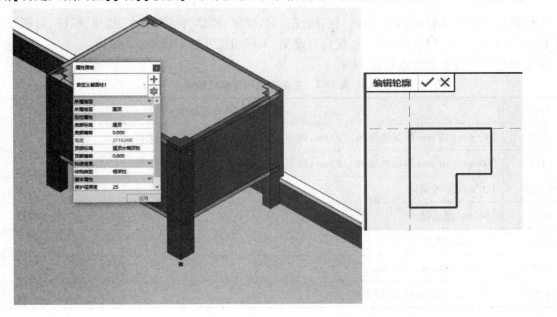

图 14.106

利用【精细编辑】中的【一键处理】对模型进行扣减处理。最终完成模型如图 14.107 所示。

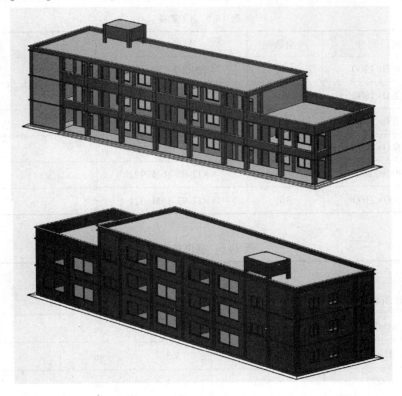

图 14.107

### 14.3.3　真题实训

依据给定的门窗表、楼层信息表及图纸,完成职工宿舍楼模型创建。

（1）题目要求

①根据给出的图纸创建标高、轴网、柱、墙、门、窗、楼板、屋顶、台阶、散水、楼梯、栏杆、雨棚等，尺寸及类型自定。门窗需按门窗表尺寸完成，窗台自定义，未标明尺寸的不做要求。

②主要建筑构件参数要求见表14.4。

表14.4　主要建筑构件参数要求

| 内容 | 构造做法及参数说明 |
|---|---|
| 外墙 | 240 mm（10 mm 厚灰色涂料、220 mm 厚混凝土砌块、10 mm 厚白色涂料） |
| 内墙 | 200 mm（10 mm 厚白色涂料、220 mm 厚混凝土砌块、10 mm 厚白色涂料） |
| 女儿墙 | 120 mm 厚砖砌体 |
| 楼板 | 150 mm 厚混凝土 |
| 屋顶 | 125 mm 厚混凝土 |
| 柱子 | 尺寸为 300 mm×300 mm |
| 散水宽度 | 600 mm（做法见散水详图） |

（2）门窗表（见表14.5、表14.6）

表14.5　门窗表

| 门窗名称 | 洞口尺寸 | 门窗数量 | 图集名称 | 备注 |
|---|---|---|---|---|
| TLC1212 | 1800×1200 | 6 | 06J607-1 图集 | |
| TLC1218 | 1200×1800 | 6 | 06J607-1 图集 | |
| TLC1818 | 1800×1800 | 43 | 06J607-1 图集 | |
| M1527 | 1500×2700 | 2 | ××J7-91 DLM-1527 | |
| M0921 | 900×2100 | 3 | ××J2-93-16M0921 | |
| M1021 | 1000×2100 | 36 | ××J2-93-16M1021 | |

表14.6　楼层信息表

| 楼层 | 类型 | | | | 备注 |
|---|---|---|---|---|---|
| | 建筑标高 | 结构标高 | 层高 | 单位 | |
| 首层 | ±0.000 | −0.030 | 3.3 | m | |
| 二层 | 3.300 | 3.270 | 3.3 | m | |
| 三层 | 6.600 | 6.570 | 3.3 | m | |
| 屋顶 | | 9.870 | | | |

（3）图纸见附录4

## 14.4　弧形阶梯教室综合建模试题解析

### 14.4.1　考点说明

| 考评内容 | 技能要求 | 对应考评大纲要求 |
|---|---|---|
| **BIM 异形实体 模型创建** | 能够根据提供的图纸及题目要求进行异形实体模型创建 | 1.掌握建筑施工图各图纸识读。<br>2.掌握实体创建方法,如标高、轴网、柱、墙、门、窗、屋面板、底部楼板,门、窗等。<br>3.掌握实体编辑方法,如移动、复制、旋转、偏移、阵列、镜像、删除等。<br>4.掌握实体属性定义与参数设置方法。 |

### 14.4.2　例题解析

**1）题目要求**

①根据给出的图纸创建弧形阶梯教室建筑形体,包括标高、轴网、柱、墙、门、窗、屋面板、底部楼板,门窗尺寸位置正确即可(图纸见附录 5)。

②主要建筑构件参数要求见表 14.7。

**表 14.7　主要建筑构件参数要求**

| 内容 | 构造做法及参数说明 |
|---|---|
| 外墙 | 5 mm 灰色涂料,240 mm 厚砖砌体 |
| 内墙 | 5 mm 白色石膏抹灰,240 厚砖砌体,5 mm 厚白色石膏抹灰 |
| 屋面板 | 200 mm 厚混凝土 |
| 地面楼板 | 150 mm 厚混凝土 |
| 屋顶 | 125 mm 厚混凝土 |
| 柱子 | Z1:为 500 mm×500 mm, Z2:为 800 mm×800 mm |

**2）建模思路**(见图 14.108)

**3）具体操作**

(1)绘制标高轴网

对照给出的Ⓐ—Ⓕ立面图,切换至任意立面视图,创建地面、屋顶 1、屋顶 2、屋顶 3 标高。完成后的效果如图 14.109 所示。

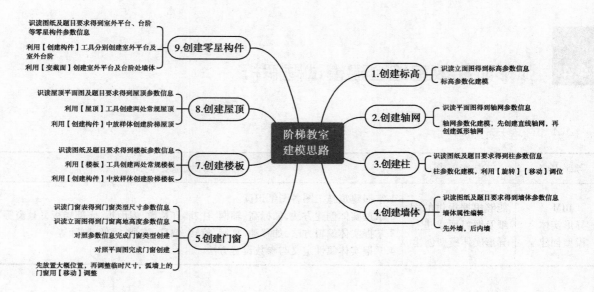

图 14.108

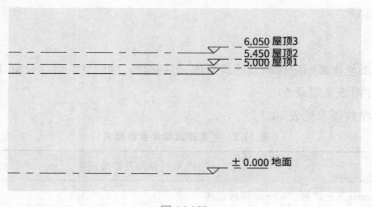

图 14.109

对照给出的建筑平面图，绘制①—⑤号轴网。绘制时先参照之前项目建模中的操作，沿竖直方向绘制①—⑤号轴线，轴间距无需考虑，再按平面图所示将②—⑤号轴线以轴线下端点为旋转中心分别旋转20°，22.5°，35°，45°，如图 14.110 所示。

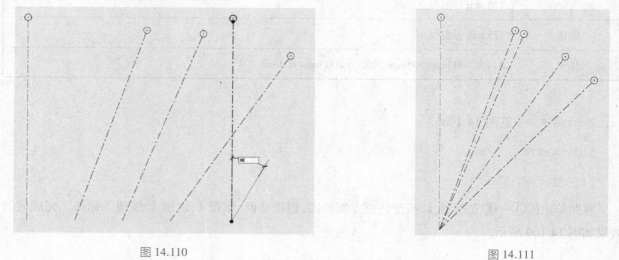

图 14.110                                                      图 14.111

移动②—⑤号轴线使其下部端点与①号轴线下部端点交于一点，完成后的效果如图14.111所示。接下来绘制弧形轴网。

识读给出的建筑平面图可知,Ⓐ号轴线在①号、⑤号轴线之间部分的弧长为 11687,角度为 45°,经计算可知,圆弧对应圆的半径为 14880。

选择创建轴网状态中的【圆心-起点-终点弧】工具,选择①号轴线下部端点为圆心,半径输入 14880,角度输入 45°,绘制出Ⓐ号轴线,如图 14.112 所示。

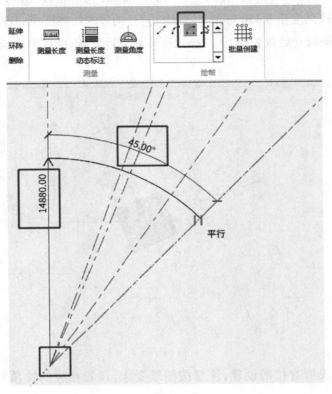

图 14.112

利用【偏移工具】,参照给出的建筑平面图,将Ⓐ号轴线向上依次偏移 5000,6000,6000,6000,4500,创建出Ⓑ—Ⓕ号轴线。拖动①—⑤号轴线端点,调整长度,完成后效果如图 14.113 所示。

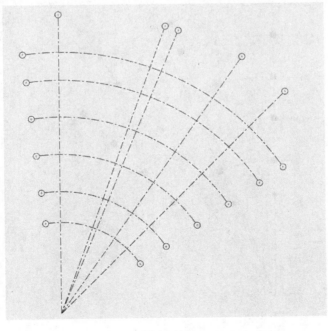

图 14.113

（2）创建柱

新建柱类型"Z1"，截面宽度与截面高度设置为 500；新建柱类型"Z1"，截面宽度与截面高度设置为 800。

识读给出的建筑平面图、1—1 剖面图及 2—2 剖面图可知，Ⓐ号轴线、Ⓑ号轴线、Ⓒ号轴线上的柱高度至 5.000 m，Ⓓ号轴线柱高度至 5.450 m，Ⓔ号轴线、Ⓕ号轴线的柱高度至6.050 m。

对照平面图由Ⓐ号轴线开始放置柱，注意插入柱体后进行旋转，使柱中心线与轴线对齐，如图 14.114 所示。

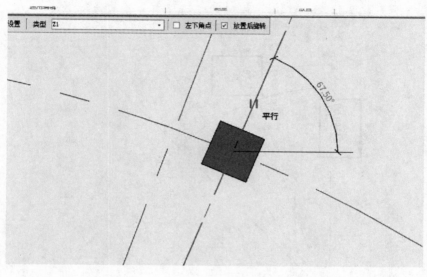

图 14.114

对照平面图依次完成所有柱的创建，注意按图纸要求，设置相应的柱顶标高，完成后的效果如图 14.115 所示。

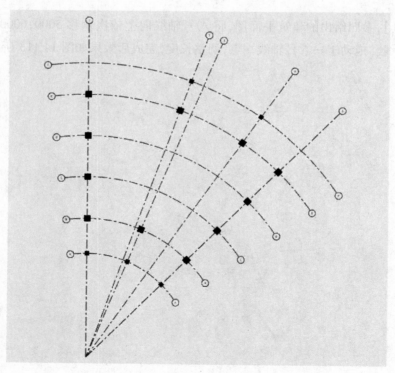

图 14.115

(3)创建墙体

新建墙体类型"外墙:5 mm 灰色涂料,240 厚砖砌体,5 mm 厚白色石膏抹灰",厚度设置为 250;新建墙体类型"内墙:5 mm 白色石膏抹灰,240 厚砖砌体,5 mm 厚白色石膏抹灰",厚度设置为 250。

先绘制高度至屋顶 1,也就是高度至 5.000 m 处的墙体,注意区分外墙和内墙类别。对于弧墙,选择【创建墙】状态下的【弧墙】工具,先点击弧墙在轴线上的两处端点,再点击中间轴线的中点,创建弧墙,如图 14.116 所示。

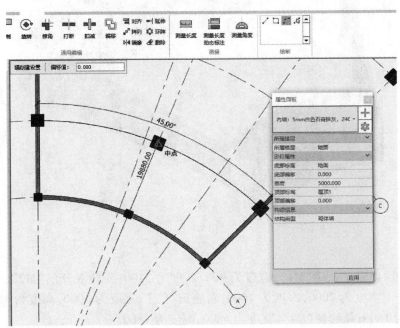

图 14.116

用同样的方法绘制其他处墙体。完成后的效果如图 14.117 所示。

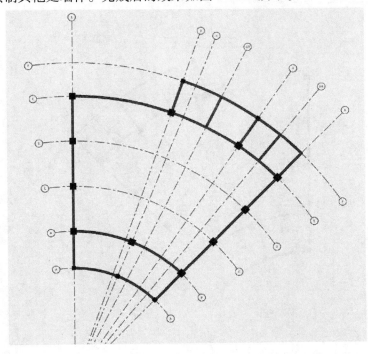

图 14.117

利用【修改】选项板中的【对齐】及【移动】工具,对照图纸将柱与相应墙边线对齐。完成后的三维效果如图 14.118 所示。

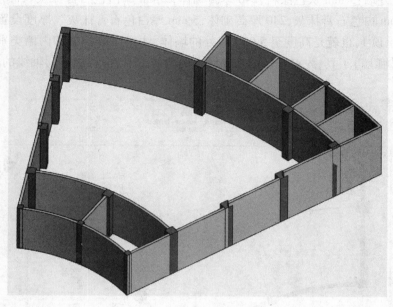

图 14.118

（4）创建门窗

对照给出的图纸,新建单开门"M1",宽度为 900,高度为 2100;新建双开门"M2",宽度为 1500,高度为 3000;新建窗"C1",宽度为 2000,高度为 1500;新建窗"C2",宽度为 3000,高度为 1800;新建窗"C3",宽度为 4500,高度为 1800;新建窗"C4",宽度为 4800,高度为 1800。

对照给出的建筑平面图,将门窗大致放置在相应位置,完成后的效果如图 14.119 所示。

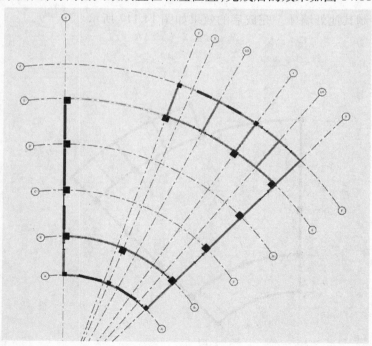

图 14.119

利用【调整临时尺寸标注】以及【修改】选项板中的【对齐】工具,对照图纸将在直墙上的门窗精确调整至正确位置。

**【注意】**

在弧墙上放置的门窗无法直接用【调整临时尺寸标注】或【对齐】进行调位,需用【参照平面】工具创建出辅助参照平面,再将门窗用【移动】工具移动至参照平面与墙体交点,如图 14.120 所示。

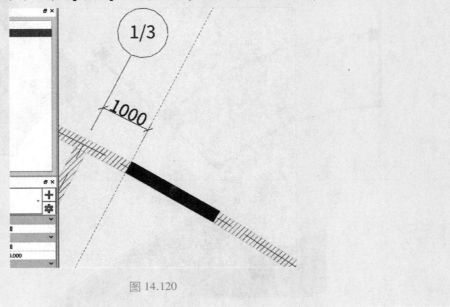

图 14.120

对照立面图调整门窗底部偏移。其中Ⓐ至Ⓒ号轴线各窗底部偏移为 1200,Ⓒ至Ⓓ号轴线各窗底部偏移为 1650,Ⓓ至Ⓕ号轴线各窗底部偏移为 2250。Ⓓ至Ⓕ号轴线各门底部偏移为 1050,完成后的三维效果如图 14.121 所示。

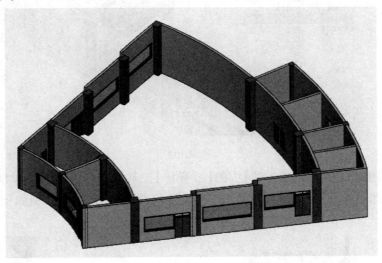

图 14.121

(5) 创建地面楼板

地面楼板创建分为 3 个部分。首先创建±0.000 m 高度楼板,选择【主体结构】中的【楼板】工具,新建"150 厚混凝土"楼板类型,对照给出的建筑平面图及剖面图,利用【直线】【圆弧】【拾取线】【修角】工具绘制相应楼板轮廓,楼板轮廓及完成后三维效果如图 14.122 所示。

接下来利用同样的方法创建Ⓔ至Ⓕ号轴线处 1.050 m 高度楼板,设置底部偏移为 1050,完成后三维效果如图 14.123 所示。

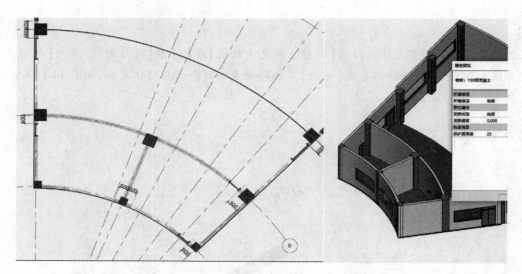

图 14.122

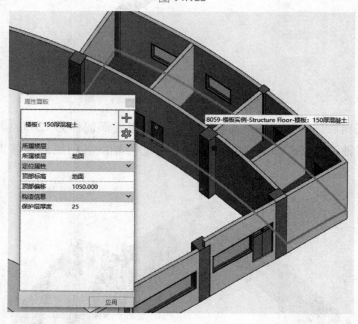

图 14.123

接下来创建阶梯楼板，利用【创建构件】中的【放样体】工具来完成。沿Ⓒ号轴线绘制阶梯楼板放样路径、对照建筑平面图与剖面图阶梯楼板放样轮廓、阶梯楼板三维效果分别如图 14.124、图 14.125、图 14.126 所示。

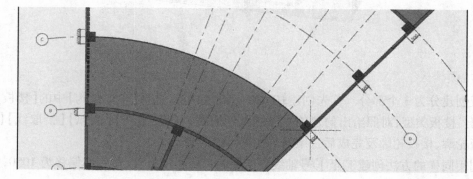

图 14.124

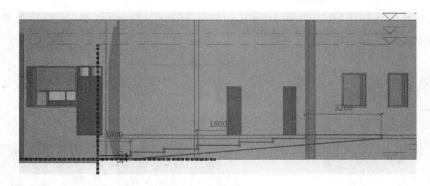

图 14.125

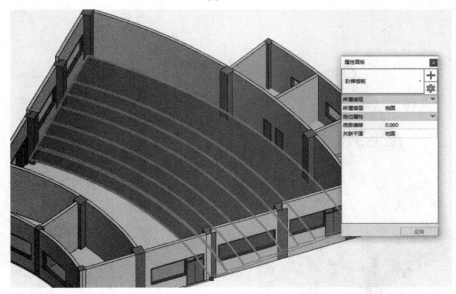

图 14.126

（6）创建屋顶

屋顶的创建与楼板创建类似，也分为 3 个部分绘制。

选择【主体结构】中的屋顶工具分别创建Ⓐ号至Ⓒ号轴线处 5.000 m 高度屋顶及Ⓔ至Ⓕ号轴线处 6.050 m 高度屋顶。完成效果如图 14.127 所示。

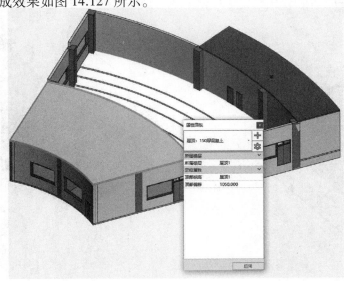

图 14.127

　　Ⓓ至Ⓔ号轴线处屋顶利用【创建构件】中的【放样体】创建，屋顶放样路径、屋顶放样轮廓、屋顶三维效果分别如图 14.128—图 14.130 所示。

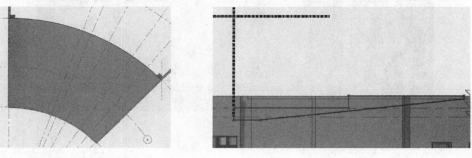

图 14.128　　　　　　　　　　　　　　　图 14.129

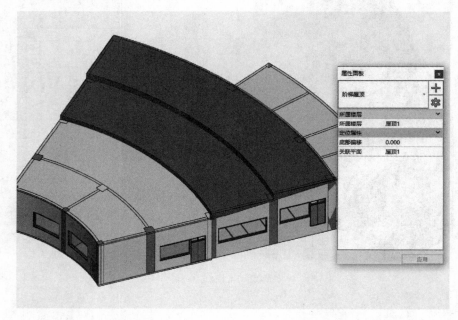

图 14.130

（7）创建室外平台、台阶

　　室外平台利用【创建构件】中的【拉伸体】创建，拉伸高度为 1050，拉伸体轮廓及完成后的三维效果如图 14.131 所示。

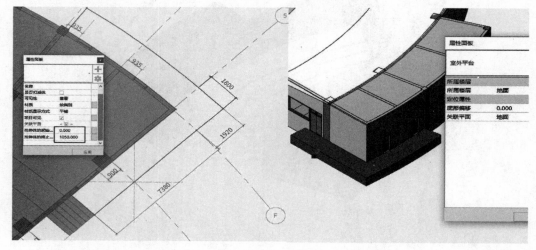

图 14.131

台阶利用【创建构件】中的【放样体】创建,放样体路径、轮廓及完成后的三维效果如图 14.132 所示。

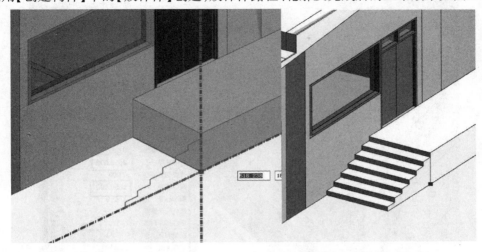

图 14.132

室外平台处墙体,新建"外墙 200,5 mm 灰色涂料,190 厚度砖砌体,5 mm 厚白色石膏抹灰"墙体类型来绘制,高度设置为 2550。绘制完成效果如图 14.133 所示。

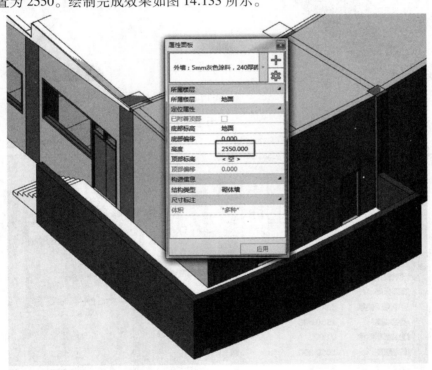

图 14.133

室外台阶处墙体利用"变截面墙"绘制。

基于系统自带变截面族,新建"变截面墙:5mm 灰色涂料,190 厚砖砌体,5mm 厚白色石膏抹灰"类型,核心层厚度为 200。设置底部标高为"地面",起点墙高为 2550,终点墙高为 1650,由最高处台阶向最低处台阶绘制,如图 14.134 所示。完成后三维效果如图 14.135 所示。

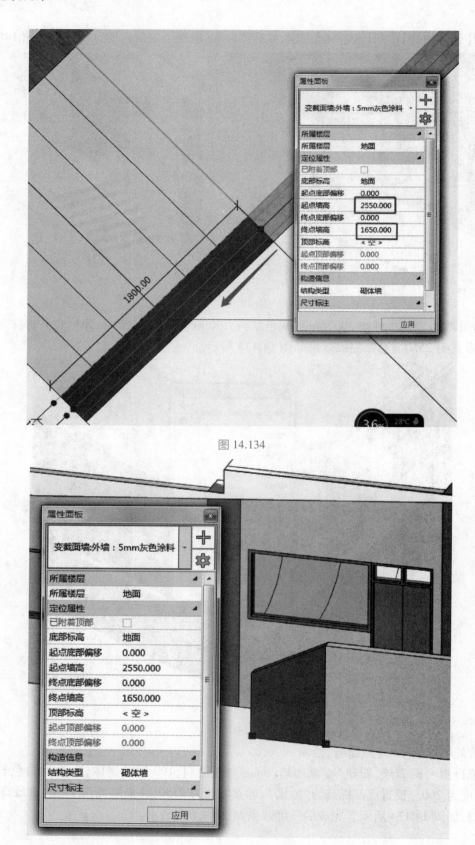

图 14.134

图 14.135

使用【精细编辑】中的【一键处理】工具，最终完成效果如图 14.136 所示。

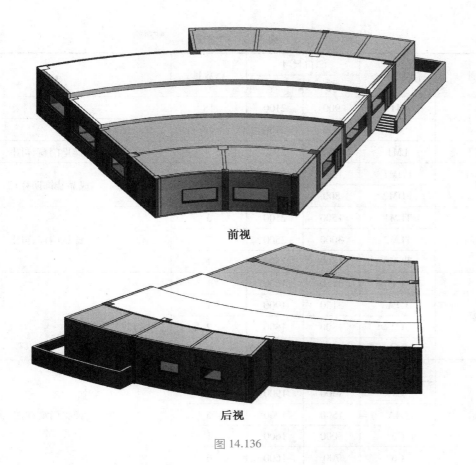

前视

后视

图 14.136

### 14.4.3　真题实训

依据给定的门窗表及图纸完成住宅楼模型创建。

1)题目要求

①根据给出的图纸创建标高、轴网、柱、墙、门、窗、楼板、屋顶、台阶、散水、楼梯、阳台、栏杆等,尺寸及类型自定。门窗需按门窗表尺寸完成,窗台自定义,未标明尺寸的不做要求。

②主要建筑构件参数要求见表 14.8。

表 14.8　主要建筑构件参数要求

| 内容 | 构造做法及参数说明 |
|---|---|
| 外墙 | 250 mm(20 mm 厚灰色涂料、220 mm 厚混凝土砌块、10 mm 厚白色涂料) |
| 内墙 | 250 mm(15 mm 厚白色涂料、220 mm 厚混凝土砌块、15 mm 厚白色涂料) |
| 女儿墙 | 120 mm 厚砖砌体 |
| 楼板 | 150 mm 厚混凝土 |
| 屋顶 | 120 mm 厚混凝土 |
| 柱子 | 300 mm×300 mm |
| 散水 | 宽度 800 mm,厚度 50 mm |

2）门窗表（见表 14.9）

表 14.9　门窗表

| 门窗类别 | 门窗编号 | 洞口尺寸 | | 总数量 | 备注 |
|---|---|---|---|---|---|
| | | 宽 | 高 | | |
| 高级木门 | M1 | 900 | 2100 | 18 | |
| | M2 | 700 | 2100 | 6 | |
| 铝合金门 | LM1 | 900 | 2100 | 1 | 详见门窗详图 |
| 防盗门 | FDM1 | 1500 | 2100 | 1 | 成品装饰防盗门 |
| | FDM2 | 800 | 2100 | 1 | |
| 铝合金推拉门 | TLM1 | 1500 | 2100 | 3 | 详见门窗详图 |
| | TLM2 | 3000 | 2500 | 2 | |
| | TLM3 | 1800 | 2500 | 1 | |
| 铝合金窗 | C1 | 3150 | 1600 | 1 | |
| | C1A | 3150 | 1900 | 1 | |
| | C2 | 1800 | 1600 | 2 | |
| | C2A | 1800 | 1900 | 9 | |
| 铝合金窗 | C3 | 1500 | 1600 | 2 | 详见门窗详图 |
| | C4 | 1500 | 1900 | 2 | |
| | C4A | 1500 | 1900 | 6 | |
| | C5 | 3000 | 1600 | 1 | |
| | C6 | 700 | 1600 | 6 | |

3）图纸见附录 6

# 第15章 "1+X"建筑信息模型（BIM）职业技能等级（初级）考试模拟试题

"1+X"建筑信息模型（BIM）职业技能等级考试模拟考试（一）——初级

**考生须知：**

1.每位考生在电脑桌面上新建考生文件夹，文件夹以"准考证号+考生姓名"命名。

2.所有成果文件必须存放在该考生文件夹内，否则不予评分。

一、按照下面平、立面绘制鼓，根据给定尺寸建立模型，请将模型文件以"鼓"保存在考生文件夹中（15分）。

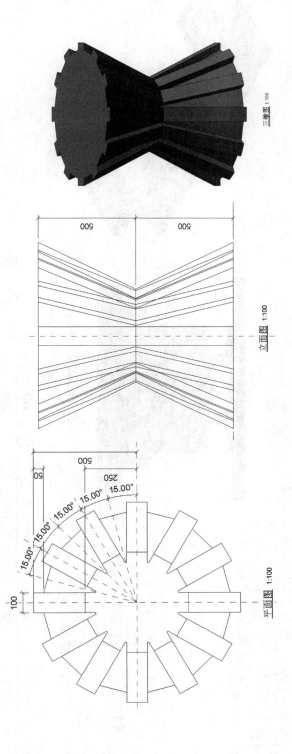

三维图 1:100

500
500

立面图 1:100

500
50
250
15.00° 15.00°
15.00°
15.00°
15.00°
15.00°
15.00°
100

平面图 1:100

二、按要求建立模型，尺寸、外观与图示一致，将建立好的模型以"桥"为文件名保存到考生文件夹中。（25分）

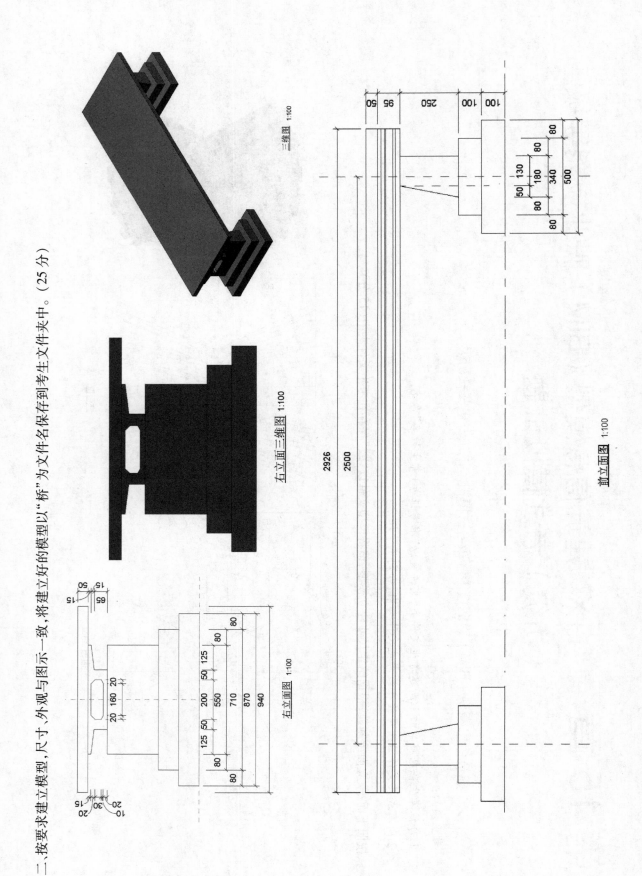

三维图 1:100

右立面三维图 1:100

右立面图 1:100

前立面图 1:100

三、综合建模（40 分）

根据以下要求和给出的图纸，创建模型并将结果输出。在考生文件夹下新建名为"第三题输出结果"的文件夹，并将结果保存在该文件夹中。

1. BIM 建模环境设置（1 分）

设置项目信息：①地址：中国北京；②项目名称：办公楼。

2. BIM 建模（29 分）

（1）根据给出的图纸创建标高、轴网、柱、墙、门、窗、楼梯、楼梯扶手、洞口、楼板、屋顶、散水、卫生洁具等；其中要求门窗尺寸、位置，标记名称正确；图纸中未标明尺寸与样式的不作要求。（24 分）

（2）主要建筑构件参数要求如下：（5 分）

| 外墙 | 240 mm 混凝土 | 结构柱 Z1 | 240 mm×240 mm |
|---|---|---|---|
| 内墙 | 240 mm 砖 | 结构柱 Z2 | 400 mm×400 mm |
| 楼板 | 150 mm | 结构柱 Z3 | 400 mm |
| 屋顶 | 100 mm | | 屋顶坡度 30° |

3. 创建图纸（8 分）

（1）创建门窗表，要求包含类型标记、宽度、高度、低高度、合计，并计算总量。（3 分）

| 门 | M0922 | 900 mm×2200 mm | | 窗 | LC1818 | 1800 mm×1800 mm |
|---|---|---|---|---|---|---|
| | M0720 | 700 mm×2000 mm | | | LC2118 | 2100 mm×1818 mm |
| | M1622 | 1600 mm×2200 mm | | | LC1215 | 1200 mm×1500 mm |
| | LM1525 | 1500 mm×2500 mm | | | LC45.618 | 4560 mm×1800 mm |
| | | | | | LC0915 | 900 mm×1500 mm |
| | | | | | LC3618 | 3600 mm×1800 mm |

（2）建立 A3 尺寸图纸。（6分）

4.模型文件管理（2分）

（1）用"办公楼"为项目文件命名，并保存项目。（1分）

（2）将创建的"剖面图"图纸导出为 dwg 文件格式，命名为"1—1 剖面图"。（1分）

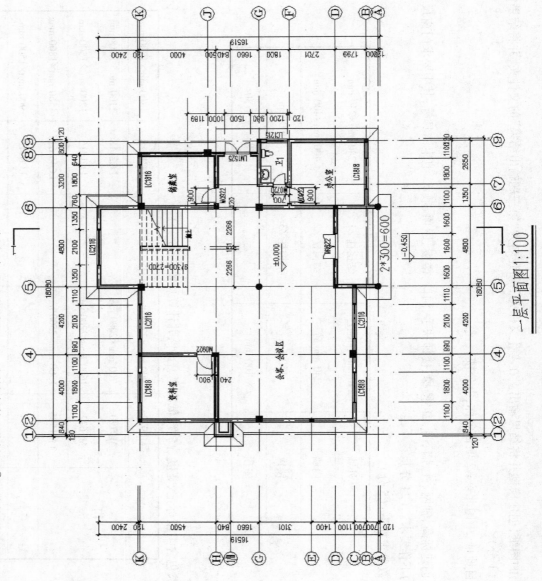

一层平面图 1:100

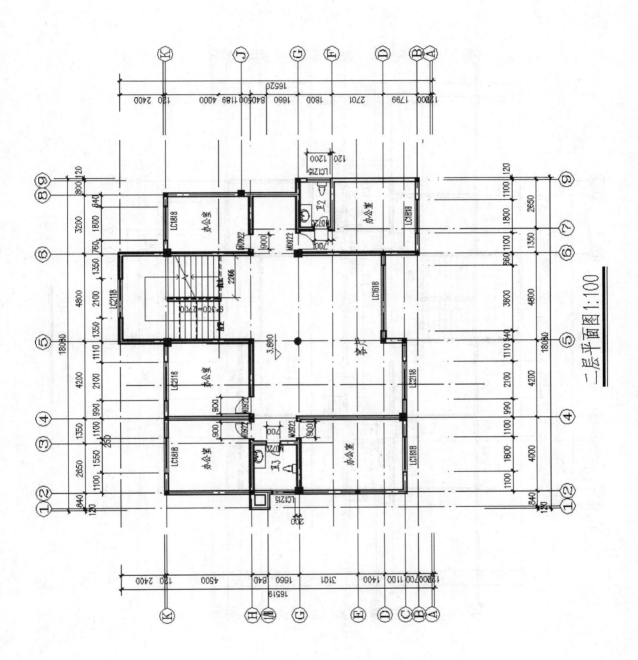

二层平面图 1:100

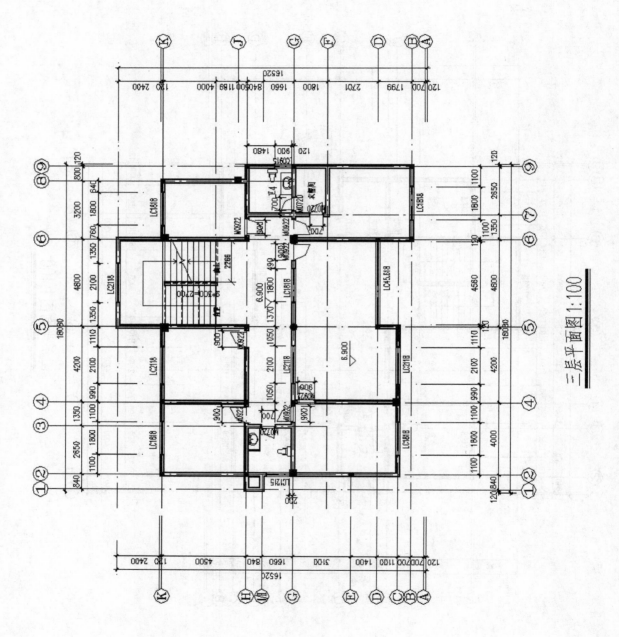

三层平面图 1:100

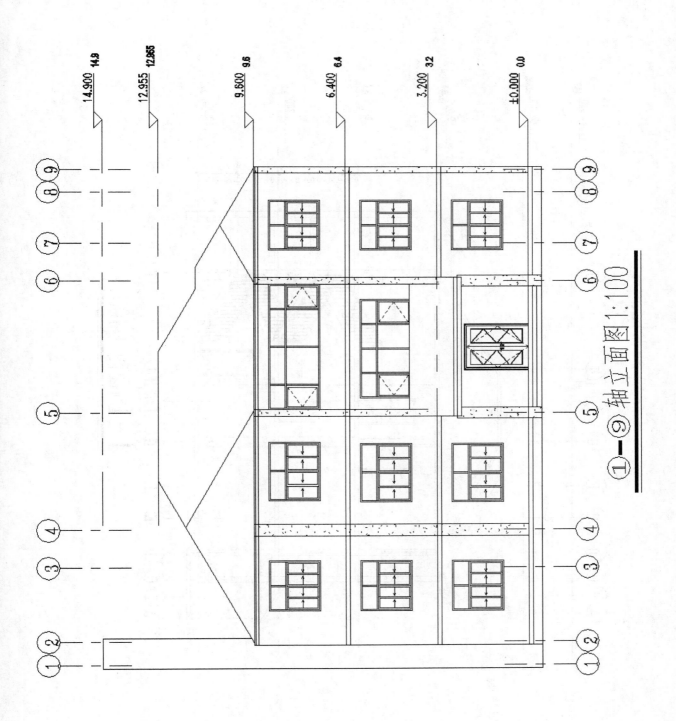

①—⑨轴立面图1:100

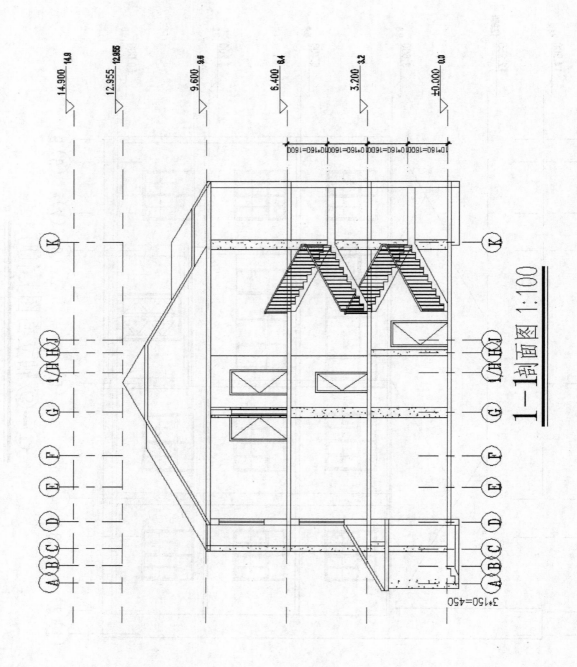

1—1 剖面图 1:100

"1+X" 建筑信息模型（BIM）职业技能等级考试模拟试题（二）——初级

考生须知：

1. 每位考生在电脑桌面上新建考生文件夹，文件夹以"准考证号+考生姓名"命名。

2. 所有成果文件必须存放在该考生文件夹内，否则不予评分。

一、根据给定尺寸建立族模型，请将模型文件以"弧形墙"保存在考生文件夹中。（15 分）

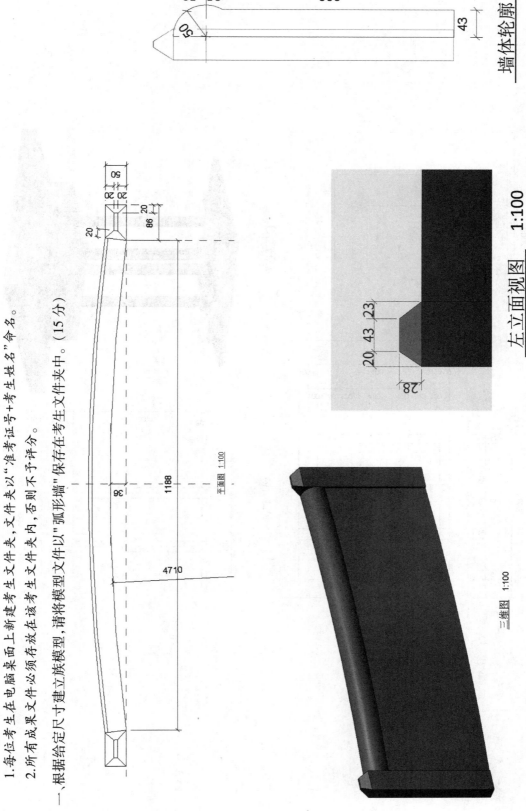

墙体轮廓 1:100

左立面视图 1:100

平面图 1:100

三维图 1:100

二、按要求建立模型，尺寸、外观与图示一致，材质为"橡木，白色"，将建立好的模型以"座椅"为文件名保存到考生文件夹中。（25分）

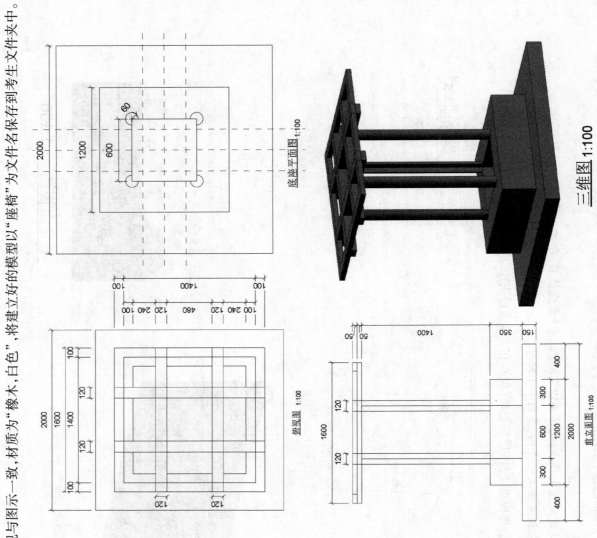

底座平面图 1:100

俯视图 1:100

前立面图 1:100

三维图 1:100

## 三、综合建模（40 分）

根据以下要求和给出的图纸，创建模型并将结果输出。在考生文件夹下新建名为"第三题输出结果"的文件夹，并将结果保存在该文件夹中。

### 1.BIM 建模环境设置

设置项目信息：①项目发布日期：2018 年 3 月 25 日；②项目名称：服务大厅。

### 2.BIM 建模

（1）根据给出的图纸建标高、轴网、柱、墙、门、窗、楼梯、楼梯扶手、洞口、楼板、屋顶等；其中要求门窗尺寸、位置，标记名称正确；图纸中未标明尺寸与样式的不作要求。

（2）主要建筑构件参数要求如下：

| 外墙 | 240 mm 混凝土 | 屋顶 | 150 mm |
|---|---|---|---|
| 内墙 | 240 mm 砖 | 结构柱 Z1 | 240 mm×240 mm |
| 女儿墙 | 240 mm 混凝土 | 结构柱 Z2 | 400 mm×400 mm |
| 楼板 | 150 mm | 结构柱 Z3 | $D=400$ mm |

| 门 | M1 | 800 mm×2100 mm | 窗 | C1 | 2200 mm×1800 mm |
|---|---|---|---|---|---|
| | M2 | 900 mm×2100 mm | | C2 | 1800 mm×1800 mm |
| | M3 | 900 mm×2800 mm | | C3 | 1200 mm×1800 mm |
| | M4 | 1000 mm×2800 mm | | C4 | 900 mm×1800 mm |
| | M5 | 1300 mm×2800 mm | | C5 | 900 mm×1200 mm |
| | M6 | 1800 mm×2800 mm | | C6 | 1800 mm×700 mm |
| | M7 | 2700 mm×2800 mm | | C7 | 900 mm×700 mm |
| | M8 | 1500 mm×2800 mm | | C8 | 3600 mm×1300 mm |

### 3.模型文件管理

用"服务大厅"为项目文件命名，并保存项目。

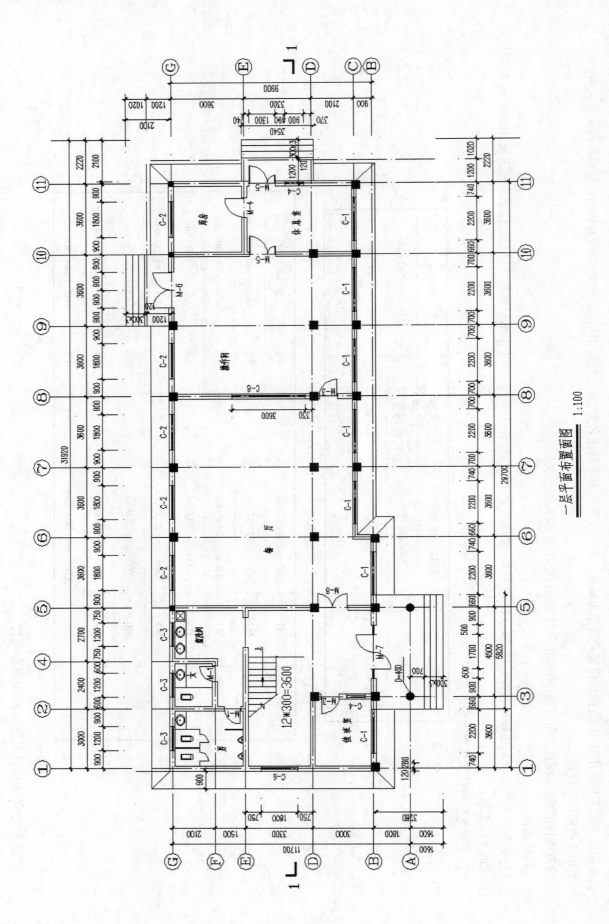

一层平面布置面图 1:100

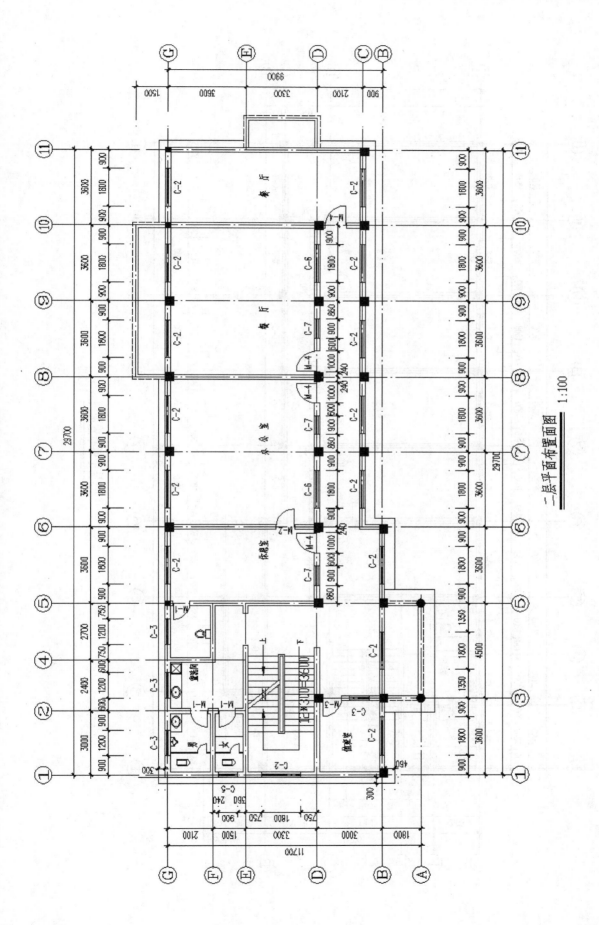

二层平面布置面图 1:100

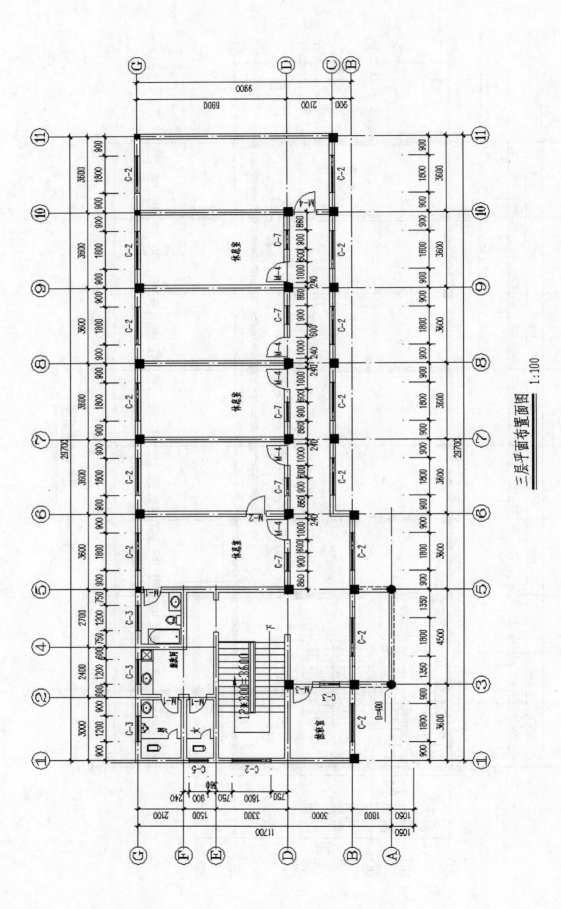

三层平面布置图　1:100

0

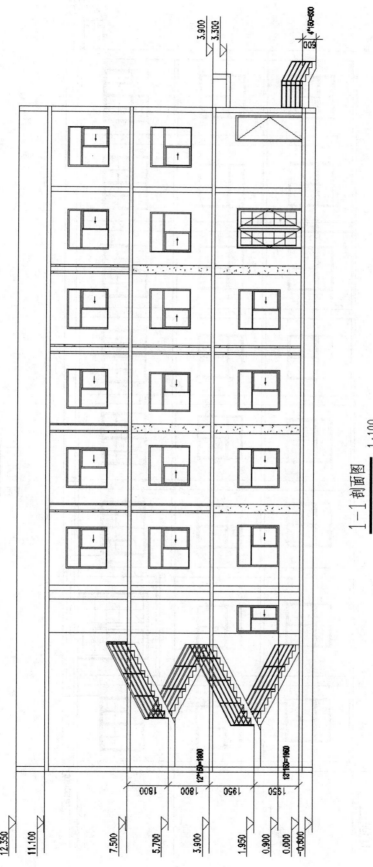

1—1 剖面图  1:100

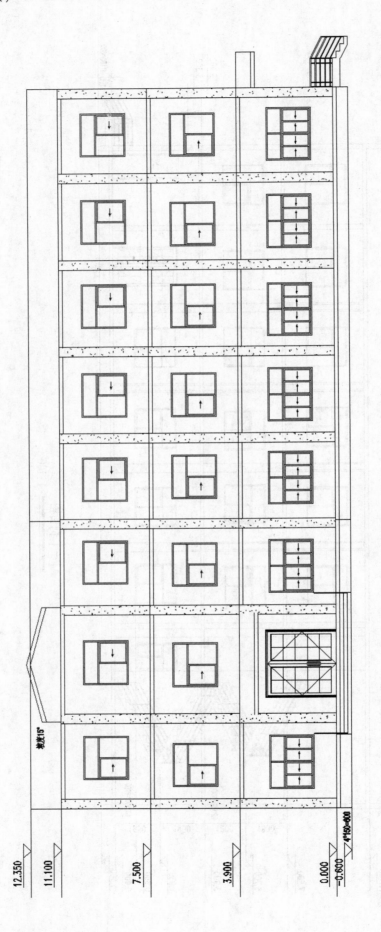

坡度15°

12.350

11.100

7.500

3.900

0.000

-0.600

4*150=600

南立面图 1:100

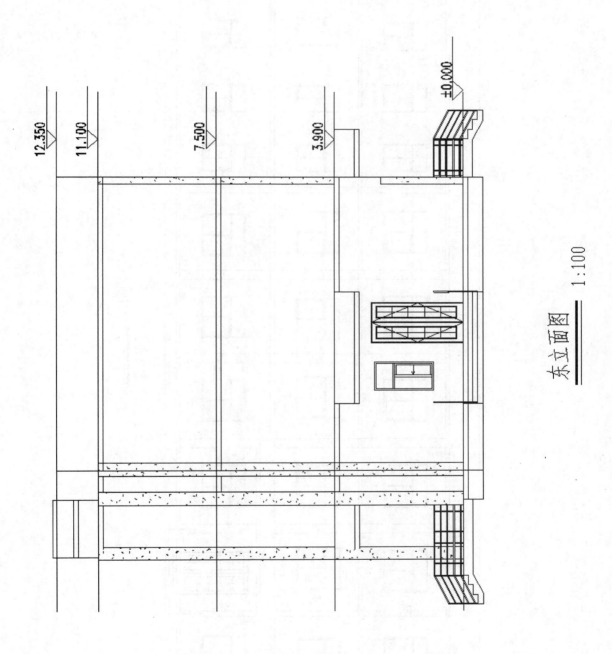

东立面图 1:100

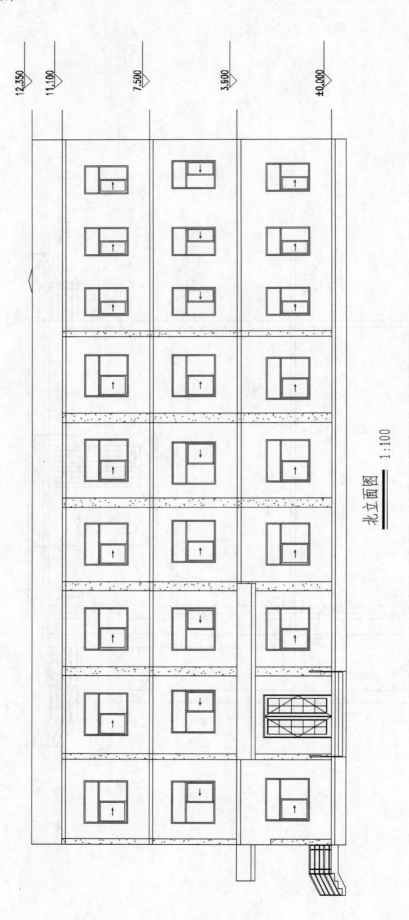

北立面图 1:100

"1+X"建筑信息模型（BIM）职业技能等级考试模拟试题（三）——初级

考生须知：

1. 每位考生在电脑桌面上新建考生文件夹，文件夹以"准考证号+考生姓名"命名。

2. 所有成果文件必须存放在该考生文件夹内，否则不予评分。

一、根据以下要求和给定图纸创建围墙模型，族样板文件自选，请将模型文件以"园林门洞+考生姓名"保存在考生文件夹中。（20 分）

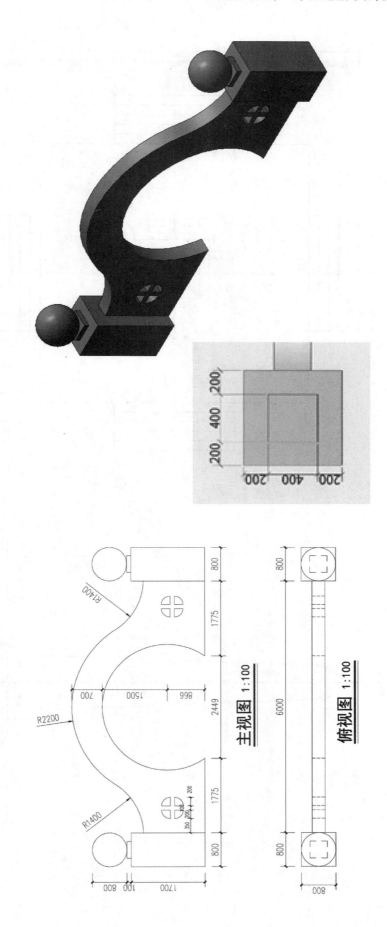

主视图 1:100

俯视图 1:100

二、按照给定投影图建立模型。尺寸、外观与图示一致，材质为"混凝土"，将建立好的模型以"英雄纪念碑+考生姓名"为文件名保存到考生文件夹中。
（20分）

俯视图 1:100

主视图、侧视图 1:100

三、根据以下要求和给出的图纸，创建模型并将结果输出。在考生文件夹下新建名为"第三题结果输出"的文件夹，将结果文件存于该文件夹。（40 分）

1. BIM 建模环境设置（5 分）

设置项目信息：①项目发布日期：2020-8-26；②项目名称：教师宿舍楼；③项目编号 202008-01。

2. BIM 建模（29 分）

（1）根据给出的图纸创建建筑形体，包括墙、柱、门、窗、屋顶、楼板、楼梯、栏杆、散水。其中，门窗仅要求尺寸与位置正确，窗台高度以一面标高为准。未标明尺寸不作要求，无障碍坡道不做要求。（14 分）

（2）主要建筑构件参数要求如下。（15 分）

①外墙：厚 250 mm。

②内墙：厚 200 mm。

③卫生间隔墙：厚 150 mm。

④楼板及屋顶：厚 100 mm，边界与外墙外边缘平齐，不考虑屋面坡度及排水。

⑤门窗要求：

| 类型标记 | 宽度/mm | 高度/mm | 底高度/mm | 类型标记 | 宽度/mm | 高度/mm | 底高度/mm |
|---|---|---|---|---|---|---|---|
| C1218 | 1200 | 1800 | 900 | M1221 | 1200 | 2100 | 0 |
| C0818 | 800 | 1800 | 900 | DM1225 | 1200 | 2500 | 0 |
| C1518 | 1500 | 1800 | 900 | M0921 | 900 | 2100 | 0 |
| C1215 | 1200 | 1500 | 900 | M0721 | 700 | 2100 | 0 |
| | | | | FHM 丙 0815 | 800 | 1500 | 0 |

⑥楼梯：楼梯最大踢面高度 165 mm，最小踏板深度 270 mm，梯段宽度 1175 mm。

3. 创建图纸（6 分）

将建首层平面图，1—10 轴立面图，1—1 剖面图导出。

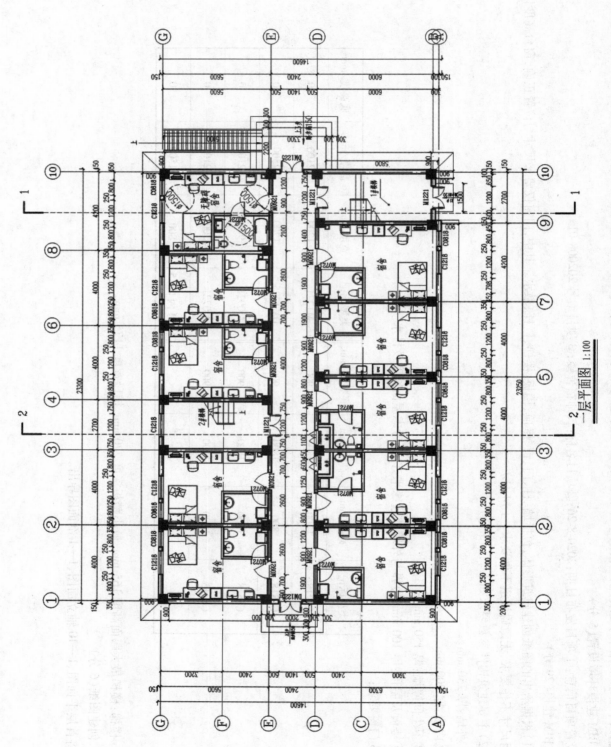

一层平面图 1:100

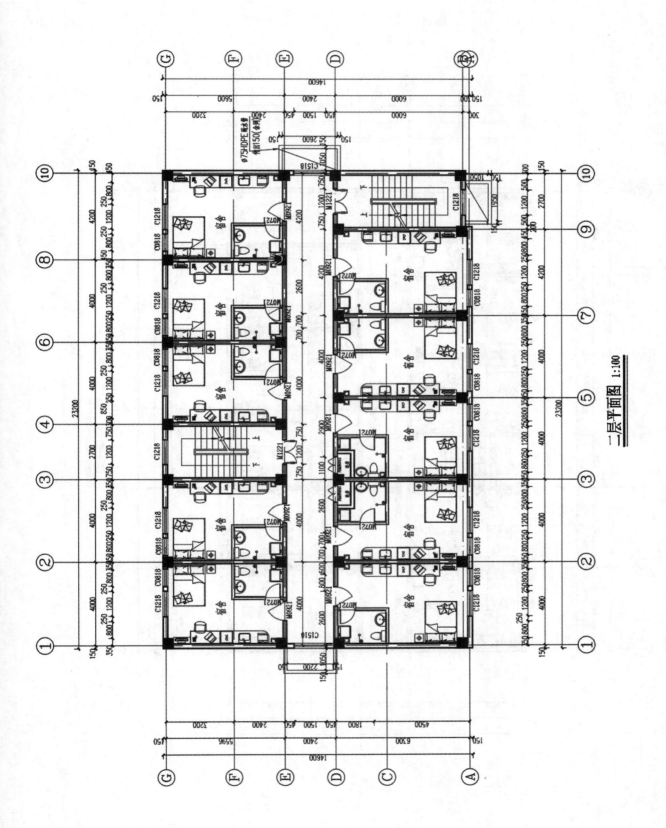

一层平面图 1:100

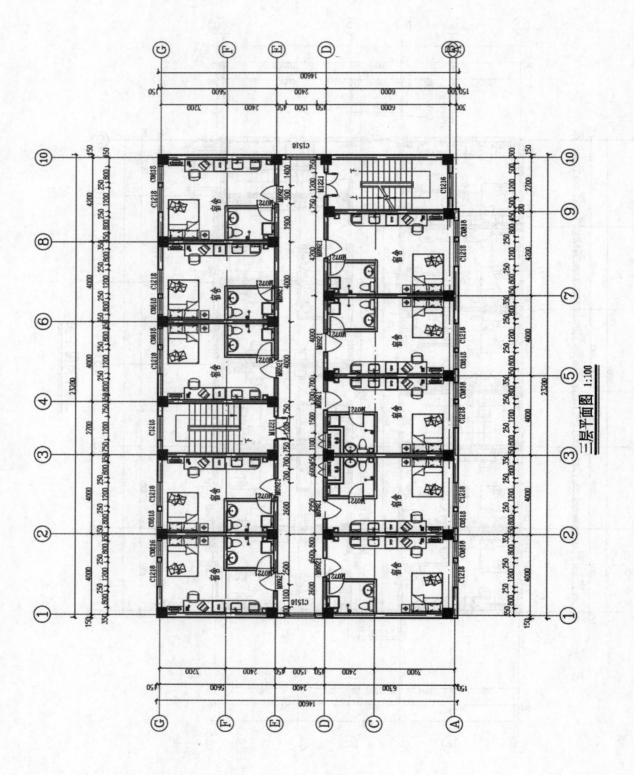

二层平面图 1:100

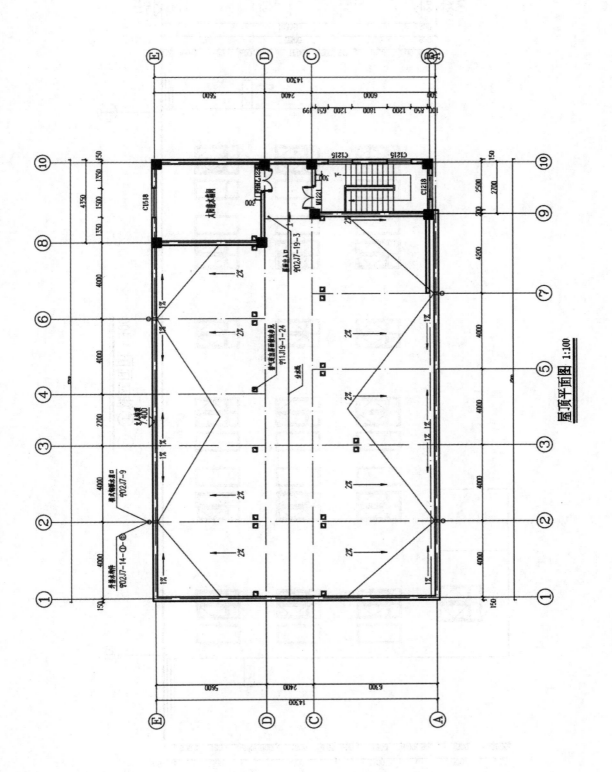

**屋顶平面图** 1:100

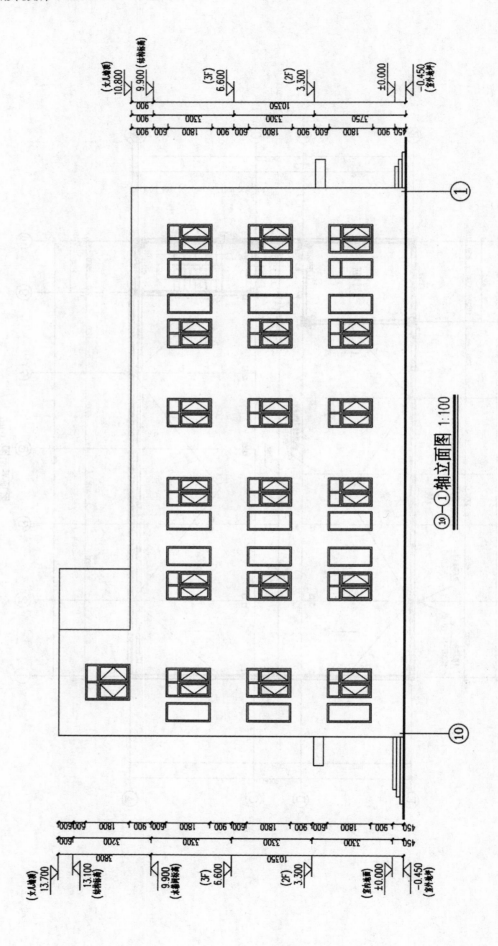

⑩—① 轴立面图 1:100

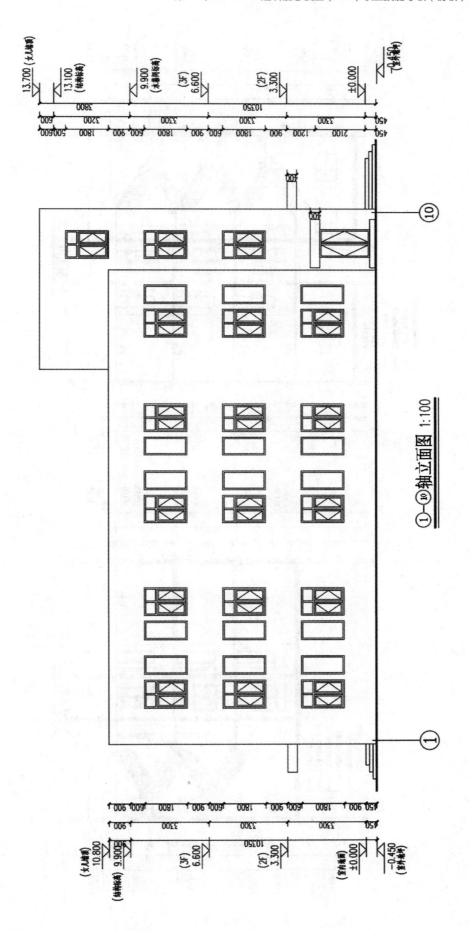

①—⑩ 轴立面图 1:100

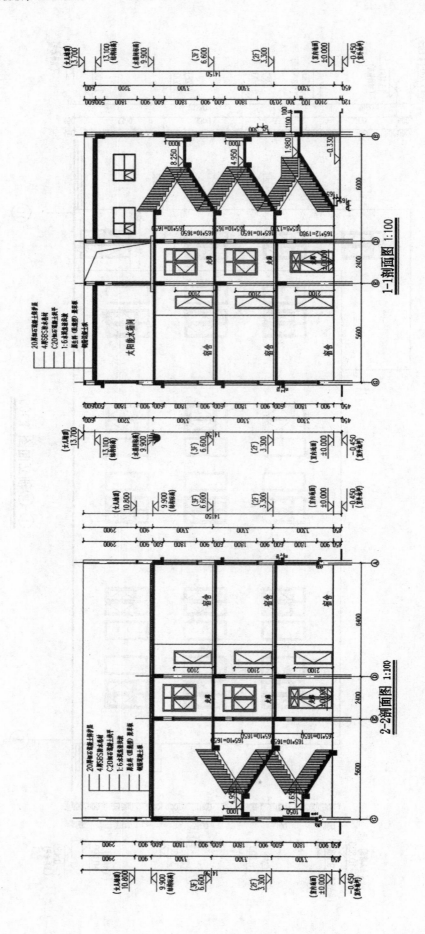

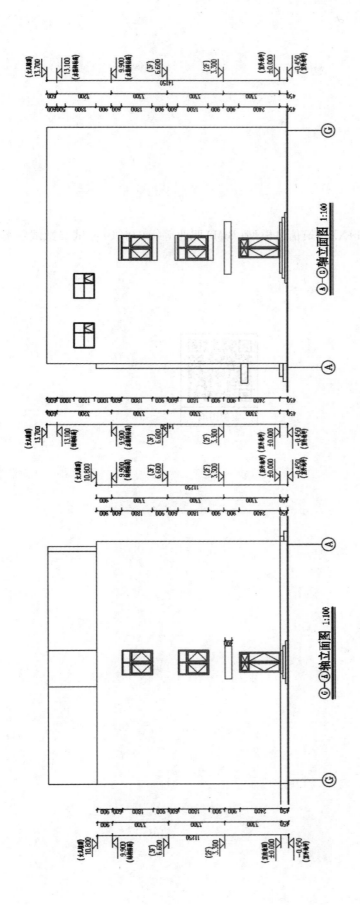

# 附　录

　　附录为 2020 年第四期"1+X"建筑信息模型（BIM）职业等级（初级）考试实操试题案例图纸，可以手机扫码阅读或自行上网下载。

案例图纸

扫码阅读

# 参考文献

[1] 人民共和国住房和城乡建设部.建筑信息模型应用统一标准:GB/T 51212—2016[S].北京:中国建筑工业出版社,2016.

[2] 中华人民共和国住房和城乡建设部.建筑信息模型施工应用标准:GB/T 51235—2017[S].北京:中国建筑工业出版社,2017.

[3] 何关培.那个叫 BIM 的东西究竟是什么[M].北京:中国建筑工业出版社,2011.